火电燃煤机组程序自动启停系统（APS）与智能控制

王立地　编著

中国电力出版社
CHINA ELECTRIC POWER PRESS

内 容 提 要

本书主要内容包括程序自动启停、APS基本工作原理、机组APS启动、停止阶段进程、APS智能化联锁、APS顺控系统规划、APS的模拟量智能调节、APS的锅炉风烟系统自动调节、APS的锅炉给水自动调节、APS的机炉协调控制、锅炉超前加速控制、APS的全自动锅炉燃料控制。

本书适合火力发电厂控制人员使用，其他专业技术人员也可参考。

图书在版编目（CIP）数据

火电燃煤机组程序自动启停系统（APS）与智能控制/王立地编著．—北京：中国电力出版社，2020.6（2023.3重印）

ISBN 978-7-5198-4436-3

Ⅰ.①火… Ⅱ.①王… Ⅲ.①火力发电—发电机—机组—自动控制系统—研究 Ⅳ.①TM621.6

中国版本图书馆CIP数据核字（2020）第041472号

出版发行：中国电力出版社
地　　址：北京市东城区北京站西街19号（邮政编码100005）
网　　址：http：//www.cepp.sgcc.com.cn
责任编辑：娄雪芳（010-63412375）
责任校对：黄　蓓　马　宁
装帧设计：张俊霞
责任印制：吴　迪

印　　刷：北京天宇星印刷厂
版　　次：2020年6月第一版
印　　次：2023年3月北京第三次印刷
开　　本：787毫米×1092毫米　16开本
印　　张：14.25
字　　数：267千字
印　　数：2001—2500册
定　　价：68.00元

前　言

电网调峰是保证电网供电质量的有效手段，大约 20 世纪 60 年代，工业发达国家的电网开始探索机组每日启停（DSS）调峰方式，火力发电厂燃煤机组也无例外地参与了电网 DSS 调峰，与水电和燃气轮机电厂相比，燃煤机组的 DSS 运行方式突出的难题之一就是燃煤机组启停时间较长而影响电网的调峰效果。经过多年理论研究和实践准备，随着 20 世纪 70 年代计算机分散控制系统（DCS）应用于发电厂热工控制中，机组程序自动启停（APS）系统有效地缩短了燃煤机组的启停时间，作为标准配置功能开始在燃煤机组推广使用。到了 20 世纪 80 年代，甚至 700MW 超临界燃煤机组在 APS 的推动下也参与了 DSS 调峰，电网供电品质的保障能力得到进一步加强。为实现 APS 的应用，热工控制策略和逻辑全面升级甚至变革，大量智能化逻辑助力热工控制系统"一键启停"成功实施。利用先进控制理念的软能量，提升机组设备运行的硬实力，无疑是一种投入少、效益高的技术创新，APS 对燃煤机组的快速启停和推进智能化控制贡献良多。

APS 在 1985 年进入我国，但至今尚未被广泛利用，其中一个原因就是深入浅出的 APS 内核资料十分匮乏。鉴于此，在多年实践和研究的基础上，本书以应用为目的剖析了 APS 的架构、功能、原理和设计原则，对模拟量"三态式"控制、开关量缺省自动选择、超驰纠偏、锅炉超前加速（BIR）和全程机炉协调控制（BER-CCS）等现代的控制方法都做了比较详细的分析和介绍。如果因此能促进 APS、热控复变系统"一键启停"和智能化逻辑的应用，也就实现了撰写本书的初衷。

在这里还要提到我的一位同仁，蔡汝金先生，曾多次拨冗一起探讨 APS 的疑难问题，耗时测取有关 DCS 的趋势记录，对编写本书多有帮助，值此深表谢意。

目　录

前言

第一章　程序自动启停 …… 1

一、概念 …… 1
二、APS 要点 …… 3
三、APS 工作区间 …… 5
四、APS 架构 …… 6
五、APS 实控机组 …… 7

第二章　APS 基本工作原理 …… 9

一、APS 分阶段控制 …… 9
二、APS 分布式主控器 …… 13
三、APS 启动前序操作 …… 21

第三章　机组 APS 启动（START-UP）阶段进程 …… 23

一、机炉辅助系统启动阶段（UNIT START PREPARATION） …… 23
二、汽轮机抽真空阶段（VACUUM UP） …… 27
三、炉膛吹扫 & 点火阶段（FURNA. PG & LIGHT-OFF） …… 28
四、汽轮机冲转阶段（TURBINE ROLLING） …… 32
五、发电机并网 & 初负荷阶段（SYNCHRO. & INIT. LOAD） …… 35
六、机组升负荷阶段（LOAD UP） …… 38

第四章　机组 APS 停止（SHUT-DOWN）阶段进程 …… 43

一、机组降负荷阶段（LOAD DOWN） …… 43
二、机组最低负荷阶段（MINIMUM LOAD） …… 47
三、发电机解列阶段（LINE OFF） …… 49
四、汽轮机停机阶段（TURBINE SHUT-DOWN） …… 51

五、锅炉燃烧器切除（BURNER SHUT-DOWN） …………………… 52
六、锅炉停炉＆汽轮机切真空阶段（BOILER SHUT-DOWN &
VAC. BREAK） …………………………………………………… 54

第五章　APS 智能化联锁 ………………………………………… 58

一、常规控制的现状 ……………………………………………… 58
二、APS 本安型开关和智能化联锁 ……………………………… 59

第六章　APS 顺控系统规划 ……………………………………… 67

一、系统规划原则 ………………………………………………… 67
二、顺序控制层级 ………………………………………………… 68
三、应用设计特点 ………………………………………………… 69
四、锅炉开关量顺序控制 ………………………………………… 70
五、汽轮机开关量顺序控制 ……………………………………… 78

第七章　APS 的模拟量智能调节 ………………………………… 88

一、模拟量三态式自动调节 ……………………………………… 89
二、常规/APS 模拟量调节对比 …………………………………… 93
三、智能化自举纠偏 ……………………………………………… 94

第八章　APS 的锅炉风烟系统自动调节 ………………………… 96

一、引风自动工作原理 …………………………………………… 96
二、送风自动工作原理 …………………………………………… 99
三、锅炉风烟系统顺序控制 ……………………………………… 103

第九章　APS 的锅炉给水自动调节 ……………………………… 112

一、锅炉给水系统概述 …………………………………………… 112
二、锅炉给水系统顺序控制 ……………………………………… 114
三、电动给水泵单元顺序控制 …………………………………… 120
四、锅炉三冲量给水自动主调回路 ……………………………… 124
五、电动给水泵给水调节阀自动调节 …………………………… 125
六、电动给水泵液力偶合器调速自动伺服与调节 ……………… 129
七、电动给水泵自动解列、并列纠偏 …………………………… 131
八、A 汽动给水泵单元顺序控制 ………………………………… 135
九、自举纠偏的工作原理 ………………………………………… 144
十、锅炉给水调节与 MEH 的互联 ……………………………… 149

第十章　APS 的机炉协调控制 …… 152

一、结构原理 …… 152
二、工作方式 …… 165
三、CCS 旁路扩展 …… 166

第十一章　锅炉超前加速控制 …… 174

一、锅炉超前加速 …… 174
二、BIR 主控逻辑 …… 176
三、BIR 趋势曲线分析 …… 177

第十二章　APS 的全自动锅炉燃料控制 …… 179

一、APS 与锅炉油枪控制 …… 179
二、APS 对锅炉煤粉燃烧器的控制 …… 183
三、煤粉燃烧器自动程序控制的特点 …… 193
四、煤粉燃烧器 BMS 自动控制 …… 193
五、APS 导引的磨煤机自动调节 …… 202
六、入炉煤热量校正 …… 213

结语 …… 217

第一章 程序自动启停

一、概　　念

火力发电厂燃煤机组程序自动启停（Automatic Procedure Start-up/Shutdown，APS）是一种热工自动控制功能，是火力发电厂燃煤发电机组在每日启停（DSS）运行方式的迫切需求下应运而生的。DSS运行方式在安全、经济等方面对机组启动提出了明确目标，期望能以机组允许的最短时间安全启动正常运行是应用APS的初衷。燃煤发电机组启动的复杂性和技术难度要求参与APS的模拟量调节系统（MCS）、锅炉燃烧器管理系统（BMS）、汽轮机数字电液控制系统（DEH）、汽动给水泵汽轮机电液控制系统（MEH）、顺序控制系统（SCS）等热工控制系统必须具备“一键启停”的控制水准，只有技术达标，经济才能受益、安全才有保障，这也许是催生APS成熟运用的潜在动力。APS还派生出另外一种重要用途，机组遭遇甩负荷后，利用APS控制机组能够迅速恢复正常运行，这让应用APS进一步获得用户青睐。智能化的热工自动控制成就了APS，因APS而全面提升了燃煤机组的自动控制水平，相得益彰，APS进而被誉为发电厂高度自动化的标志，成为评价电厂生产技术管理水平、热工控制水平、机组运行水平的一种标准。

火力发电厂燃煤机组启动、停运过程的安全风险要比煤粉燃烧带负荷的正常运行区间高得多。以600MW等级亚临界汽包炉为例，机组冷态启动前，不算外围辅助车间，电厂主厂房内炉、机、电等系统设备现场巡视检查和就地操作项目超过5000多项，集控室内远方操作设备超过五百多台套。由于现代大型机组参数高、工况转换迅速、工艺系统关联紧密，增加了人工操作难度和启停时间，不利于机组的安全和经济运行。尤其在机组启动和停运阶段集中了大量设备启停切换、参数调整等操作，操作人员在限定时间内为应对运行工况精神高度紧张、劳动强度大，安全风险大幅度提高，稍有不慎甚至可能发生不安全事件，严重的会造成重大经济损失。因此，现代化火力发电燃煤机组都装备了热工自动控制系统辅助运行人员操作和调节，目前，主流控制装置采用3C（computer-计算机、communications-通信、control-控制）技术为核心的计算机分散控制系统（Distributed Control System，DCS），功能性的应用系统（简称“功能控制系统”）都是在DCS上实现的。例如，模拟量调节系统（Modulation Control System，MCS）；数据采集系统（Date Acquisition System，DAS）；顺序控制系统（Sequence Control System，SCS）；汽轮机数字电液控制系统（Digital Electric-Hydraulic Control System，DEH）；锅炉燃烧器管理系统（Burner Management System，BMS）；机炉协调控制系统（Coordinated Control System，CCS）；辅机故障降负荷控制（Run Back，RB）；锅炉快速减出力控制（Fast Cut Back，FCB）；汽动给水泵汽轮机电液控制系统（Micro Electro-Hydraulic Control System，MEH）；机组程序自动启停系统（Automatic Procedure Start-up/Shutdown，APS）。

绝大多数系统或控制功能已在电厂生产中广泛使用，被大家所熟知。而APS系统，对国内用户来说则相对生疏。APS概括的定义为依托DCS能够在燃煤机组规定的运行区间内分阶段递进导引热工控制系统完成机组启动或停止的程序自动控制。

按步序循序递进是APS的基本工作方式，在国外文献中，单纯的开关量步进自动控制被定义为顺序控制（sequence control），而同时能够对开关量和模拟量两种以上不同类型变量进行控制的过程被称为程序控制（procedure control），英文语境中procedure表示的是多种不同类型参数、不同控制方式的集合。因此，APS是一种复杂变量的步进控制系统。

通常情况下，发电厂被控对象的特性有两种类别，一种是开关量控制，如电动机的启、停，风门挡板的开、关或电磁阀的通、断，单纯开关量的工艺系统采用顺序自动控制，电厂中的化学制水、皮带输煤、气力除灰等系统都属于这类控制。另一种是模拟量调节，如锅炉给水、燃烧、减温等调节回路。火力发电厂还有一种开关量的“自动联锁”控制，设备按相同容量双重（或多重）配置，正常工作时一套设备运行，另一套备用，在运设备因故跳闸或出力不足备份随即启动。火力发电厂燃煤机组被控对象的特点是开关量与模拟量共处在同一工艺流程中，我们把这种系统称为“复合变量系统”（简称“复变系统”），分别设计有相应的顺序控制、模拟量调节和自动联锁，一同出现在复变系统中。

DEH、BMS、CCS和SCS等系统实现的都是专项控制功能，DEH控制汽轮机，BMS管理锅炉燃烧器，CCS调节模拟量参数，SCS操控开关量设备。APS则是全面导引CCS、BMS、DEH、MEH、SCS、汽轮机旁路控制（BPC）、电除尘器（EP）、自动准同期（ASS）等的功能控制系统参与机组启、停控制。为完成复变系统调控，APS提出了“全过程、全工况、全自动”的控制标准，这就要求接受APS导引的功能控制系统必须具备较高的自动化控制水平。认识清楚这一点非常重要，APS调动多种样式的功能控制系统启动机组，从工艺系统零参数开始历经机炉辅助系统启动、汽轮机抽真空、锅炉点火升压、汽轮机暖管冲转、发电机同期并网、机组升负荷等过程，直至压力、温度、流量、功率等参数达到规定值，每段过程都有多个功能控制系统参与，控制水平彼此相当才能相互协同，因此，APS对各种功能控制统一技术规范也是必须的。

1986年前后，早期的APS在我国应用，随同国外进口300MW等级机组同步引进，与SCS、DEH、BMS、CCS等一样是机组标配的热工自动控制功能，运用计算机辅助运行操作，其高度的自动化和实用性获得生产一线人员的称许。多年来，APS也在生产应用中持续不断地完善和优化，到了二十世纪九十年代，APS更加臻于成熟。近些年来，在世界范围内，许多国家都在火力发电厂燃煤机组招标技术规范中明确了投标方要为机组控制提供APS功能，并列入机组商业运行考核指标，足见各国对燃煤机组应用APS的重视程度，同时，也表明APS已是一种非常实用的控制技术。

火力发电厂中，APS其实有两种控制对象，一种是燃气轮机，另一种是燃煤机组，虽然两种控制系统的英文缩写都是APS（因燃气轮机进口国别的不同，相同功能名称并非一致，APS是其中之一），但内涵差别较大，这是因为燃煤发电机组的设备无论数量和类别都要比燃气轮机发电机组大幅增加。燃气轮机发电机组的APS，英文全称是Automatic Plant Start-up and Shut-down System，控制功能与汽轮发电机组的DEH更为相似，但比蒸汽轮机多了燃烧调节功能。燃煤机组的APS，英文全称是Automatic Procedure Start-up/Shut-down，其控制范围、整体结构到回路控制方式相比于燃气轮机，燃煤机组的APS要复杂得多，控制难度也高了许多，简而言之，燃气轮机的燃料只有燃油或天然气，燃料单一、品质稳定、燃烧器结构简单，便于调节和控制。而燃煤机组启停的始末阶段锅炉要先投油，升、降负荷阶段煤/油混烧，机组正常运行时煤粉燃烧，原煤研磨成煤粉需要配备制粉系统，一套制粉系统包括给煤机、磨煤机和相应的润滑油站、体量庞大的管道、各种风机，以及配套的风门挡板，600MW等级机组额定负荷下运行5套制粉系统、20只煤粉燃烧器。而煤的发热量、挥发分、灰分、水分等指标因批次不同，品质相对分散，这些直接增加了燃煤机组的控制难度。APS工作区间也正好经历了锅炉烧油到煤/油混烧，再到烧煤的全过程，机组最为复杂的操作都集中在APS的控制中。下文讨论的即燃煤机组的APS。

二、APS 要 点

APS启停机组原则上是程序控制，理想化的结果似乎是“一键启停”，只要按键一次，即可坐享机组成功启、停。但现实情况是APS启、停机组并非一蹴而就，燃煤机组启、停过程中因热力参数或设备运行的需求，机组启、停顺序也会随机调整，如后序先行，还会发生一些难以预测的运行工况，APS若不能应对自如，启、停进程将无法完成。本文所述APS，目前应对的控制策略是"APS分阶段导引（GUID）"，根据炉、机、电系统构成和设备特性，机组启动或停运全程划分为若干阶段，化繁为简，每个阶段以节点（BREAK POINT）开始，APS导引系统启、停步序，即便出现不测状况，也被阶段所隔离，调度设备相对灵活，能有效延续APS进程，提高投入率和利用率，也降低了DCS组态难度。在功能控制方面，如BMS、MCS、SCS、DEH等，均已实现全自动控制，因此，APS各个阶段"一键启停"皆为实至名归。

一个完整的控制系统，通常都由具备调节或运算功能的控制逻辑和测量输入、指令输出的I/O硬件接口组成，如DEH、SCS、MCS等。APS则别具一格，控制功能全靠软件完成，没有任何一个I/O硬件接口，不会直接控制某台具体设备的合闸、分闸，只与协同的控制系统进行信息和指令交换，起到机组启、停控制的系统导引（guid）作用，自然而然的控制逻辑位居系统顶层，因应用软件组态体量较大，需要独占DCS的一个分布过程控制站（DPU）。通俗来讲，APS更像一个交响乐队的指挥，乐队指挥当然不会去演奏某件乐器，手中的指挥棒却能舞动乐队演奏的旋律。BMS、MCS、DEH、SCS等则好比乐队的乐手，各自专心操演一件乐器。乐队指挥和乐手相辅相成，高水准的乐手才有高水平的演奏效果，再加上乐队指挥高水平的演绎，方能奏出优美的乐章。

如果将带有硬件I/O接口的控制系统称为"驱动型"的，APS的控制则是"指导型"的。APS会根据机组启停节奏分步给出系统将要实现的目标，发出的指令可看作是对各种功能控制发挥作用的"导引"，协同调度驱动型控制系统，由驱动型控制系统去"实战"，启、停相关装置和设备。执行效果要依靠驱动型系统的控制水平来获取。因此，以往常规设计的MCS、SCS、CCS等就要适应APS的控制要求而做出改变，才能接受APS导引。APS要求阶段控制过程必须要全工况、全过程、全自动，这显然是一种门槛很高的控制要求，常规设计无法满足APS的要求。例如，采用PID调节的MCS系统，从手动工作方式转为自动调节这一过程，常规设计都是由人工眼观参数、手动调整，纠正PID输入偏差缩小到允许值，然后伺机从手动投入自动。开关量设备的自动联锁也需要人工手动操作投、切，CCS也只能在机组高于一定负荷（如30%ECR）后才能投入协调控制，煤粉燃烧器的投、切也要人工判定和手动启停。多台给水泵的切换/并列/解列和锅炉送、引风机的启停/并列/解列等还是需要人工操作，这些手动操作都发生在机组启动或停止过程中，显然这不合APS规则，只有跨过APS要求的技术门槛，才有实力参与APS控制。

要实现APS控制，首先要提升功能控制的自动化水平。因此，MCS、SCS、CCS等一定要适应APS全自动的要求而做出改变甚至变革，相对于过往传统设计，于是就有了围绕APS产生的带有"人工智能"的多种新型控制策略：开关量和模拟量控制的"交叉引用、条件自举"；"三态式"（手动、自动伺服、自动调节）MCS回路“设备静止”（亦即设备启动前）M/A切换；模拟量调节回路的“超驰自举纠偏、自举投自动”；开关量设备M/A切换方式的“本安”操作；智能自动选择器联锁的“设备静止”自动投入；“汽轮机旁路跟随”的全程CCS；电自给水泵/汽自给水泵及汽自给水泵全自动并列/解列；锅炉给水、风烟复变系统顺控的“一键启停”；锅炉燃料调节的“磨煤机出力自动计算/自动启停控制”；锅炉制粉系统（磨煤机给煤、出口温度、风量MCS调节＋风/温解耦＋磨煤机SCS控制）的“一键启停”；APS的多线程控制；函数参量调节；并行PID调节；超驰控制；入炉煤的热量自动校正；锅炉超前加速（Boiler Input Rating，BIR）控制；DEH、CCS与APS的自动连接；MEH与MCS的自动安全验证自动连接。

所有这些，还不限于此，都由DCS逻辑自动完成，是实现APS实用化控制的技术根基。

三、APS 工 作 区 间

APS的工作区间是有限制的。若以机组发电负荷划分，对燃煤机组而言，启动时，从机组停运的静止状态开始，投入APS，应用APS启动机组，待机组实发功率升到锅炉不投油稳燃负荷后，APS自动退出。机组停运时，高于锅炉不投油稳燃负荷15%ECR投入APS，应用APS降负荷及至机组设备全部停止，APS自动退出。

若以APS管控的设备数量划分，启动机组，发电机并网前操控的系统或设备约占APS管控设备总量的80%，发电机并网后升负荷操控的系统或设备占比约为APS管控设备总量的20%。停运机组，发电机解列前的降负荷过程APS操控的系统或设备约占APS管控设备总量的40%，发电机解列后停炉停机到设备全停，APS操控的系统或设备约为APS管控设备总量的60%。

若以设备启停划分，APS启动机组，以“机炉辅助系统”启动为标志作为APS的开始，APS在第一阶段第一步序发出的第一条控制指令是同时启动锅炉静电除尘器绝缘加热（EP INSULATER HEATER“ON”）、投低压加热器抽汽系统顺控（LP EXTR GR“ON”）和汽轮机疏水系统（TBN DRAIN GR“ON”）。在APS机组启动的第六阶段第十步序发出最后一条指令给DEH，汽轮机高压调节阀采用顺序阀（PARTIAL COMM. VALVE MANAGEMENT）控制方式，作为APS启动机组的结束。APS停止机组，APS投入后的第一阶段第一步序第一条指令，去DEH设定汽轮机调节阀为“全周”（GV MODE FULL）工作方式；去锅炉顺序控制（B-SCS）启动锅炉电动给水泵、锅炉轻油系统。第六阶段第四步序发出APS退出前的最后一条指令：汽轮机顺序控制（T-SCS）停止汽轮机真空系统（TBN VACUUM GR“OFF”）。

四、APS 架　构

APS系统逻辑结构采用纵、横制设计。横向为菊花链拓扑，同层级若干个独立的分布式主控器次第连接，构成APS控制系统。在机组启动或停止整个过程中，每个分布式主控器有限控制APS的一个阶段，阶段之间首尾衔接，按条件逻辑递进。每个阶段以节点开始，设置若干步序，包含步序逻辑在内，每一步序纵向四级分层导引相关的系统和设备。APS横向步进发出目标指导，纵向功能系统分级顺序控制、执行设备启停操作，往复循序渐进，直至完成机组的启动或停止。APS分布式主控器由两部分程序逻辑组合而成——节点控制器和阶段步序逻辑。

节点控制器包含节点决策逻辑、信号输入和输出端口，以及人机接口（Man-Machine Interface，MMI）三部分内容。节点决策逻辑是节点控制器的运算核心，输入信号包括节点运行许可条件和阶段进程的步序完成状态，输出信号包括阶段顺控启动指令和阶段进程信息，输入信号经节点决策逻辑运算后，输出控制指令至阶段步序逻辑。节点控制器的MMI是运行操作人员与APS交换指令/信息的界面和接口，设计有APS操作显示画面、控制按键、步序进程和操作指导信息画面。

阶段步序逻辑按步序判定被控对象完成的进程和状态，确认结果后向下级系统和设备发出控制指令，完成本阶段管辖设备的控制。指令的内容包括启停机炉顺序控制系统、给定模拟量调节回路目标定值和切换工作方式、设定DEH目标转速、管控BMS投切锅炉燃烧器、并列/解列锅炉给水泵、切投发电机开关并网/解列等。每一阶段内都有规定的作业程序和指令，由于阶段启停不同的系统和设备，在某些阶段还另外设计有专用的条件逻辑和操作按键，伴随阶段步序进程完成特定的功能，如煤粉燃烧器的投入、汽轮机摩擦检查、发电机励磁开关合闸、厂用电切换等。

APS导引的系统，纵向分为四个层级。从一级向上至四级，按功能从简至繁依次为单体设备操作、单元控制、系统控制（含SCS、CCS、DEH、BMS等）和APS分布式主控器，APS分布式主控器位居顶层。若按虚实分类，一、二、三级是实体控制，而APS应归类于逻辑虚拟控制。二、三层级是设备的系统集成，从控制逻辑方面讲，各层级并无技术高低之分，只有作用不同、简繁之别。若按重要程度划分，所有的热工保护功能都设计在第一层级，在设备操作的逻辑模块中，保护功能控制权限是最高的，是设备安全运行的基础。随着控制层级升级，控制范围扩大，自动化程度升高，而随着控制层级降低，控制权逐级增强，底层有最高控制权。

APS分布式主控器的阶段步序逻辑按需求向布置在其下三个层级中的控制

装置发出运行指导或给定值，导引热工控制系统实现机组启停的阶段控制功能，这些控制级内包括机炉顺序控制系统、模拟量自动调节回路、锅炉燃烧器管理系统、汽轮机DEH、发电机励磁和自动准同期装置等，根据需要在不同阶段内参与APS控制。程序控制既包括开关量顺序控制，也包括模拟量自动调节，APS分布式主控器开始工作的充要条件就是其下各级被控对象的工作方式都必须符合规则，开关量设备和顺序控制在自动，模拟量自动调节在自动伺服（Stand-By），开关量联锁在自动。这些控制装置或系统都有独立完整的专项功能，没有APS导引时，对各自发挥原有控制功能，不存在品质方面的影响。其影响主要体现在协同控制的时间和各种不同系统控制或调节的精准匹配方面，人工操作的精度、适时性和重复性显然比不上APS控制。有了APS的总体导引，在DCS支持下，利用计算机辅助运行操作，可多线程执行设备启停和切换，能够节省大量时间，也就意味着提高了运行的经济性。控制规则化、无差别的操作重复性、快速反应的设备保护，切实保障了机组长期运行安全。APS极大地提高了机组启停阶段运行的经济性和安全性，这就是应用APS的突出优点。

五、APS 实 控 机 组

1999年，容量700MW的燃煤机组在国内正式投入商业运行，APS作为热工控制的标准配置功能应用至今，实际运行中能够按设计要求全自动地控制机组启、停。机组设备配置概述如下。

锅炉为单炉膛、平衡通风、一次再热、亚临界强制循环汽包炉，配三台炉水循环泵。汽包额定压力20.5MPa，蒸发量2290t/h，过热器出口额定压力18.5MPa，再热器入/出口额定压力4.5/4.7MPa。锅炉Π式结构，烟道双侧布置、平衡通风，动叶可调轴流式送风机和引风机，容克式三分仓旋转空气预热器，三电场静电除尘器。直吹式制粉系统，6台带旋风分离器的碗式中速磨，锅炉额定负荷下运行5台，1台备用。煤粉燃烧器为低NO_x四角喷燃直流门式、摆角燃烧器，从下至上有A～F六层煤粉燃烧器喷口，每层煤粉燃烧器喷口下都布置一层二次风，共六层，在F层煤粉燃烧器的上部配有三层过燃风，采用高温欠氧和低温过氧两级燃烧方式。B、D、F层煤粉燃烧器的二次风喷口中安装了三层轻油燃烧器，在锅炉启、停及低负荷时使用。锅炉运行方式为定-滑-定，机组启停阶段燃用轻油，锅炉设计煤种低位发热量22 760kJ/kg。给水系统主要设备包括两台50%MCR汽动给水泵（额定转速5260r/min，流量1278t/h）和一台25%MCR液力偶合器调速电动给水泵（额定最高转速5250r/min，流量660t/h），每台给水泵均配备25%额定流量连续可调式最小流量阀。

汽轮机为一次中间再热、三缸四排汽、单轴、凝汽式；额定压力17.5MPa，主蒸汽/再热蒸汽额定温度541/566℃。回热系统为三台高压加热器、四台低压加热器和一台除氧器。汽轮机旁路为二级串联高、低压旁路，高压旁路阀一只，容量为40%BMCR，低压旁路阀两只，总容量为45%BMCR。发电机冷却方式为水-氢-氢，励磁方式为静态晶闸管自并励。凝汽器配置三台凝结水泵，两台水环式真空泵。凝汽器循环冷却水为海水，配两台混流式循环水泵。汽轮机启动采用高、中压缸联合启动方式。

机组采用机、炉、电集中控制方式，为两机一控，即两台机组在一个控制室集中监控。每台机组DCS的I/O总数6886点，DCS采用“硬件一体化”设计方式，涵盖了机组全部主要控制系统。DCS分布过程控制站（DPU）按控制系统划分，多功能处理器冗余配置。设计安装了以DCS为中心的全厂生产过程参数检测网，以DCS通信数据总线为主干，以PLC通信DH＋数据链路为支干，经网关（GWC）交互链接而成。在机组集控室内可通过DCS操作员站对所有辅助生产系统的主要过程参数进行监测。

APS已作为热控标准配置功能和例行控制方式用于启、停机组，具备了电厂燃煤机组过程智能控制所需的基本要素。复合变量的系统顺序自动控制能够“一键式启停”，设备联锁采用默认“自动”方式，自动识别和确定工作状态。模拟量调节回路具有自动识别过程控制装置品质和工艺系统工作状态的能力，自动纠正“手动”投“自动”时的调节器入口偏差，自举投“自动”。

汽轮机DEH除具备通常的应用功能外，还实现了以实验数据为基础的汽轮机物理模拟法转子应力计算，具有惯性小、监测范围宽的特点。机组设计有FCB功能，经过多次实战考验，在电网故障解列时实现了“不停机、不停炉带厂用电孤岛运行”，汽轮机发电机组故障跳闸时，成功转入“厂用电自动切换、停机不停炉热备用”运行方式。APS提升的机组热工自动化功能确保了FCB百分之百的成功动作率。

第二章 APS 基本工作原理

一、APS 分阶段控制

APS 系统由若干个 APS 分布式主控器按菊花链拓扑连接构成一个整体，每个分布式主控器在负责导引的机组启停阶段内横向串行发送信息，受其导引的顺序控制和功能控制系统纵向完成生产过程控制和调节，机组启动或停止阶段的数量决定了 APS 分布式主控器的多少。APS 分布式主控器根据实时获取的机组运行状态和参数决定机组启动或停止的阶段、策略和步序。

APS 系统控制机组启动或停止，采取分段进阶方式，APS 进阶按机、炉、电工艺系统运行特性，以及充分发挥 DCS 功能特点的原则划分阶段，经过统筹优化而形成 APS 管控规范，并非完全照搬人工手动启动、停止的操作顺序，在启停顺序和方式上与人工操作具有较大不同。人工操作只能串行控制，也就是一台一台设备逐台操作。以 DCS 为平台的 APS 可并行批量操作设备，所谓的多线程控制，APS 阶段步序逻辑发出一条指令可驱动多达 5 套控制系统同时动作，操控的设备可达几十台，能同时控制开关量设备和模拟量调节回路。在控制设备的能力方面，无论效率和安全人工操作都是无法与 APS 计算机辅助操作相比的。

机组设备按照工艺流程，分为机组主设备，如汽轮机、锅炉和发电机。机炉主要辅机，如锅炉的送风机、引风机、一次风机、锅炉给水泵，汽轮机的凝结水泵、真空泵等。机组的辅助系统，如汽轮机的疏水、高压加热器、低压加热器、汽轮机辅助润滑油系统、锅炉的排气疏水、发电机的定子冷却水和氢气冷却/密封系统，等等。还有一些是机组的公用系统，如辅助蒸汽、冷却水、压缩空气等。

APS 作为机组启停的热控标准功能配置和例行应用的操作方式，总共分为 12 个阶段，机组启动和停止各由 6 个分布式主控器串联组成，每个 APS 分布式主控器控制机组启、停过程中的一个阶段，每个阶段进程都是从节点（BREAK POINT）开始，完成阶段任务后结束（BP COMPLETE），前序阶段的完成状态作为后序阶段的许可条件。

机组启动六个阶段为机炉辅助系统启动（UNIT START PREPARATION）；汽轮机抽真空（VACUUM UP）；炉膛吹扫 & 点火（FURNACE PURGE & LIGHT-OFF）；汽轮机冲转（TURBINE ROLLING）；发电机并网带初负荷（SYNCHRO. & INIT. LOAD）；机组升负荷（LOAD UP）。APS 系统 START-UP 架构框图，如图 2-1 所示。

机组停止六个阶段为机组降负荷（LOAD DOWN）；机组最低负荷（MINI-MUM LOAD）；发电机解列（LINE OFF）；汽轮机停机（TURBINE SHUT-DOWN）；锅炉切燃烧器（BURNER SHUT-DOWN）；锅炉停炉 & 切真空（BOILER SHUT-DOWN & VAC. BREAK）。APS 系统 SHUT-POWN 架构框图，如图 2-2 所示。

APS 设计时遵循“集中连贯、效率优先”原则，在设备选择方面，首先考虑在机组启、停时，那些操作量大，需要反复启停操作的设备，如锅炉燃烧系统、锅炉给水系统、汽轮机回热系统、汽轮机真空系统、辅助汽轮机油系统等。评判设备纳入 APS 的一个简单有效的方法就是运行机组短时停机后，汽轮机处在温态状态下再次启动，此时需要启动的设备都可利用 APS 进行控制。而部分辅助系统和设备启动后，机组即便短时间停机也无须或不允许停运则单独控制，没有必要纳入 APS。例如，辅助蒸汽系统、空气压缩机系统、冷却水系统、发电机氢冷系统等。APS 导引热工控制系统启动机组，纳入 APS 的系统必须有取有舍，设计 APS 的目的就是要在机组启停过程中，特别在启动过程中省去大量的人工操作，优先考虑那些操作反复、启停先后连贯、设备数量多的工艺系统利用 APS 代替人工操作，体现出计算机辅助操作的优势，而那些只有当机组全停检修时才需要隔离操作的装置或系统，没有参与 APS 的必要，否则，反而降低了 APS 的使用效果。

从 APS 启动的六个阶段中可看到，第一阶段主要以启动汽轮机和锅炉的辅助系统为主，第二阶段启动汽轮机的主要辅机，第三阶段启动锅炉本体，第四阶段启动汽轮机，第五阶段以发电机并网为主，第六阶段是升负荷，机、炉、电全体参与。整个过程遵循机组启动的内在规律，首先启动主机外围的辅助系统，然后启动主要辅机，最后启动主机，经过统筹规划得出控制策略。APS 控制机组停运也沿用同样的策略，只不过是逆序进行，第一阶段机组降负荷，同时启动锅炉和汽轮机辅助系统，第二阶段机组负荷降至最低，降低锅炉燃烧强度（锅炉本体），第三阶段发电机解列（发电机本体），第四阶段汽轮机停机（汽轮机本体），第五阶段锅炉切除燃烧器（锅炉本体），第六阶段停锅炉风机（锅炉主要辅机）和汽轮机真空破坏（汽轮机主要辅机）。

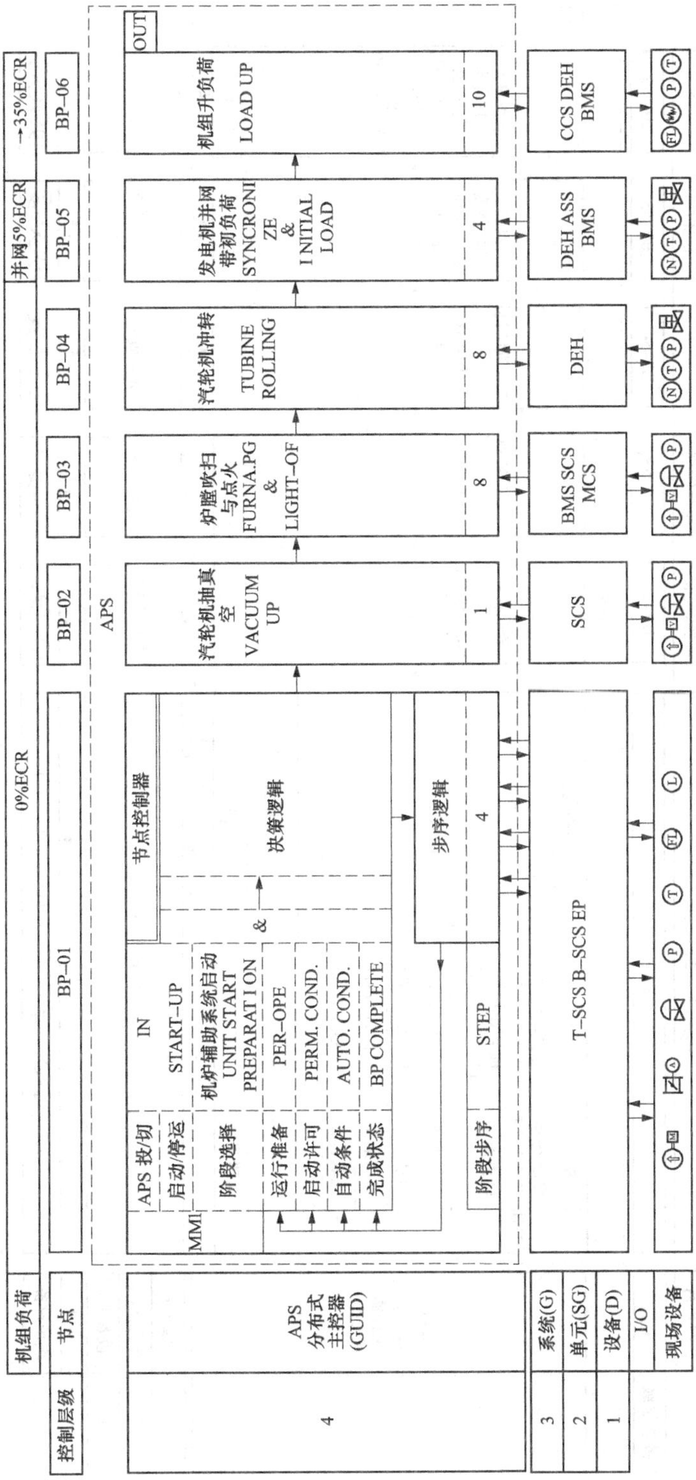

机组负荷 | 0%ECR | 并网5%ECR | →35%ECR

控制层级 | 节点 | BP–01 | BP–02 | BP–03 | BP–04 | BP–05 | BP–06

APS

4　APS 分布式主控器(GUID)

MMI
APS 投/切　IN
启动/停运　START–UP
阶段选择　机炉辅助系统启动 UNIT START PREPARAT I ON
运行准备　PER–OPE
启动许可　PERM. COND.
自动条件　AUTO. COND.
完成状态　BP COMPLETE
阶段步序　STEP
&
节点控制器
决策逻辑
步序逻辑
4

汽轮机抽真空 VACUUM UP　1
炉膛吹扫与点火 FURNA.PG & LIGHT–OF　8
汽轮机冲转 TUBINE ROLLING　8
发电机并网带初负荷 SYNCRONIZE & I NITIAL LOAD　4
机组升负荷 LOAD UP　10
OUT

3　系统(G)
2　单元(SG)
1　设备(D)
I/O
现场设备

T–SCS B–SCS EP
SCS
BMS SCS MCS
DEH
DEH ASS BMS
CCS DEH BMS

图 2-1　APS 系统 START-UP 架构框图

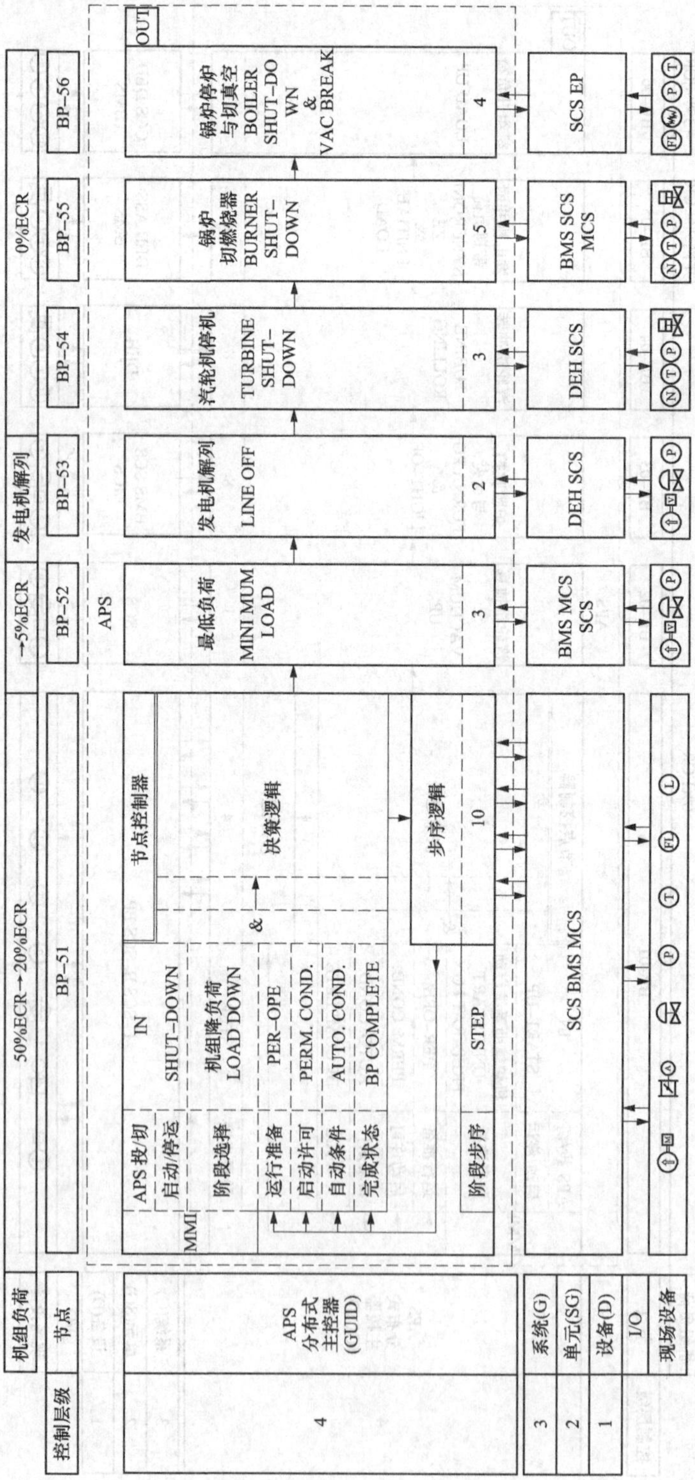

机组负荷
50%ECR→20%ECR
→5%ECR
发电机解列
0%ECR
控制层级
节点
BP-51
BP-52
BP-53
BP-54
BP-55
BP-56
APS
4
APS
分布式
主控器
(GUID)
MMI
APS 投/切
IN
启动/停运
SHUT-DOWN
阶段选择
机组降负荷
LOAD DOWN
运行准备
PER-OPE
启动许可
PERM. COND.
自动条件
AUTO. COND.
完成状态
BP COMPLETE
节点控制器
&
决策逻辑
步序逻辑
阶段步序
STEP
10
最低负荷
MINI MUM
LOAD
3
发电机解列
LINE OFF
2
汽轮机停机
TURBINE
SHUT-
DOWN
3
锅炉
切燃烧器
BURNER
SHUT-
DOWN
5
锅炉停炉
与切真空
BOILER
SHUT-DO
WN
&
VAC BREAK
4
OUT
3
系统(G)
2
单元(SG)
1
设备(D)
SCS BMS MCS
BMS MCS
SCS
DEH SCS
DEH SCS
BMS SCS
MCS
SCS EP
I/O
现场设备

图 2-2　APS 系统 SHUT-DOWN 架构框图

二、APS 分布式主控器

APS 分布式主控器主要包括两部分，节点控制器和阶段步序逻辑（STEP SEQUENCE）。

（一）节点控制器

节点控制器是 APS 分布式主控器的决策中枢，由节点基本逻辑（BREAK POINT BASIC LOGIC）完成逻辑运算，节点控制器工作运行条件、人机接口按键指令、检测信号、过程执行状态、信息 I/O 等集中到节点基本逻辑中形成决策后，输出“节点启动（BREAK POINT START）”指令至阶段步序逻辑，开始 APS 步进顺序控制，适时向 MCS、SCS、BMS、BPC、CCS、DEH 等系统发出控制指令，全面、立体的调动参与 APS 的功能控制系统和控制装置。

节点控制器包括以下手动输入指令。

1. 按键指令

APS 机组启动/停止总共 12 个节点的主控器上统一设置有输入按键，是主控器的标准配置。

利用 DCS 显示器上的功能控制面板，提供了以下操作按键。

（1）节点启动/停止工作方式选择（BREAK POINT START-UP/SHUT-DOWN）。

（2）APS 投入/退出控制方式选择（APS IN、APS OUT）。

（3）目标节点选择（BP TARGET SELECT，12 个节点）。

（4）节点运行/保持（GO/HOLD P. B）。

（5）手动允许绕行（BY-PASS P. B）。

（6）报警复位（ANN RESET P. B）。

APS 节点控制器原理，如图 2-3 所示。

2. APS 的投入与退出（IN 与 OUT）

在 DCS 操作员站显示器的 APS 机组启动或停止操作面板上根据机组运行需要触发 APS 投入按键（APS IN PB），即可投入 APS，导引相关控制功能，启动或停止机组运行。

如果出现以下 7 个条件之一，则 APS 退出（APS OUT MODE）。

（1）APS 退出按键已触发（APS OUT PB）。

（2）锅炉已快速减出力（FCB OCCURED）。

（3）锅炉主燃料跳闸（MFT）5s 脉冲 & 无锅炉主燃料切除命令（not，MFT COMMAND）。

（4）汽轮机跳闸（TURBINE TRIP）5s 脉冲 & 无汽轮机打闸命令（not，TURBINE TRIP）。

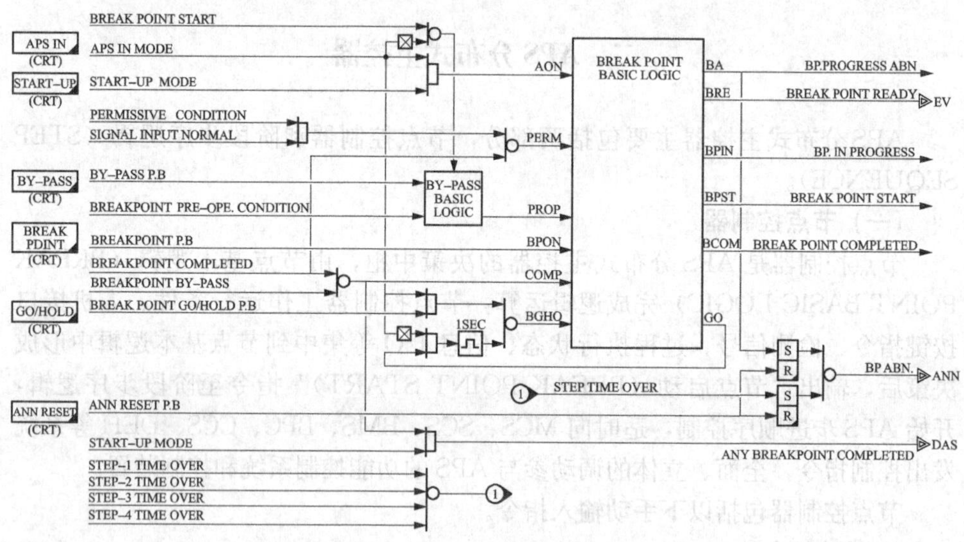

图 2-3　APS 节点控制器原理

（5）APS 启动（APS START-UP MODE）& 升负荷已完成（BP LOAD COMPLD），发出 3s 脉冲。

（6）APS 停运（APS SHUT-DOWN MODE）& 锅炉已停炉（BLR S-DOWN COMPLETED）& 锅炉闷炉（BLR BANKING IN MODE），发出 3s 脉冲。

（7）APS 控制机组停运（APS SHUT-DOWN MODE）& 燃烧器已切除（BNR SH-DN COMPLETED）& 锅炉未闷炉（not，BLR BANKING IN MODE），发出 3s 脉冲。

3. 辅助指令

（1）锅炉闷炉（BOILER BANKING IN）。

（2）退出锅炉闷炉（BOILER BANKING OUT）。

（3）辅助蒸汽投入确认（CONFIRM AUX SREAM COMPLETE）。

（4）厂用高压变压器切至启动备用变压器确认（CONFIRM UAT TO SST）。

（5）汽轮机真空保持（VACUUM HOLD）。

（6）汽轮机真空破坏（VACUUM BREAK）。

根据 APS 不同的运行阶段，按照进程功能设置的输入指令。例如，只有在 APS 机组启动的第四阶段，会出现“RUB CHECK OUT”，而在 APS 机组停止的第二阶段，“CONFIRM UAT TO SST”才能用到。APS IN/OUT 逻辑，如图 2-4 所示。

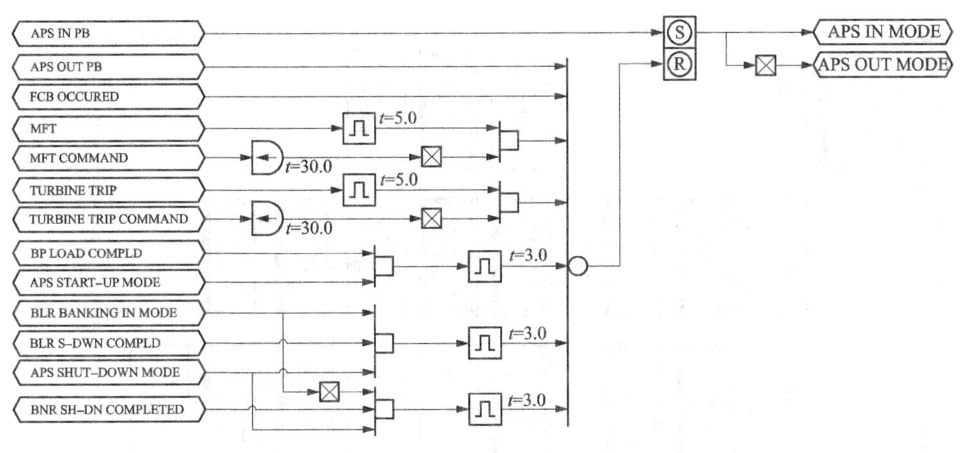

图 2-4　APS IN/OUT 逻辑

（二）APS 人机接口

由于 APS 主要应用在机组启动和停运过程中，锅炉滑压、汽轮机转速调节、机组升/降负荷，机组运行工况最为复杂，启停方式、进阶目标、控制进程需要实时掌握，因此，一个适用的人/机互动界面，人机接口是必不可少的。APS 的 MMI 是操作人员与 APS 逻辑互动的媒介，可利用 DCS 操作员站显示器画面上的操作按键向 APS 逻辑发出指令，通过实时画面监视 APS 的进程和信息。

人机接口包括 APS（启/停）操控主画面、APS 阶段步序操作显示画面、APS 运行状态条件信息指导、操作显示面板等。APS（启/停）操控主画面设计有三种不同功能的操作和显示图形。

1. 操作、显示画面

操作人员用此来向 APS 发布指令、确认状态、显示进程或直接调用，APS 机组启动操作画面，如图 2-5 所示。APS 机组停止操作面板，如图 2-6 所示。具体功能如下。

（1）指令发布。选择工作方式和进程状态，如“节点启动”“APS 投/退”“继续/保持”等；选择启停进阶目标，如“机炉辅助系统启动”“炉膛吹扫与点火”“机组升负荷”“机组降负荷”“发电机解列”“真空破坏与停炉”等。

（2）工况显示。指示机组当前状态，如汽轮机的冷、温、热、极热态，“TURBINE RESET”“汽轮机跳闸”；锅炉的“吹扫已完毕”“MFT RESET”“退出全部燃烧器”；发电机的“已合闸”“初负荷保持”“发电机解列”等。标志参数，如汽轮机转速 500、2100、3000r/min。APS 以外相关控制系统的操作结果，如电除尘绝缘加热器已投入、电除尘器已投入等。

（3）状态确认。如“辅助蒸汽已投入”和“汽轮机摩擦检查已退出”。

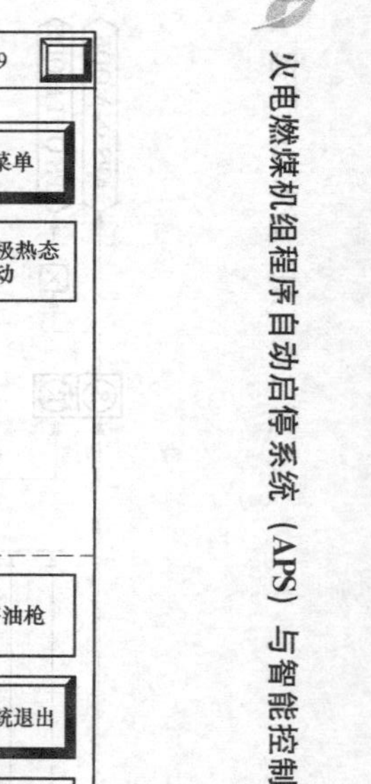

图 2-5　APS 机组启动操作画面

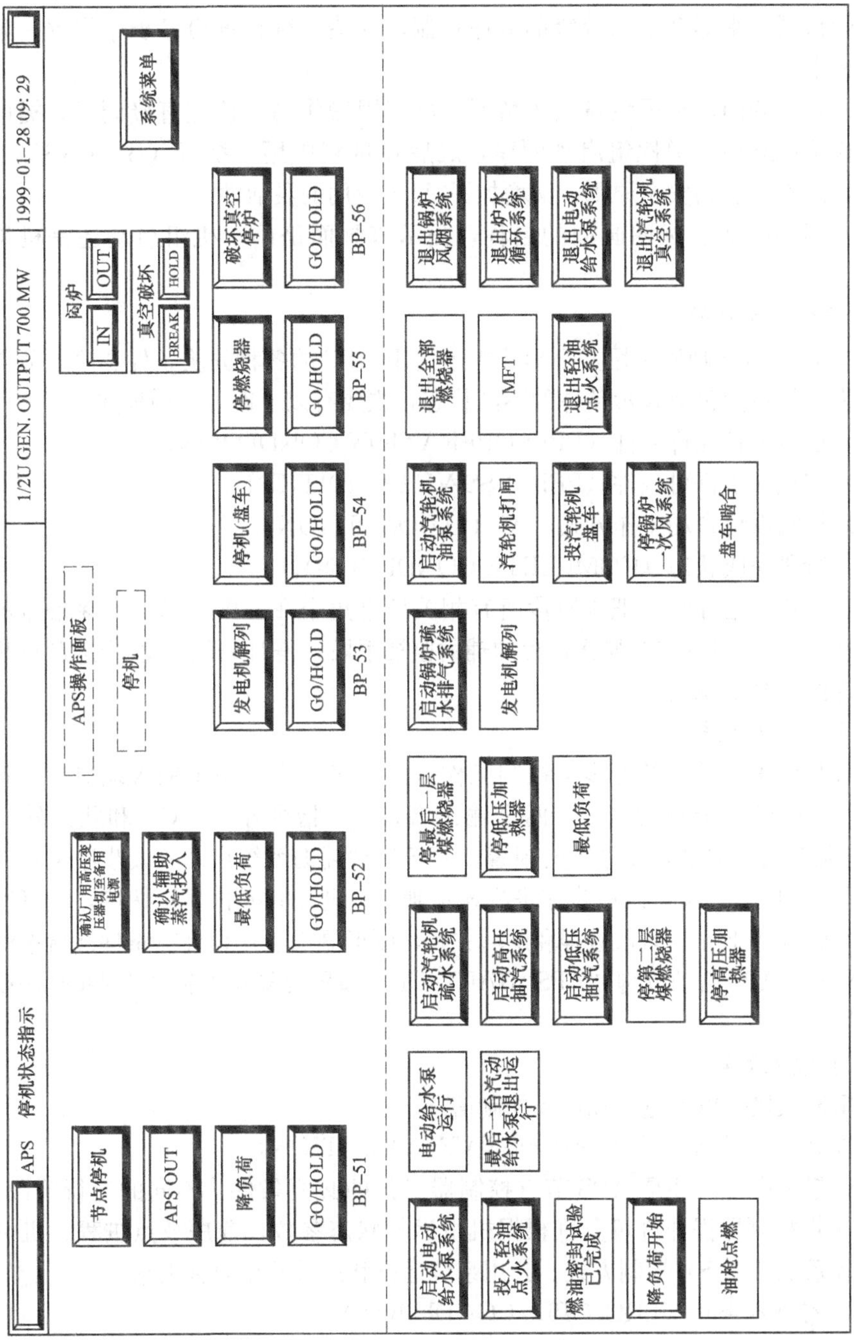

APS 停机状态指示
1/2U GEN. OUTPUT 700 MW
1999–01–28 09: 29

APS操作面板
停机

闷炉
IN
OUT
真空破坏
BREAK
HOLD
系统菜单

节点停机
APS OUT
降负荷
GO/HOLD
BP–51

确认厂用高压变压器切至备用电源
确认辅助蒸汽投入
最低负荷
GO/HOLD
BP–52

发电机解列
GO/HOLD
BP–53

停机(盘车)
GO/HOLD
BP–54

停燃烧器
GO/HOLD
BP–55

破坏真空停炉
GO/HOLD
BP–56

启动电动给水泵系统
投入轻油点火系统
燃油密封试验已完成
降负荷开始
油枪点燃

电动给水泵运行
最后一台汽动给水泵退出运行

启动汽轮机疏水系统
启动高压抽汽系统
启动低压抽汽系统
停第二层煤燃烧器
停高压加热器

停最后一层煤燃烧器
停低压加热器
最低负荷

启动锅炉疏水排气系统
发电机解列

启动汽轮机油泵系统
汽轮机打闸
投汽轮机盘车
停锅炉一次风系统
盘车啮合

退出全部燃烧器
MFT
退出轻油点火系统

退出锅炉风烟系统
退出炉水循环系统
退出电动给水泵系统
退出汽轮机真空系统

图 2-6 APS机组停止操作面板

（4）进程显示。在一个阶段进程中，APS要调用多个系统顺控程序，如节点BP-01（机炉辅助系统启动）就要启动汽轮机低压加热器抽汽、汽轮机本体疏水、汽轮机凝结水等9个系统级的顺序控制，这些系统根据启停步序将逐一显示在面板上。

（5）直接调用。根据设备具体情况，可利用操作画面按键直接调用，提前投入相应系统顺控，弹性组启动顺序，之后在进程中用“绕行（BY PASS）”键确认，既不失总的安全原则，又增加了APS应用的灵活性。

（6）画面标志。标明画面的名称，提示该画面是用于机组启动还是机组停止。

2. 运行指导画面

APS运行指导画面是用文字形式提示运用APS的各种先决条件和阶段节点完成结果，用不同色标显示条件的不同状态，主要有以下四方面的描述。

（1）运行准备允许条件（PRO-OPERATION CONDITION）。

（2）节点起步许可条件（PERMISSIVE CONDITION）。

（3）控制系统自动工作方式（AUTO CONDITION）。

（4）阶段完成状态（COMPLETE CONDITION）。

文字形式的指导画面把本阶段所有相关信息集中在一副画面上，逐条显示一目了然，作为APS控制操作过程的辅助监视手段，是对APS阶段步进逻辑状态更为详细的文字说明。

3. 阶段步序逻辑

阶段步序逻辑采用条件步进控制工作方式，每一步序两个输入端口——条件输入（P）和跳步触发（J），两个输出端口——指令输出（C）和状态输出（M）。还设计有计时器，步序超时报警。APS机炉辅助系统启动阶段步序逻辑原理，如图2-7所示。APS阶段步序进程显示画面，设计有操作显示按键，既可操作，也可显示APS某一阶段进程和逻辑关系，图形画面上还设计有条件绕行按键“BY-PASS”、APS启动按键“APS START-UP”和异常复位按键“ABNORMAL RESET”。

（三）输入信号

逻辑输入接受以下过程和设备控制信息。

1. 节点起步许可条件（PERMISSIVE CONDITION）

节点起步许可条件是APS节点控制器工作的必要条件。不同的运行阶段，APS各节点控制器操作许可分别根据机组运行状态参数、前序节点进程、机炉协调控制系统（CCS）控制方式、公用系统运行状态等提出具体要求。

2. 运行准备条件（PRO-OPE. CONDITION）

运行准备条件是APS各阶段正常运行的充要条件，包括运行时机条件、控制系统自动工作方式两部分。运行时机条件用于确认APS控制机组启动还是停

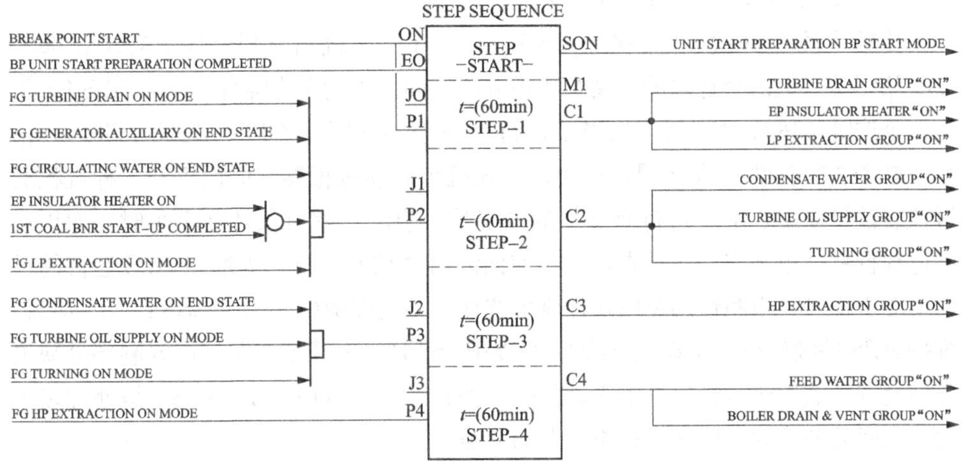

图 2-7 APS 机炉辅助系统启动阶段步序逻辑原理

止，以及节点当前工作状态（尚未启动或阶段进程在执行中），如果 APS 启动机组，还要确认已选择的汽轮机启动方式（冷、温、热、极热）。控制系统自动工作方式是指开关量顺序控制系统工作方式必须在自动，模拟量自动调节回路工作方式必须在伺服或自动。

3. 阶段完成状态（COMPLETE CONDITION）

一个 APS 阶段控制完成后，所有设备的完成状态集中反馈到节点控制器，结束本阶段控制，为下一阶段启动提供启动条件。

4. 自动绕行（BP BY-PASS）

自动绕行等同阶段完成状态（COMPLETE CONDITION）信号，机组阶段启动顺序并非一成不变，因机组具体情况，在工艺允许情况下，APS 后序阶段可能先行启动，发出“自动绕行（BP BY-PASS）”信号给关联的节点，APS 进程就可按逻辑许可重新组合排序，增强了 APS 应用灵活性和运行经济性。

5. 步序超时（STEP TIME OVER）

APS 阶段过程顺序控制逻辑设计有两种方式，一种是“无计时条件触发”顺序控制，步序的进程由启、停设备或参数达到逻辑要求即触发下一步序，这种步序进程的时间往往随机性较强，时间长短无法作为步序进程异常的判据，所以对步序执行时间不做计时。汽轮机顺控部分基本上采用这种无计时条件触发顺序控制逻辑。另一种是“可计时条件触发”顺序控制，当步序指令发出后，启、停设备的执行过程时间有基本固定的规律可循，对步序执行时间进行计时，通过步序超时就能确认步序执行过程出现异常，这种方式主要应用在锅炉顺控中。

6. 手动允许绕行（BY-PASS P. B）

比较手动允许绕行（BY-PASS P. B）与自动绕行（BP BY-PASS），都有“BY-PASS”，但两个逻辑的意义和作用并不相同。手动允许绕行（BY-PASS P. B）是指令按键，按键触发后，相当于运行准备条件（PRO-OPE. CONDITION）信号，这个功能有助于APS灵活应用。燃煤机组启动过程参与的设备和各种过程测量仪表数量众多，电厂运行有极强的系统性，启动过程可长达几个小时。如果启动进程行将结束却有设备异常，就让前面的启动功亏一篑。为增强APS运行的弹性，对于不具有阻断性的逻辑条件就可选择手动允许绕行（BY-PASS P. B）应对，维持APS持续运行。手动允许绕行（BY-PASS P. B）用于本阶段内强制部分缺失条件允许节点起步运行，是个手动指令，而自动绕行（BP BY-PASS）是处理多个阶段之间的节点起步顺序，是逻辑自动信号。

（四）输出指令

逻辑输出包括以下指令和状态。

（1）节点开始指令（BREAK POINT START），发至APS阶段步序逻辑，开始APS机组启动或停止控制的阶段进程。

（2）节点运行中［B. P IN PROGRESS（TO CRT）］。

（3）节点准备中（BREAK POINT READY）。

（4）节点进程异常（B. P PROGRESS ABN.）。

（五）APS的应用

APS系统控制是灵活的，各进程阶段也可根据机组运行实际工况，采取不同层级的自动控制方式，弹性组合应用。例如，机组冷态启动时，“机炉辅助系统启动”节点管辖的设备和控制功能通常采用系统级控制，而进行到下一节点“汽轮机抽真空”，以及其后的节点由APS控制。是否能够应用APS控制，主要取决于节点主控器对相关许可条件的判断，只要条件允许，就可应用APS全程启动机组。

因此，在实际应用中APS启动机组有两种用法，“全功能导引”和“冷态导引”。全功能控制应用于机组DSS运行方式，机组在温、热、极热态启动，全程利用APS分布式节点主控器导引（guid）启停机组，用足了APS的全部设计功能。如果机组冷态启动，受设备启动间隔、时序和顺序等不确定变化的影响，绝大多数运行工况无法满足BP-01节点的启动条件，APS第一阶段启动基本上采用系统（function group）程序控制“一键启停”方式，诸多系统间的控制协同由人工完成。但从节点BP-02开始，以后的各个启动阶段就都具备了应用APS的全部条件，回归APS导引。这就是机组冷态启动APS的应用方式。

三、APS启动前序操作

汽轮机和锅炉的热力特性在设计阶段就已确定，机组启动热力状态根据锅炉汽包压力和汽轮机复速级金属温度分为冷态（＜0.3MPa，＜120℃）、温态（0.3～1.0MPa，120～300℃）、热态（1.0～2.5MPa，300～380℃）和极热态（＞2.5MPa，＞380℃）等四种状态。

针对机组启动前不同的热力状态，锅炉和汽轮机规定有不同的锅炉燃烧率、汽轮机升速率和机组负荷变化率，这些参数都将出现在APS及参与APS的系统功能控制中。在应用APS启动机组之前，也就是决定在操作员站APS启、停面板上选择触发“ASP IN”按键之前，机组冷态要比温态、热态、极热态多出巨量的前序操作。根据不完全统计，在机组启动运行操作票上（发电厂法规规定必须执行的“两票三制”之一）开列的机、炉、电设备和系统的现场检查，以及就地操作主要项目合计5200多项。因为冷态机组特别是停机检修后待启动的机组，所有系统都在静止状态，所有设备控制都在手动方式，所有设备都要全面检查，一切从零开始。控制功能系统参与APS的设备也不过五百多台套，还有大量的现场设备没有参与APS。但在机组停运过程或温、热、极热态启动时，则无需这五千多项检查和操作，参与APS控制的设备操作、调节约占机组冷态启动检查、操作总量的9.7%，不到10%的设备自动控制，完成了机组100%的启、停。所以才说APS是有限控制，参与APS的设备有限，工作的区间有限。从以上统计数据对比分析，得出的结论是APS最适宜的用途是DSS机组启、停控制。例如，国外有的DSS机组8:00～22:00时高负荷运行，22:00时到次日8:00时，停机备用。这种运行方式应该是机组负荷深度调峰的极值工况。利用APS启动DSS的700MW燃煤机组从零负荷到额定负荷仅用时110min。APS在机组突发故障完全脱离正常运行工况后的负荷恢复过程中作用更为突出，例如，机组FCB后的APS能够辅助机组快速恢复正常运行。应对这两种运行工况最能体现出APS安全、高效和经济。

既然APS启停机组是有限控制，还有许多机组设备（汽、油、水、氢、气）和控制系统并没有参与APS控制，在运用APS启动机组之前这些自成系统的控制还是需要独立启动的，例如，冷却水系统，空气压缩机系统，循环水系统，高压抗燃油（EH油）精处理泵，汽轮机盘车油泵（TOP）、辅助油泵（AOP），EH油泵，发电机密封油系统，发电机H_2置换，发电机定子冷却水泵（氢压大于或等于315kPa时启动），辅助蒸汽系统，凝结水输送水泵上水至凝结器正常水位，凝结水泵上水至除氧器正常水位，投除氧器水位调节自动，汽动给水泵

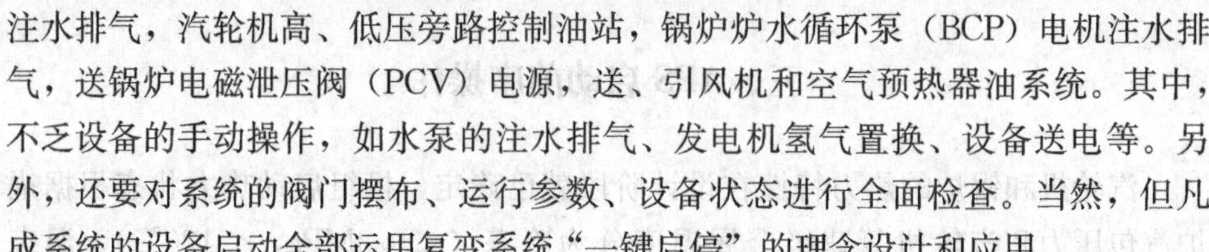

注水排气，汽轮机高、低压旁路控制油站，锅炉炉水循环泵（BCP）电机注水排气，送锅炉电磁泄压阀（PCV）电源，送、引风机和空气预热器油系统。其中，不乏设备的手动操作，如水泵的注水排气、发电机氢气置换、设备送电等。另外，还要对系统的阀门摆布、运行参数、设备状态进行全面检查。当然，但凡成系统的设备启动全部运用复变系统“一键启停”的理念设计和应用。

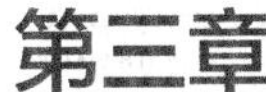

第三章 机组 APS 启动（START-UP）阶段进程

一、机炉辅助系统启动阶段（UNIT START PREPARATION）

APS 机炉辅助系统启动阶段节点控制器，如图 3-1 所示。

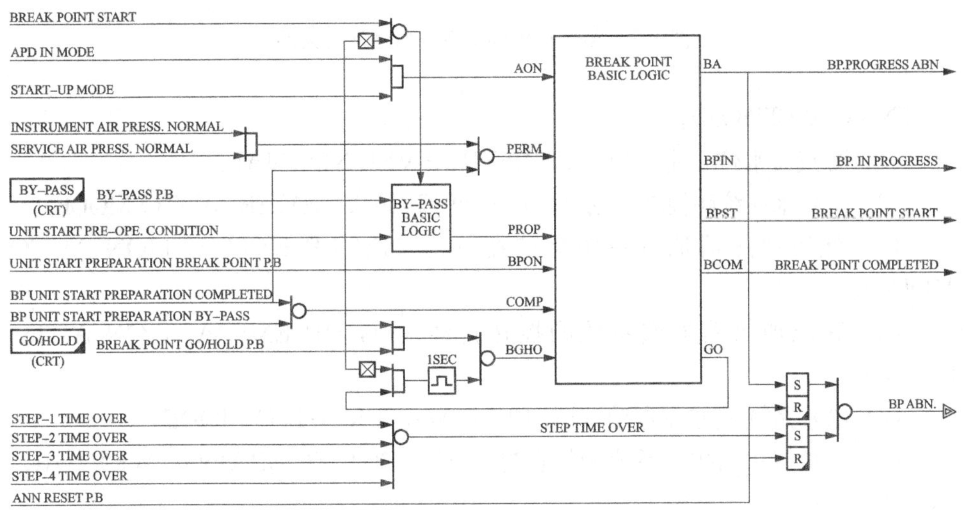

图 3-1　APS 机炉辅助系统启动阶段节点控制器

（一）机炉辅助系统节点起步许可条件（UNIT START PREPARATION PERMISSIVE CONDITION）

同时满足以下 2 个条件。

（1）仪用压缩空气压力正常（INSTRUMENT AIR PRESS NORMAL）。

（2）杂用压缩空气压力正常（SERVICE AIR PRESS NORMAL）。

APS 机炉辅助系统启动许可条件，如图 3-2 所示。

（二）机炉辅助系统节点运行准备条件（UNIT START PREPARATION PRE-OPE. CONDITION）

同时满足以下 11 个条件。

（1）满足机炉辅助系统启动允许时机条件（UNIT START PREPARATION

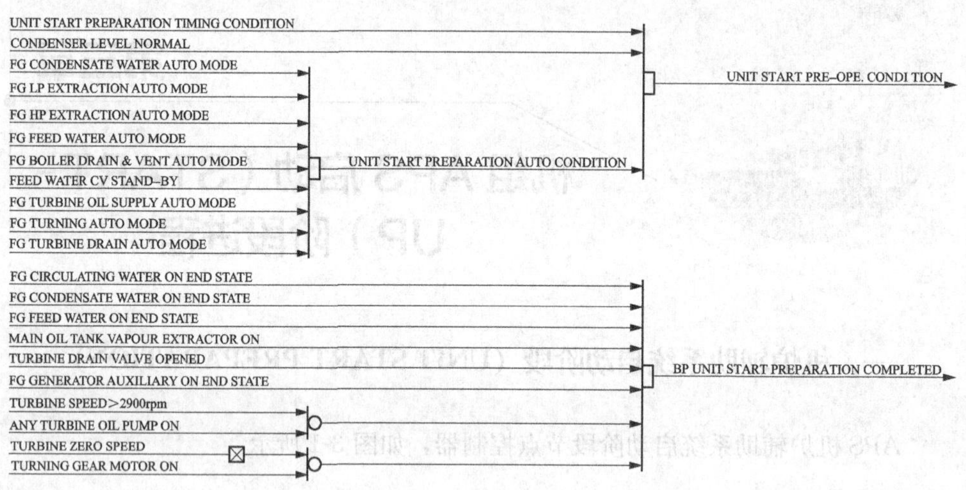

图 3-2　APS 机炉辅助系统启动许可条件

TIMING CONDITION)。

（2）凝汽器水位正常（CONDENSER LEVEL NORMAL）。

（3）凝结水系统顺控在自动（FG CONDENSATE WATER AUTO MODE）。

（4）低压加热器抽汽系统顺控在自动（FG LP EXTRACTION AUTO MODE）。

（5）高压加热器抽汽系统顺控在自动（FG HP EXTRACTION AUTO MODE）。

（6）给水系统顺控在自动（FG FEED WATER AUTO MODE）。

（7）锅炉疏水与排气系统顺控在自动（FG BOILER DRAIN & WENT AUTO MODE）。

（8）汽轮机油系统顺控在自动（FG TURBINE OIL SYPPLY AUTO MODE）。

（9）汽轮机盘车系统顺控在自动（FG TURING AUTO MODE）。

（10）汽轮机疏水系统顺控在自动（FG TURBINE DRAIN AUTO MODE）。

（11）锅炉给水大旁路自动调节回路在自动伺服（FEED WATER CV STAND-BY）。

（三）辅助系统启动允许时机条件（UNIT START PREPARATION TIMING CONDITION）

符合以下 2 个条件之一。

（1）同时满足以下 4 个条件。

1）"APS START-UP PB" 按键已触发，APS 机组启动方式（APS START-UP MODE）。

2）主燃料已跳闸（MFT）尚未复位。

3）汽轮机启动方式（冷、温、热、极热）已选择（TBN START MODE SELECTED）。

4）机炉辅助系统启动尚未完成（not，UNIT START COMPLD）。

（2）机炉辅助系统启动进行中（UNIT START BP IN PROGRESS）。

（四）阶段自动绕行条件（BP UNIT START PRE. BYP）

符合以下5个条件之一。

（1）汽轮机抽真空阶段进行中（VACUUM UP BP IN PROGRESS）。

（2）炉膛吹扫＆点火阶段进行中（FURN PURGE BP IN PROGRES）。

（3）汽轮机冲转阶段进行中（TBN ROLLING BP IN PROGRESS）。

（4）发电机并网阶段进行中（SYNCHRONIZE BP IN PROGRESS）。

（5）机组升负荷阶段进行中（LOAD BP IN PROGRESS）。

逻辑条件等同机炉辅助系统启动已完成（UNIT START COMPLD）。

（五）辅助系统启动逻辑步序

机炉辅助系统启动分4个步序完成，APS机炉辅助系统启动阶段步序逻辑原理，如图2-7所示。

1. 第一步

提示：确认全部自动调节系统回路和顺序控制系统设备都已切换至自动工作方式。

在DCS操作员站上操作：锅炉燃烧器管理系统（BMS）切至APS控制方式（MBC IN APS）。

（1）触发按键“MBC IN APS”。

（2）触发按键“APS IN”。

（3）触发选择按键“BREAK POINT START-UP”。

检查“机炉辅助系统启动”节点工作许可条件已获满足，则按键选择“UNIT START PREPARATION”，并触发按键“GO”。APS接到机炉辅助系统启动开始指令（除标明在“操作员站上操作”或“触发APS BP-××，GO”是由人工操作外，以下所有APS状态确认、步序指令都是由DCS系统APS程序自动完成），则向汽轮机顺序控制系统（T-SCS）和锅炉电除尘（EP）PLC系统发出指令。

（1）锅炉电除尘绝缘加热（EP INSULATER HEATER “ON”）。

（2）投入低压加热器抽汽系统顺控（LP EXTR GR “ON”）。

（3）投入汽轮机疏水系统顺控（TBN DRAIN GR “ON”）。

2. 第二步

以下状态已全部确认。

（1）自 T-SCS，汽轮机循环水系统已运行（CIRC WATER ON END STATE）。

（2）自 T-SCS，发电机辅机系统（氢、油、水）已运行（FG GENERATOR AUX. ON END STATE）。

（3）自 T-SCS，汽轮机疏水系统已投入（TBN DRAIN V/V OPENED）。

（4）自 T-SCS，低压加热器抽汽系统顺控已投入（LP EXTR ON MODE）。

（5）以下状态之一：①自 EP-PLC，锅炉电除尘绝缘子加热器已投入（EP INSULATOR HEATER ON）。②自 BMS，第一台煤粉燃烧器已启动（1st-COAL BNR START-UP COMPLD）。则向 T-SCS 发出指令，启动：

1）汽轮机凝结水系统（COND. WATER GROUP "ON"）。

2）汽轮机油系统（TURBINER OIL SUPPLY GROUP "ON"）。

3）汽轮机盘车系统（TURNING GR "ON"）。

3. 第三步

自 T-SCS 的以下状态全部确认。

（1）汽轮机凝结水系统已运行（COND WATER ON END STATE）。

（2）汽轮机油系统已投入（TBN OIL SUPPLY ON MODE）。

（3）汽轮机盘车系统已投入（FG TURNING ON MODE）。

则向 T-SCS 发出指令：投入高压加热器抽汽系统顺控（HP EXT. GROUP "ON"）。

4. 第四步

自 T-SCS，高压加热器抽汽系统顺控已投入。

则向锅炉顺序控制系统（B-SCS）发出指令，启动：①电动给水泵单元（FEED WATER GROUP "ON"）；②锅炉疏水排气系统（BOILER DRAIN & VENT GROUP "ON"）。

提示：锅炉点火前手动上水至汽包水位＋250mm；锅炉给水走高压加热器旁路。

（六）机炉辅助系统启动阶段已完成

投入运行的设备及完成的运行操作（BP UNIT START PREPARRATION COMPLETED）如下。

（1）汽轮机循环水系统（FG CIRCULATING WATER ON END STATE）。

（2）汽轮机凝结水系统（FG CONDENSATE WATER ON END STATE）。

（3）锅炉给水系统（FG FEED WATER ON END STATE）。

（4）汽轮机主油箱排烟风机（MAIN OIL TANK VAPOUR EXTRACTOR ON）。

（5）汽轮机疏水系统（TURBINE DRAIN VALVE OPENED）。

（6）发电机辅助系统（FG GENERATOR AUXILIARY ON END STATE）。

（7）任一台汽轮机油泵（ANY TURBINE OIL PUMP ON）或汽轮机转速大于 2900r/min（TURBINE SPEED>2900r/min）。

（8）汽轮机盘车（TURNING GEAR MOTOR ON）或汽轮机非零转速（not，TURBINE ZERO SPEED）。

二、汽轮机抽真空阶段（VACUUM UP）

（一）汽轮机抽真空节点起步许可条件（VACUUM UP PERMISSIVE CONDITION）

机炉辅助系统启动节点已完成（BP UNIT START PREPARATION COMPLETED）。

（二）汽轮机抽真空节点运行准备条件（VACUUM UP PRE-OPE. CONDITION）

同时满足以下 7 个条件。

（1）抽真空时机条件（VACUUM UP TIMING）。

（2）辅助蒸汽已投入（AUX. STEAM COMPLETE）。

（3）汽轮机真空系统顺控在自动（TBN VACUUM AUTO MODE）。

（4）A 汽动给水泵汽轮机蒸汽单元顺控在自动（SG A-BFPT STEAM AUTO）。

（5）B 汽动给水泵汽轮机蒸汽单元顺控在自动（SG B-BFPT STEAM AUTO）。

（6）A 汽动给水泵汽轮机油单元顺控在自动（SG A-BFPT OIL AUTO）。

（7）B 汽动给水泵汽轮机油单元顺控在自动（SG B-BFPT OIL AUTO）。

（三）汽轮机抽真空时机条件（VACUUM UP TIMING CONDITION）

符合以下 2 个条件之一。

（1）同时满足 3 个条件。

1）APS 启动（APS START-UP MODE）。

2）汽轮机启动方式（冷、温、热、极热）已选择（TBN START MODE SELECTED）。

3）汽轮机抽真空尚未完成（not，BP VACUUM UP COMPLETED）。

（2）汽轮机抽真空启动进行中（VACUUM UP BP IN PROGRES）。

（四）汽轮机抽真空逻辑步序

汽轮机抽真空阶段一步完成，抽真空阶段步序逻辑原理，如图 3-3 所示。

触发“APS BP-02，GO”。

APS 接到汽轮机抽真空开始指令，则向 T-SCS 发出指令：①投汽轮机真空系统（TBN VACUUM GR“ON”）；②投 A 汽动给水泵汽轮机蒸汽单元（A-BFPT STEAM SG“ON”）；③投 B 汽动给水泵汽轮机蒸汽单元（B-BFPT STEAM SG“ON”）；④投 A 汽动给水泵汽轮机油单元（A-BFPT OIL SG“ON”）；⑤投 B 汽动给水泵汽轮机油单元（B-BFPT OIL SG“ON”）。

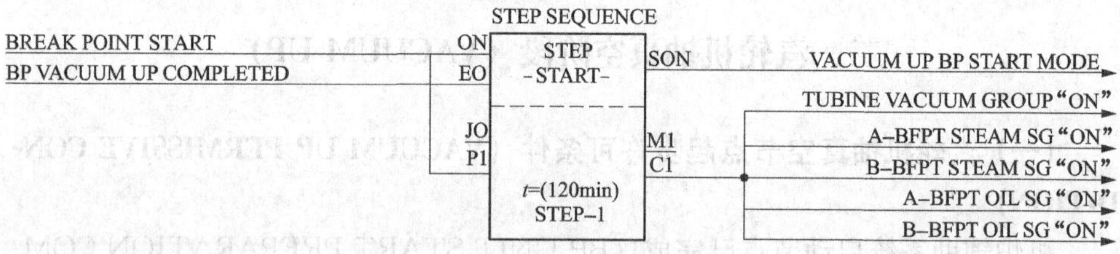

图 3-3　抽真空阶段步序逻辑原理

（五）抽真空阶段已完成

投入运行的设备以完成的运行操作（BP VACUUM UP COMPLETED）：①汽轮机真空系统（FG TURBINE VACUUM ON END STATE）；②A 汽动给水泵汽轮机蒸汽系统（SG A-BFPT STEAM ON END STATE）；③B 汽动给水泵汽轮机蒸汽系统（SG B-BFPT STEAM ON END STATE）；④A 汽动给水泵汽轮机油系统（SG A-BFPT OIL ON END STATE）；⑤B 汽动给水泵汽轮机油系统（SG B-BFPT OIL ON END STATE）。

三、炉膛吹扫 & 点火阶段（FURNA. PG & LIGHT-OFF）

（一）炉膛吹扫 & 点火节点起步许可条件（FURNA. PG & LIGHT-OFF PERMISSIVE CONDITION）

机炉辅助系统启动节点已完成（BP UNIT START PREPARATION COMPLETED）。

（二）炉膛吹扫 & 点火节点运行准备条件（FURNA. PG & LIGHT-OFF PRE-OPE. CONDITION）

同时满足以下 12 个条件。

（1）炉膛吹扫与点火时机条件（FURN PURGE TIMING）。

（2）辅助蒸汽已运行（AUX. STEAM COMPLETE）。

（3）锅炉风烟系统顺控在自动（FG AIR & GAS DRAFT AUTO）。

（4）A 送风调节在自动伺服（A-FDF INLET CD STAND-BY）。

（5）B 送风调节在自动伺服（B-FDF INLET CD STAND-BY）。

（6）A 引风调节在自动伺服（A-IDF INLET CD STAND-BY）。

（7）B 引风调节在自动伺服（B-IDF INLET CD STAND-BY）。

（8）锅炉燃烧器顺控主控器在自动［MBC MASTER AUTO MODE（APS）］。

（9）锅炉炉水循环泵系统顺控在自动（FG BLR CIRC AUTO MODE）。

（10）锅炉轻油系统顺控在自动（FG LIGHT OIL AUTO MODE）。

（11）给水大旁路调节在自动伺服（FEED WATER CV STAND-BY）。

（12）锅炉轻油调节在自动伺服（LO FCV STAND-BY）。

（三）炉膛吹扫 & 点火时机条件（FURNA. PG & LIGHT-OFF TIMING CONDITION）

符合以下 2 个条件之一。

（1）同时满足 3 个条件。

1）APS 启动（APS START-UP MODE）；

2）汽轮机启动方式（冷、温、热、极热）已选择（TBN START MODE SELECTED）。

3）炉膛吹扫 & 点火尚未完成（not，BP FURN PURGE COMPLD）。

（2）炉膛吹扫 & 点火进行中（FURN PURGE BP IN PROGRESS）。

（四）炉膛吹扫 & 点火逻辑步序

炉膛吹扫 & 点火分 8 个步序完成，炉膛吹扫 & 点火阶段步序逻辑原理，如图 3-4 所示。

1. 第一步

触发“APS BP-03，GO”。

APS 接到炉膛吹扫 & 点火开始指令，则向 B-SCS 发出指令：启动炉水循环泵系统（BCP GR “ON”）。

2. 第二步

自 B-SCS，炉水循环泵系统已运行（FG BLR CIRC ON END STATE）。

则向模拟量调节系统发出指令：锅炉汽包水位定值在－100mm（DRUM LEVEL SET -100mm）。

3. 第三步

以下状态全部确认。

（1）自 B-SCS，炉水循环泵系统已运行（FG BLR CIRC ON END STATE）。

（2）自 MCS，锅炉汽包水位定值已在－100mm（DRUM LEVEL SET -100mm）。

则向 B-SCS 发出指令：启动轻油系统（LIGHT OIL GR “ON”）。

4. 第四步

自 B-SCS 的以下任一参数或状态得到确认。

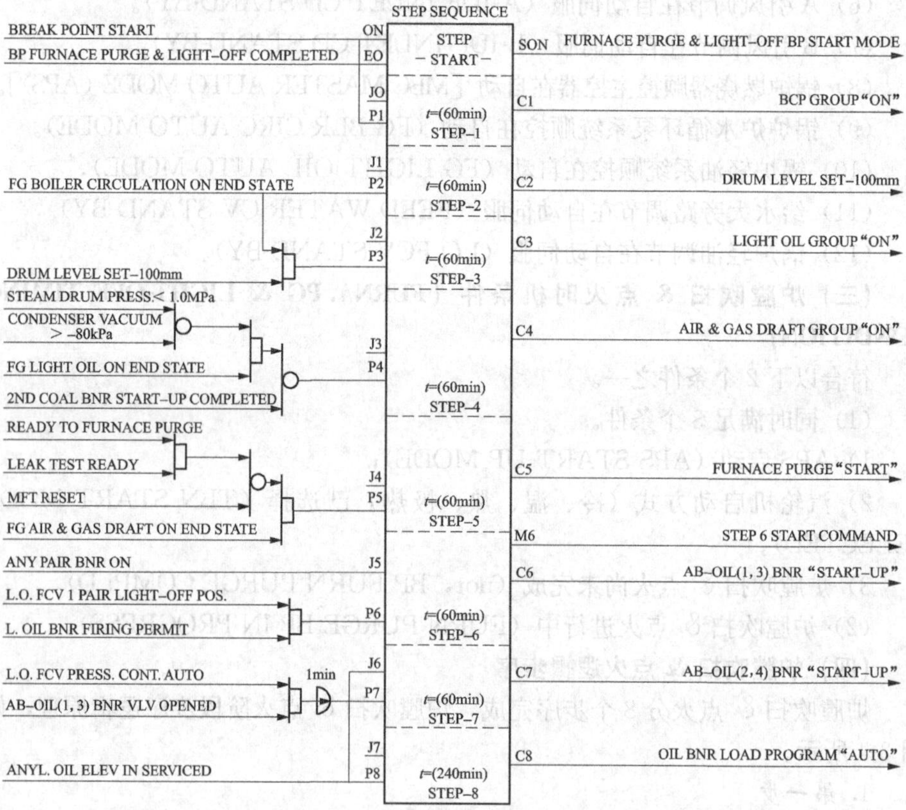

图 3-4　炉膛吹扫 & 点火阶段步序逻辑原理

（1）轻油系统已运行（FG LIGHT OIL ON END STATE），并且锅炉汽包压力小于 1. MPa（STEAM DRUM P. ＜1. 0MPa）或凝汽器真空大于－80kPa（CONDENSER VACUUM＞－80kPa）；

（2）第二套煤粉燃烧器启动已完成（2nd-COAL BNR START-UP COMPLD）。

则向 B-SCS 发出指令：启动锅炉风烟系统（AIR & GAS DRAFT GR "ON"）。

5. 第五步

自 B-SCS 的以下状态全部确认。

（1）锅炉风烟系统已运行（AIR & GAS DRAFT ON END STATE）。

（2）锅炉主燃料跳闸（MFT）已复位（MFT RESET），或者燃油泄漏试验（LEAK TEST READY）和炉膛吹扫已准备好（READY TO FURNACE PURGE）。

向锅炉燃烧器管理系统 BMS 发出指令：开始炉膛吹扫（FURN PURGE

"START"）。

提示：锅炉风量大于或等于 30%，炉膛负压正常，炉膛吹扫条件满足，炉膛吹扫及燃油泄漏试验开始。

6. 第六步

自 B-SCS 的以下任一状态得到确认。

（1）燃油调节阀开度在一对油枪供油阀位（LO FCV 1PAIR L-OFF POS）& 油枪可以点火（LO BNR FIRING PERMIT）。

（2）跳步触发，任一对油枪已投入（ANY PAIR BNR ON）。

向 BMS 发出指令：投 AB 层 1、3 号油枪［AB-OIL(1.3)BNR "START-UP"］。

7. 第七步

自 B-SCS 的以下任一状态得到确认。

（1）轻油自动调节在压力控制方式（LO FCV PRESS CONT AUTO）& AB 层 1、3 号油枪角阀已经打开［AB-OIL(1.3)BNR V/V OPENED］，延时 1min。

（2）跳步触发，任一油层已运行（ANY L. OIL ELE. IN SERVICED）。

则向 BMS 发出指令：投 AB 层 2、4 号油枪［AB-OIL(2.4)BNR "START-UP"］。

8. 第八步

自 B-SCS，确认任一油层已运行（ANY L. OIL ELE. IN SERVICED）。

向 BMS 发出指令：油枪负荷程序投自动（OIL BNR LOAD PROGRAM "AUTO"）。

提示：油燃烧器负荷程序投入自动；锅炉点火后并且凝汽器真空大于－80kPa，则汽轮机旁路自动由伺服（STAND-BY）转调节（AUTO）；

投入 DEH 转子应力控制。

（五）炉膛吹扫 & 点火阶段已完成

炉膛吹扫 & 点火阶段已完成（BP FURNACE PURGE & LIGHT-OFF COMPLETED），要同时满足以下 2 个运行工况。

（1）MFT 已复位（MFT RESET）且锅炉风烟系统已运行（FG AIR & GAS DRAFT ON END STATE）。

（2）符合以下 2 个状态之一。

1）油枪（投/切）顺序控制在自动（OIL BNR LOAD PROGRAM AUTO MODE）& 任一油层已运行（ANY L. OIL ELEV. IN SERVICED）。

2）发电机已并网（GENERATOR CB ON）。

四、汽轮机冲转阶段（TURBINE ROLLING）

（一）汽轮机冲转节点起步许可条件（TURBINE ROLLING PERMISSIVE CONDITION）

同时满足以下 5 个条件。

（1）炉膛吹扫 & 点火已完成（FURNACE PURGE & LIGHT-OFF COMPLETED）。

（2）汽轮机交流辅助油泵已投入（AUX. OIL PUMP ON）或汽轮机转速大于 2900r/min（TURBINE SPEED ＞2900r/min）。

（3）汽轮机主油箱排烟风机已投入（MAIN OIL TANK VAPOUR EXTRACTOR ON）。

（4）汽轮机抽真空已完成（BP VACUUM UP COMPLETED）。

（5）汽轮机进汽许可（STEAM ADMISSION PERM.）或汽轮机转速不小于 100r/min（TURBINE SPEED 不小于 100r/min）。

（二）汽轮机冲转节点运行准备条件（TURBINE ROLLING PRE-OPE. CONDITION）

同时满足以下 4 个条件。

（1）汽轮机冲转时机条件（TBN ROLLING TIMING）。

（2）DEH 在 APS 方式（DEH IN APS）。

（3）A 汽动给水泵汽轮机盘车已投入（A-BFPT TURNIG GEAR ON）。

（4）B 汽动给水泵汽轮机盘车已投入（B-BFPT TURNIG GEAR ON）。

（三）汽轮机冲转时机条件（TURBINE ROLLING TIMING CONDITION）

符合以下 2 个条件之一。

（1）同时满足 3 个条件。

1）APS 启动（APS START-UP MODE）。

2）汽轮机启动方式（冷、温、热、极热）已选择（TBN START MODE SELECTED）。

3）汽轮机冲转尚未完成（not，BP TBN ROLLG COMPLD）。

（2）汽轮机冲转进行中（TBN ROLLING BP IN PROGRESS）。

（四）汽轮机进汽许可

1. 汽轮机冷态启动

同时满足以下 3 个条件。

（1）主蒸汽压力大于 6. 0MPa。

（2）主蒸汽温度 360～400℃。

（3）主蒸汽温度过热度大于 55℃。

2. 汽轮机温态启动

同时满足以下 3 个条件。

（1）主蒸汽压力大于 8.0MPa。

（2）主蒸汽温度 400～460℃。

（3）主蒸汽温度过热度大于 55℃。

3. 汽轮机热态和极热态启动

同时满足以下 3 个条件。

（1）主蒸汽压力大于 11.2MPa。

（2）主蒸汽温度大于 460℃。

（3）主蒸汽温度过热度大于 55℃。

（五）汽轮机冲转逻辑步序

汽轮机冲转节点分 8 个步序完成，汽轮机冲转阶段步序逻辑原理，如图 3-5 所示。

图 3-5　汽轮机冲转阶段步序逻辑原理

1. 第一步

触发"APS BP-04，GO"。

APS 接到汽轮机冲转开始指令（TBN ROLLING BP START）。

向 T-SCS 发出指令：打开汽轮机中压主汽门电磁平衡阀（RSV EQUALIZE V/V “OPEN”）。

2. 第二步

自 T-SCS，以下状态同时出现超过 1min。

（1）汽轮机左侧中压主汽门电磁平衡阀已打开（LH RSV EQU. V/V OPEN）。

（2）汽轮机右侧中压主汽门电磁平衡阀已打开（RH RSV EQU. V/V OPEN）。

向 DEH 发出指令：汽轮机挂闸（TBN RESET COMMAND）。

3. 第三步

自 T-SCS，确认汽轮机已挂闸（TURBINE RESET）。

向 DEH 发出指令：设定汽轮机目标转速在 500r/min（TBN SPEED SET “500r/min”）。

4. 第四步

自 DEH，以下状态之一得到确认。

（1）汽轮机摩擦检查条件已满足（RUB CHECK START COND.）。

（2）汽轮机摩擦检查已退出（RUB CHECK OUT）。

向 DEH 发出指令：请求汽轮机摩擦检查（RUB CHECK “REQUEST”）。

5. 第五步

自 DEH，以下状态之一得到确认。

（1）汽轮机摩擦检查已退出（RUB CHECK OUT）。

（2）汽轮机转速小于 100r/min。

（3）汽轮机转速大于 600r/min。

向 DEH 发出指令：汽轮机重新设定目标转速定值在 500r/min（TBN SPEED RE-SET “500r/min”）。

6. 第六步

自 DEH，确认汽轮机第一次升速已完成（SPEED UP 1 COMPLD）。

向 DEH 发出指令：汽轮机设定目标转速定值在 2100r/min（TBN SPEED SET “2100r/min”）。

7. 第七步

自 DEH，确认汽轮机第二次升速已完成（SPEED UP 2 COMPLD）。

向 DEH 发出指令：汽轮机设定目标转速定值在 3000r/min（TBN SPEED SET “3000r/min”）。

8. 第八步

以下参数或状态全部确认。

（1）自 MCS，再热器压力大于 0.75MPa（RH PRESS. ＞0.75MPa）。

（2）自 DEH，汽轮机升速已完成（SPEED UP COMPLETED）。

向 DEH 发出指令：汽轮机阀门转换（VALVE TRANSFER “IN”）。

提示：汽轮机转速升至 500r/min，摩擦检查程序自动开始（IN），汽轮机关闭主汽门，转速下降。

确认自动升速率：冷态 75r/min，温态 150r/min，热态 300r/min，极热态 300r/min。

（六）汽轮机冲转阶段已完成

投入运行的设备及完成的运行操作（BP TURBINE ROLLING COMPLETED）：①汽轮机升速已完成（SPEED UP COMPLETED）；②汽轮机阀门转换已完成（VALVE TRANSFER COMPLETED）。

五、发电机并网 & 初负荷阶段（SYNCHRO. & INIT. LOAD）

（一）发电机并网 & 初负荷节点起步许可条件（SYNCHRO. & INIT. LOAD PERMISSIVE CONDITION）

同时满足以下 2 个条件。

（1）汽轮机冲转节点已完成（BP TURBINE ROLLING COMPLETED）。

（2）同时满足以下汽轮发电机组并网允许（TURBINE ROLLING PERM. CONDITION FOR SYNCHRONIZE）条件。

1）炉膛吹扫 & 点火已完成（FURNACE PURGE & LIGHT-OFF COMPLETED）。

2）汽轮机交流辅助油泵已投入（AUX. OIL PUMP ON）或汽轮机转速大于 2900r/min（TURBINE SPEED >2900r/min）。

3）汽轮机主油箱排烟风机已投入（MAIN OIL TANK VAPOUR EXTRACTOR ON）。

4）汽轮机抽真空已完成（BP VACUUM UP COMPLETED）。

（二）发电机并网 & 初负荷节点运行准备条件（SYNCHRO. & INIT. LOAD PRE-OPE. CONDITION）

同时满足以下 7 个条件。

（1）发电机并网时机条件（SYNCHRONIZE TIMING）。

（2）B 煤粉燃烧器顺控在自动（B-COAL BNR AUTO MODE）。

（3）DEH 在 APS 控制方式（DEH IN APS）。

（4）一次风系统顺控在自动（FG PRI AIR AUTO MODE）。

（5）A 一次风调节在自动伺服（A-PAF INLET CD STAND-BY）。

（6）B 一次风调节在自动伺服（B-PAF INLET CD STAND-BY）。

（7）锅炉燃烧器主控器在 APS 控制［MBC MASTER AUTO MODE（APS）］。

（三）发电机并网 & 初负荷时机条件（SYNCHRO. & INIT. LOAD TIMING CONDITION）

符合以下 2 个条件之一。

（1）同时满足 3 个条件。

1）APS 启动（APS START-UP MODE）。

2）汽轮机启动方式（冷、温、热、极热）已选择（TBN START MODE SELECTED）。

3）发电机并网 & 初负荷尚未完成（not，BP SYNCRONIZE & INITIAL LOAD COMPLETED）。

（2）发电机并网进行中（SYNCHRONIZE BP IN PROGRESS）。

（四）发电机并网 & 初负荷逻辑步序

发电机并网 & 初负荷节点分 4 个步序完成，发电机并网 & 初负荷阶段步序逻辑原理，如图 3-6 所示。

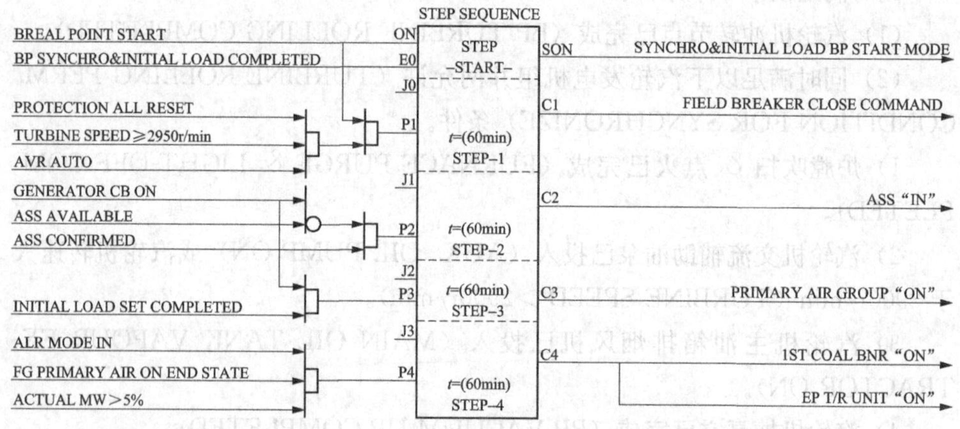

图 3-6　发电机并网 & 初负荷阶段步序逻辑原理

1. 第一步

触发“APS BP-05，GO”。

APS 接到发电机同期指令（SYNCHRONIZE BP START），且以下 3 种状态同时出现。

（1）所有保护都已复位（PROTECTION ALL RESET）。

（2）汽轮机转速大于或等于 2950r/min（TURBINE SPEED≥2950r/min）。

（3）励磁已投自动（AVR AUTO）。

则向 DEH 发出指令：合励磁开关（FIELD BREAKER CLOSE COMMAND）。

2. 第二步

以下状态同时得到确认。

（1）自 DEH 以下状态之一得到确认。

（2）发电机开关已合闸（GENERATOR CB ON）。

（3）自动准同期装置可供使用（ASS AVAILABLE）。

（4）APS 启动画面 ASS CONFIRM 按键已触发（ASS CONFIRMED）。

则向 DEH 发出指令：自动准同期并网（ASS“IN”）。

3. 第三步

自 DEH 的以下状态全部确认。

（1）发电机开关已合闸（GENERATOR CB ON）。

（2）初负荷设定已完成（INITIAL LOAD SET COMPLD）。

则向 B-SCS 发出指令：启动锅炉一次风系统（PRIMARY AIR GR“ON”）。

4. 第四步

以下状态全部确认。

（1）DEH 在负荷自动方式（ALR MODE IN）。

（2）锅炉一次风系统启动已完成（FG PRI AIR ON END STATE）。

（3）初负荷实发功率大于 5%ECR［ACTUAL MW＞5%（INITIAL LOAD)］。

则发出指令：①启动锅炉第一套煤粉燃烧器（1st-COAL BNR“ON”）；②启动锅炉电除尘器（EP T/R UNIT“ON”）。

提示：初负荷完成后，DEH 由“GOV”转“LL”方式，机炉协调汽轮机主控器由伺服（STAND—BY）自举为调节（AUTO）。

（五）发电机并网 & 初负荷阶段已完成

投入运行的设备及完成的运行操作（BP SYNCHRO & INITIAL LOAD COMPLETED）如下。

（1）第一套锅炉煤粉燃烧器（1ST COAL BNR START-UP COMPLETED）。

（2）电除尘器（EP T/R UNIT ON）。

（3）一次风系统（FG PRIMARY AIR ON END STATE）。

（4）汽轮机负荷自动调节（ALR MODE IN）。

汽轮机 4 种启动状态分别对实发功率大于 5%ECR 要求保持的时间：冷态 33min，温态 5min，热态 5min，极热态 5min。

六、机组升负荷阶段（LOAD UP）

（一）机组升负荷节点起步许可条件（LOAD UP PERMISSIVE CONDITION）

同时满足以下 2 个条件。

（1）发电机并网 & 初负荷节点已完成（BP SYNCRONIZE & INITIAL LOAD COMPLETED）。

（2）目标负荷设定许可（LOAD SET PERMIT）。

（二）机组升负荷节点运行准备条件（LOAD UP PRE-OPE. CONDITION）

同时满足以下 14 个条件。

（1）机组升负荷时机条件（LOAD TIMING）。

（2）任一油层在运行（ANY LO ELEV IN SERVICED）。

（3）DEH 在 APS 方式控制（DEH IN APS）。

（4）C 煤粉燃烧器顺控在自动（C-COAL BNR AUTO MODE）。

（5）D 煤粉燃烧器顺控在自动（D-COAL BNR AUTO MODE）。

（6）轻油系统顺控在自动（FG LIGHT OIL AUTO MODE）。

（7）第一台汽动给水泵汽轮机 MEH 在自动伺服（1st BFPT CD STAND-BY）。

（8）一级过热喷水减温调节 A 在自动伺服（1SH SPRAY CV-A STAND-BY）。

（9）一级过热喷水减温调节 B 在自动伺服（1SH SPRAY CV-B STAND-BY）。

（10）二级过热喷水减温调节 A 在自动伺服（2SH SPRAY CV-A STAND-BY）。

（11）二级过热喷水减温调节 B 在自动伺服（2SH SPRAY CV-B STAND-BY）。

（12）再热事故喷水调节 A 在自动伺服（LTR SPRAY CV-A STAND-BY）。

（13）再热事故喷水调节 B 在自动伺服（LTR SPRAY CV-B STAND-BY）。

（14）再热温度（喷燃器摆角）调节在自动伺服（BURNER TILT CD STAND-BY）。

（三）机组升负荷时机条件（LOAD UP TIMING CONDITION）

符合以下 2 条件之一。

（1）同时满足 3 个条件。

1）APS 启动机组（APS START-UP MODE）。

2）汽轮机启动方式（冷、温、热、极热）已选择（TBN START MODE

SELECTED）。

3）机组升负荷尚未完成（not，BP LOAD COMPLD）。

（2）机组升负荷在进行中（LOAD BP IN PROGRESS）。

（四）机组升负荷逻辑步序

机组升负荷 10 个步序，机组升负荷阶段步序逻辑原理，如图 3-7 所示。

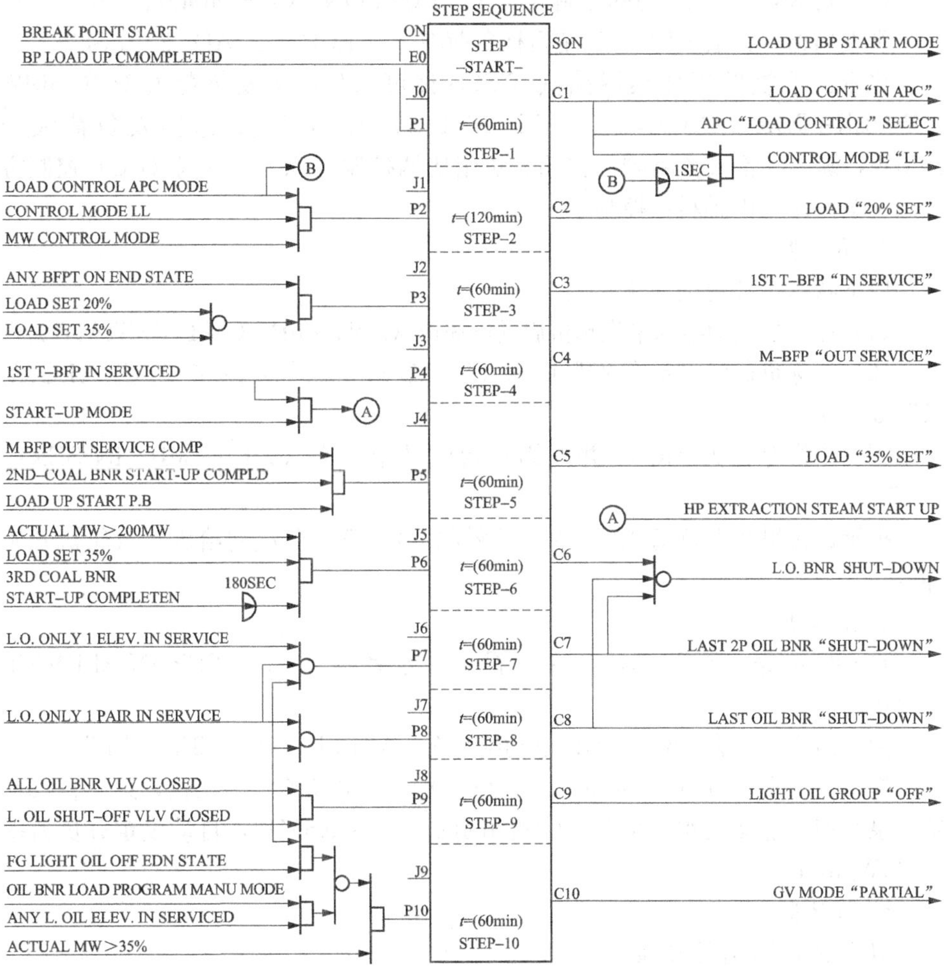

STEP SEQUENCE
BREAK POINT START
BP LOAD UP CMOMPLETED
ON
E0
STEP
-START-
SON
LOAD UP BP START MODE
J0
P1
C1
LOAD CONT "IN APC"
APC "LOAD CONTROL" SELECT
t=(60min)
STEP-1
CONTROL MODE "LL"
1SEC
LOAD CONTROL APC MODE
CONTROL MODE LL
MW CONTROL MODE
J1
P2
t=(120min)
STEP-2
C2
LOAD "20% SET"
ANY BFPT ON END STATE
LOAD SET 20%
LOAD SET 35%
J2
P3
t=(60min)
STEP-3
C3
1ST T-BFP "IN SERVICE"
J3
1ST T-BFP IN SERVICED
P4
t=(60min)
STEP-4
C4
M-BFP "OUT SERVICE"
START-UP MODE
J4
M BFP OUT SERVICE COMP
2ND-COAL BNR START-UP COMPLD
LOAD UP START P.B
P5
t=(60min)
STEP-5
C5
LOAD "35% SET"
HP EXTRACTION STEAM START UP
ACTUAL MW＞200MW
LOAD SET 35%
3RD COAL BNR
START-UP COMPLETEN
180SEC
J5
P6
t=(60min)
STEP-6
C6
L.O. BNR SHUT-DOWN
L.O. ONLY 1 ELEV. IN SERVICE
J6
P7
t=(60min)
STEP-7
C7
LAST 2P OIL BNR "SHUT-DOWN"
L.O. ONLY 1 PAIR IN SERVICE
J7
P8
t=(60min)
STEP-8
C8
LAST OIL BNR "SHUT-DOWN"
ALL OIL BNR VLV CLOSED
L. OIL SHUT-OFF VLV CLOSED
J8
P9
t=(60min)
STEP-9
C9
LIGHT OIL GROUP "OFF"
FG LIGHT OIL OFF EDN STATE
OIL BNR LOAD PROGRAM MANU MODE
ANY L. OIL ELEV. IN SERVICED
ACTUAL MW＞35%
J9
P10
t=(60min)
STEP-10
C10
GV MODE "PARTIAL"

图 3-7 机组升负荷阶段步序逻辑原理

1. 第一步

触发“APS BP-06，GO”。

APS 接到机组升负荷指令，发出以下指令。

（1）去 DEH，DEH 链接 CCS（CCS/DEH LINK COMMAND）。

（2）去 DEH，低负荷限制方式（CONTROL MODE“LL”）。

（3）去 MCS，投机炉协调功率控制（LOAD CONT “IN CCS”）。

2. 第二步

以下工作方式全部得到确认。

（1）自 DEH，汽轮机功率控制（MW CONTROL MODE）。

（2）自 DEH，低负荷限制方式（CONTROL MODE LL）。

（3）自 MCS，CCS 功率控制方式（LOAD CONT CCS MOD）。

则发出指令：去 DEH，设定目标负荷在 20%ECR（LOAD “20% SET”）。

提示：①投低压加热器抽汽 T-SCS 许可条件，实发负荷大于 10.5MW [GENERATOR LOAD＞15%（LP EXT. START-UP）]。②实发负荷大于 84MW，确认汽轮机旁路阀已关闭，机组协调控制（CCS）协调（CC）控制方式，主蒸汽压力由燃料量控制。

3. 第三步

以下状态全部得到确认。

（1）任一台汽动给水泵汽轮机启动已完成（ANY BFPT ON END STATE）。

（2）目标负荷已设定在 20%ECR（LOAD SET 20%）或 35%ECR（LOAD SET 35%）。

则发出指令：去 MCS，并列第一台汽动给水泵（1st T-BFP “IN SERVICE”）。

提示；机组实发负荷 126MW（18%ECR），第一台汽动给水泵汽轮机开始冲转。

4. 第四步

自 MCS，第一台汽动给水泵已投入给水系统（1st T-BFP IN SERVICE COMP）。

则发出指令：去 MCS，解列电动给水泵（M BFP “OUT SERVICE”）。

提示：①实发负荷 140MW（20%ECR），汽/电动给水泵切换，第一台汽动给水泵并列，电动给水泵解列。②机组负荷 140～245MW，自动设定升负荷率 3.5MW/min。

5. 第五步

以下状态全部得到确认。

（1）自 MCS，电动给水泵已解列（M BFP OUT SERVICE COMP）。

（2）自 APS 条件逻辑，第二台煤粉燃烧器已投入（2ND-COAL BNR START-UP COMPLD）。

（3）自 APS 操作画面，升负荷按键已触发（LOAD UP START P. B. ON）。

则发出指令：①去 MCS，设定目标负荷在 35%ECR（LOAD “35% SET”）。②去 T-SCS，投高压加热器抽汽（HP EXTRACTION STEAM START UP）。

提示：①主蒸汽流量 450t/h，给水调节回路由单冲量自动转为三冲量。

②投高压加热器抽汽 T-SCS 触发指令，实发负荷大于 175MW [GENERATOR LOAD>25%（HP EXT. START-UP)]。

6. 第六步

以下状态全部确认。

（1）自 MCS，目标负荷已设定在 35%ECR（LOAD SET 35%）。

（2）自 MCS，实发功率大于 200MW（ACTUAL MW>200MW）。

（3）自 BMS，第三套制粉系统启动已超过 180s（3RD COAL BNR START-UP COMPLD）。

则发出指令：去 MCS，燃油自动流量调节给定“最低流量”（L. O BNR “SHUT-DOWN”）。

提示：①确认负荷指令到达 147MW（21%ECR），第二台汽动给水泵汽轮机开始冲转、并列；②机组实发负荷 175MW（25%ECR），投入 DEH “IPR”及真空限负荷（VACUUM UNLOADER）控制；③磨煤机出力计算程序转“AUTO”。

7. 第七步

自 BMS，以下任一状态得到确认。

（1）只有一层油枪在运行（L. O ONLY 1 ELE. IN SERVICE）。

（2）只有一对油枪在运行（L. O ONLY 1 PARE IN SERVICE）。

（3）全部油枪角阀都已关闭（ALL OIL BURNER V/V CLOSED）。

向 BMS 发出指令：退出倒数第 2 对轻油枪（LAST 2nd OIL BNR “SHUT-DOWN”）。

向 MCS 发出指令：燃油自动压力调节给定“最低压力”（L. O SHUT DOWN COM）。

8. 第八步

自 BMS，以下任一状态得到确认。

（1）只有一对油枪在运行。

（2）全部油枪角阀都已关闭。

向 BMS 发出指令：退出最后一对轻油枪（LAST OIL BNR “SHUT-DOWN”）。

向 MCS 发出指令：燃油自动压力调节给定“最低压力”（L. O SHUT DOWN COM）。

9. 第九步

自 BMS 的状态全部得到确认。

（1）全部油枪角阀都已关闭。

（2）燃油速断阀已关闭（LIGHT OIL SHUT-OFF VALVE CLOSED）。

则向 B-SCS 发出指令：停运锅炉轻油系统（LIGHT OIL GR “OFF”）。

提示：①实发负荷 245MW(35%ECR)，由全周进汽（单阀控制）切为部分进汽（顺序阀控制）。②机组升负荷率增至 7MW/min(1%/min)。

10. 第十步

实发负荷已高于 35%ECR［ACTUAL MW＞35%（START-UP TARGET)］，并且符合以下 2 个条件之一。

（1）自 BMS，同时满足以下 2 个条件。

1）任一油层在运行（ANY L. OIL ELEV. ON SERVICED)。

2）油枪负荷程序在手动方式（OIL BNR LOAD PROGRAM MANU MODE)。

（2）同时满足以下 2 个条件。

1）自 BMS，锅炉油枪角阀已全部关闭（ALL OIL BNR VLV CLOSED)。

2）自 B-SCS，锅炉轻油系统已退出（FG LIGHT OIL OFF END STATE)。

则向 DEH 发出指令：汽轮机高压调节阀顺序阀（GV MODE“PARTIAL”）半周进汽控制方式。

（五）机组升负荷阶段已完成

投入运行的设备及完成的运行操作（BP LOAD UP COMPLETED）如下。

（1）模拟量自动调节控制机组负荷（LOAD CONT MCS MODE)。

（2）模拟量自动调节在功率控制方式（MW CONTROL MODE)。

（3）第一台汽动给水泵（1st T-BFP IN SERVICED)。

（4）机组实发功率大于 35%ECR（ACTUAL MW>35%)。

（5）锅炉给水三冲量调节（3 LELEMENT CONTROL MODE)。

（6）锅炉给煤机在运台数大于或等于 2 台（COAL FEEDER ON ≥ TWO)。

（7）2 个工况中的任意一个。

1）锅炉油枪角阀已全部关闭（ALL OIL BNR VLV CLOSED)，且锅炉轻油系统已退出（FG LIGHT OIL OFF END STATE)。

2）任一油层在运行（ANY L. OIL ELEV. ON SERVICED)，且油枪负荷程序在手动方式（OIL BNR LOAD PROGRAM MANU MODE)。

（8）汽轮机疏水阀已关闭（TURBINE DRAIN VALVE CLOSED)。

（9）汽轮机低压加热器（LP HTR COMPLETED)。

（10）汽轮机高压加热器（HP HTR COMPLETED)。

（11）汽轮机高压调节阀半周进汽（顺序阀）(GV MODE PARTIAL)。

第四章

机组 APS 停止（SHUT-DOWN）阶段进程

一、机组降负荷阶段（LOAD DOWN）

（一）机组降负荷节点起步许可条件（LOAD DOWN PERMISSIVE CONDITION）

同时满足以下 2 个条件。

（1）实发负荷不小于 20%ECR（ACTUAL MW≮20%）。

（2）机炉协调系统在功率控制方式（MW CONTROL MODE）。

（二）机组降负荷节点运行准备条件（LOAD DOWN PRE-OPE. CONDITION）

同时满足以下 5 个条件。

（1）机组降负荷时机条件（LOAD DOWN TIMING）。

（2）锅炉燃烧器主控器在 APS 控制［MBC MASTER AUTO MODE（APS）］。

（3）磨煤机出力控制在自动（MILL NUMB CONT AUTO MODE）。

（4）给水系统顺控在自动（FG FEED WATER AUTO MODE）。

（5）锅炉轻油系统顺控在自动（FG LIGHT OIL AUTO MODE）。

（三）机组降负荷时机条件（LOAD DOWN TIMING CONDITION）

符合以下 2 个条件之一。

（1）APS 停机控制方式（APS SHUT-DOWN MODE）& 机组降负荷尚未完成（not，BP LOAD DOWN COMPLD）。

（2）机组降负荷进行中（LOAD DOWN BP IN PROGRESS）。

（四）机组降负荷逻辑步序

机组降负荷节点分 10 个步序完成，机组降负荷阶段步序逻辑原理，如图 4-1 所示。

1. 第一步

（1）触发按键“BMS APS IN”。

（2）触发选择按键“APS IN ”。

（3）触发选择按键“BREAK POINT SHUT-DOWN”。

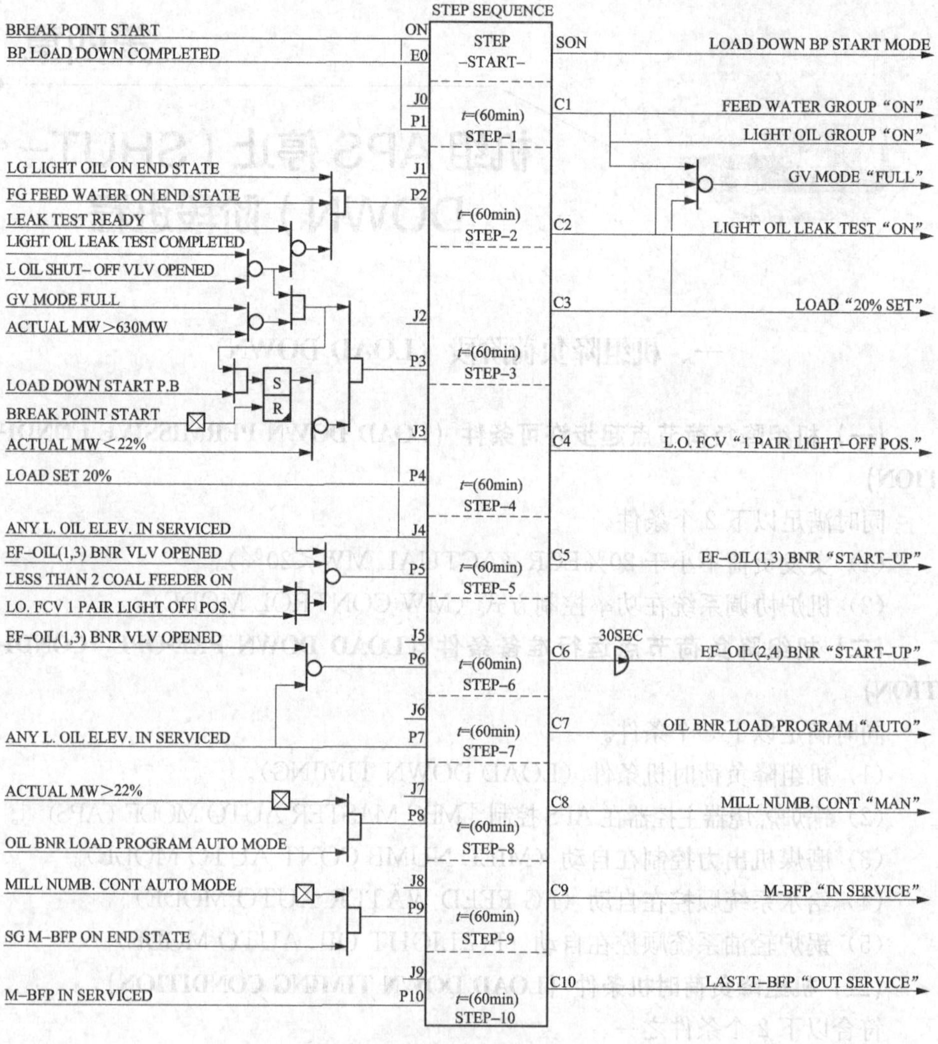

STEP SEQUENCE

BREAK POINT START — ON
BP LOAD DOWN COMPLETED — E0
STEP -START- — SON — LOAD DOWN BP START MODE

J0 / P1 — t=(60min) STEP–1 — C1 — FEED WATER GROUP "ON"; LIGHT OIL GROUP "ON"; GV MODE "FULL"

LG LIGHT OIL ON END STATE — J1
FG FEED WATER ON END STATE — P2
LEAK TEST READY
LIGHT OIL LEAK TEST COMPLETED
L OIL SHUT– OFF VLV OPENED
t=(60min) STEP–2 — C2 — LIGHT OIL LEAK TEST "ON"

GV MODE FULL
ACTUAL MW>630MW
J2 / P3 — t=(60min) STEP–3 — C3 — LOAD "20% SET"

LOAD DOWN START P.B — S
BREAK POINT START — R
ACTUAL MW<22% — J3
LOAD SET 20% — P4 — t=(60min) STEP–4 — C4 — L.O. FCV "1 PAIR LIGHT–OFF POS."

ANY L. OIL ELEV. IN SERVICED — J4
EF–OIL(1,3) BNR VLV OPENED
LESS THAN 2 COAL FEEDER ON — P5 — t=(60min) STEP–5 — C5 — EF–OIL(1,3) BNR "START–UP"
LO. FCV 1 PAIR LIGHT OFF POS.

EF–OIL(1,3) BNR VLV OPENED — J5
P6 — t=(60min) STEP–6 — C6 — 30SEC — EF–OIL(2,4) BNR "START–UP"

J6
ANY L. OIL ELEV. IN SERVICED — P7 — t=(60min) STEP–7 — C7 — OIL BNR LOAD PROGRAM "AUTO"

ACTUAL MW>22% — J7
OIL BNR LOAD PROGRAM AUTO MODE — P8 — t=(60min) STEP–8 — C8 — MILL NUMB. CONT "MAN"

MILL NUMB. CONT AUTO MODE — J8
SG M–BFP ON END STATE — P9 — t=(60min) STEP–9 — C9 — M-BFP "IN SERVICE"

M–BFP IN SERVICED — J9 / P10 — t=(60min) STEP–10 — C10 — LAST T–BFP "OUT SERVICE"

图 4-1　机组降负荷阶段步序逻辑原理

检查“LOAD DOWN”节点工作许可条件满足：①燃烧器主控器在 APS 控制［BMS MASTER AUTO MODE（APS）］；②磨煤机出力计算在自动（MILL NUMB CONT AUTO MODE）；③给水系统顺序控制在自动（FG FEED WATER AUTO MODE）；④轻油系统顺序控制在自动（FG LIGHT OIL AUTO MODE）。

按键选择“LOAD DOWN”节点，并触发按键“GO”。

APS 降负荷节点控制器接到机组降负荷指令，则向 B-SCS 发出指令：①去 B-SCS，启动锅炉电动给水泵（FEED WATER GR“ON”）。②去 B-SCS，启动

锅炉轻油系统（LIGHT OIL GR“ON”）。

向DEH发出指令：设定汽轮机调节阀为单阀工作方式（GV MODE“FULL”）。

2. 第二步

以下状态得到全部确认。

（1）轻油系统启动已完成（FG LIGHT OIL ON END STATE）。

（2）给水系统启动已完成（FG FEED WATER ON END STATE）。

（3）以下条件之一。

1）燃油泄漏试验准备就绪（LEAK TEST READY）。

2）锅炉燃油速断阀已打开（LIGHT OIL SHUT-OFF VLV OPENED）。

3）燃油泄漏试验已完成（LO LEAK TEST COMPLD）。

则向BMS发出指令：燃油泄漏试验开始（LIGHT OIL LEAK TEST“ON”）。

向DEH发出指令：设定汽轮机调节阀为单阀工作方式（GV MODE“FULL”）。

3. 第三步

同时满足以下2个条件。

（1）符合降负荷全部条件。

1）机组实发负荷大于630MW（ACTUAL MW>630MW）或汽轮机调节阀为单阀工作方式（GV MODE FULL）。

2）燃油泄漏试验已完成（LO LEAK TEST COMPLD）或锅炉燃油速断阀已打开（LIGHT OIL SHUT-OFF VLV OPENED）。

（2）符合以下2个条件之一。

1）降负荷手动按键（LOAD DOWN START P. B.）已触发。

2）实发负荷小于22%ECR[ACTUAL MW <22%(SH-DN)]。

则向CCS发出指令：设定目标负荷在20%ECR(LOAD“20% SET”)。

向DEH发出指令：设定汽轮机调节阀为单阀工作方式（GV MODE“FULL”）。

4. 第四步

以下任一状态得到确认。

（1）自MCS，目标负荷已设定在20%ECR(140MW)。

（2）跳步触发：自BMS，任一层油枪已投入（ANY LO ELEV. IN SERVICED）。

则向MCS发出指令：燃油调节阀开度至“一对油枪点火位”（LO FCV“1PAIR L-OFF POS”）。

5. 第五步

以下3个条件之一得到确认。

（1）给煤机投入少于2台（LESS THAN 2 COAL FEEDER ON）& 燃油调节阀已置“一对油枪点火位”（LO FCV 1PAIR L-OFF POS）。

（2）EF 层 1、3 号油枪角阀已开启［EF-OIL(1.3) BNR V/V OPEN］。

（3）跳步触发：任一层油枪已投入（ANY LO ELEV IN SERVICED)。

则向 BMS 发出指令：投 EF 层 1、3 号油枪［EF-OIL（1、3）BNR “START-UP”］。

6. 第六步

自 BMS，以下任一状态得到确认。

（1）EF 层 1、3 号油枪角阀已开启［EF-OIL(1.3)BNR V/V OPEN］。

（2）任一层油枪已投入（ANY LO ELEV IN SERVICED)。

延时 30s 后则向 BMS 发出指令：投 EF 层 2、4 号油枪［EF-OIL(2、4) BNR “START-UP”］。

7. 第七步

自 BMS，确认任一层油枪已投入（ANY LO ELEV IN SERVICED)。

则向 BMS 发出指令：油枪负荷程序自动控制（OIL BNR LOAD PROGRAM “AUTO” ）。

8. 第八步

确认油枪已在负荷程序自动控制（OIL BNR LOAD PROGRAM AUTO) & 机组实发负荷不大于 22％［ACTUAL MW 不小于 22％（SH-DN)］。

则向 BMS 发出指令：磨煤机出力计算切至手动（MILL NUMBER CONT. “MAN.”）。

9. 第九步

以下状态全部得到确认。

（1）自 BMS，磨煤机出力计算未在自动（not，MILL NUMB CONT AUTO MODE)。

（2）自 B-SCS，电动给水泵单元顺控启动已完成（SG M BFP ON END STATE)。

则向 MCS 发出指令：电动给水泵并入锅炉给水系统（M BFP “IN SERVICE”)。

10. 第十步

自 MCS，确认电动给水泵已并入锅炉给水系统（M BFP IN SERVICED)。

则向 MCS 发出指令：解列最后 1 台汽动给水泵（LAST T BFP “OUT SERVICE”)；

条件逻辑控制同时满足以下条件。

（1）停机节点降负荷步序开始（BP51 STEP START)。

（2）只有 2 台给煤机在运行。

（3）机组实发负荷不大于 22％。

则向 BMS 发出指令：退出倒数第 2 台煤粉燃烧器（LAST 2nd COAL BNR “SHUT-DOWN”）。

（五）机组降负荷阶段结束

设备变动以完成的运行操作（BP LOAD DOWN COMPLETED）。

（1）2 种工作状态之一。

1）油枪负荷顺控在自动（OIL BNR LOAD PROGRAM AUTO MODE）& 任一油层在运（ANY L. OIL ELEV. IN SERVICED）。

2）主燃料跳闸（MFT）。

（2）给煤机在运台数大于或等于 2 台（not，COAL FEEDER ON ≥ TWO）。

（3）2 种运行工况之一。

1）实发功率小于 22%（ACTUAL MW <22%）。

2）发电机开关未合闸（not，GENERATOR CB ON）。

（4）磨煤机出力控制非自动（not，MILL NUMB. CONT AUTO MODE）。

（5）最后一台汽动给水泵已解列（LAST T-BFP OUT SERVICED）。

（6）电动给水泵已并列（M-BFP IN SEVICED）。

二、机组最低负荷阶段（MINIMUM LOAD）

（一）机组最低负荷节点起步许可条件（MINIMUM LOAD PERMISSIVE CONDITION）

机组降负荷节点已完成（BP LOAD DOWN COMPLETED）。

（二）机组最低负荷节点运行准备条件（MINIMUM LOAD PRE-OPE. CONDITION）

同时满足以下 8 个条件。

（1）机组最低负荷时机条件（MINIMUM LOAD TIMING）。

（2）厂用高压变压器已切换至启动备用变压器（UAT TO SST CHANGE OVER COMPLETE）。

（3）辅助蒸汽系统已投入（AUX. STEAM COMPLETE）。

（4）燃烧器顺控主控器在 APS 自动［BMS MASTER AUTO MODE（APS）］。

（5）DEH 受控 APS 方式（DEH IN APS）。

（6）低压加热器抽汽顺控在自动（LP EXTR AUTO MODE）。

（7）高压加热器抽汽顺控在自动（HP EXTR AUTO MODE）。

（8）汽轮机疏水顺控在自动（TBN DRAIN AUTO MODE）。

（三）最低负荷时机条件（MINIMUM LOAD TIMING CONDITION）

符合以下 2 个条件之一。

（1）APS 停机控制方式（APS SHUT-DOWN MODE）& 机组最低负荷节点尚未启动（not，BP MINI LOAD COMPLD）。

（2）机组最低负荷节点在进行中（MINI LOAD BP IN PROGRESS）。

（四）机组最低负荷节点自动绕行（BP MINIMUM LOAD BYP）逻辑

符合以下 4 个条件之一。

（1）机组解列节点在进行中（LINE OFF BP IN PROGRESS）。

（2）停机节点在进行中（TBN SHUT-DOWN BP IN PROGRESS）。

（3）停燃烧器节点在进行中（BNR SH-DN BP IN PROGRESS）。

（4）锅炉停炉节点在进行中（BLR S-DWN BP IN PROGRESS）。

（五）机组最低负荷逻辑步序

机组最低负荷节点分 3 个步序完成，机组最低负荷阶段步序逻辑原理，如图 4-2 所示。

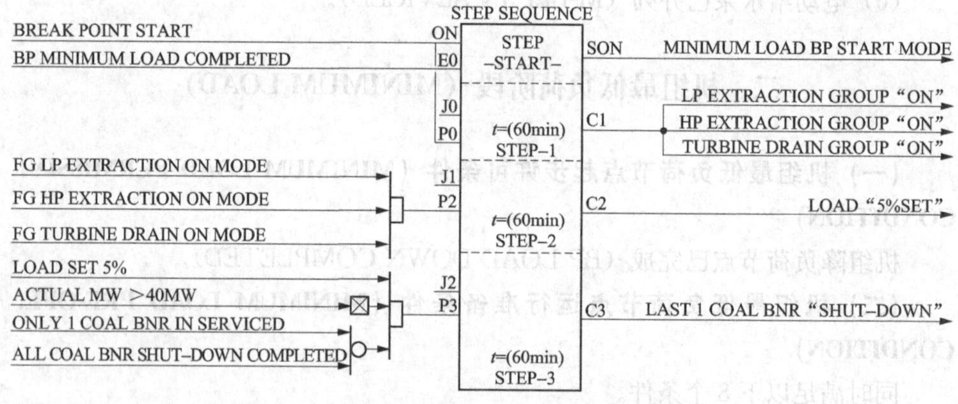

图 4-2 机组最低负荷阶段步序逻辑原理

1. 第一步

选择“MIN LOAD”节点，并触发 GO。

APS 接到机组最低负荷指令，向 T-SCS 发出以下指令。

（1）启动低压加热器抽汽系统顺控（LP EXTR GR “ON”）。

（2）启动高压加热器抽汽系统顺控（HP EXTR GR “ON”）。

（3）启动汽轮机疏水系统顺控（TBN DRAIN GR “ON”）。

2. 第二步

以下状态自 T-SCS 全部得到确认。

（1）低压加热器抽汽顺控已投入（LP EXTR ON MODE）。

（2）高压加热器抽汽顺控已投入（HP EXTR ON MODE）。

（3）汽轮机疏水顺控已投入（TBN DRAIN ON MODE）。

则向 DEH 发出指令：设定目标负荷在 5%ECR（LOAD “5% SET”）。

3. 第三步

以下状态全部得到确认。

（1）目标负荷已设定在 5%ECR(LOAD SET 5%)。

（2）实发负荷不高于 40MW［ACTUAL MW ≯ 40MW（LAST COAL STOP TIMING)］。

（3）只有一层煤粉燃烧器在运行（ONLY 1 COAL BNR IN SERVICED）或煤粉燃烧器已全部切除（ALL COAL BNR S-DWN COMPLD）。

则向 BMS 发出指令：切除最后 1 套煤粉燃烧器（LAST 1 COAL BNR “SHUT-DOWN”）。

（六）机组最低负荷阶段结束

设备变动以完成的运行操作（BP MIMIMUM LOAD COMPLETED）如下。

（1）锅炉煤粉燃烧器已全部退出（ALL COAL BNR SHUT-DOWN COMPLETED）。

（2）2 种运行工况之一。

1）实发负荷小于 5%ECR（ACTUAL MW<5%）。

2）发电机开关未合闸（not，GENERATOR CB ON）。

（3）高压加热器抽汽已切除（HP HEATER EXTRACTION STEAM SHUT-DOWN）。

（4）汽轮机疏水阀已开启（TURBINE DRAIN VALVE OPENDE）。

（5）低压加热器抽汽已切除（LP HEATER EXTRACTION STEAM SHUT-DOWN）。

提示：机组实发负荷小于 18%ECR，切高压加热器抽汽。机组实发负荷小于 12%ECR，开汽轮机疏水。机组实发负荷小于 10%ECR，切低压加热器抽汽。

三、发电机解列阶段（LINE OFF）

（一）发电机解列节点起步许可条件（LINE OFF PERMISSIVE CONDITION）

同时满足以下 2 个条件。

（1）汽轮机疏水已投入（TURBINE DRAIN ON MODE）。

（2）最低负荷节点已完成（BP MINIMUM LOAD COMPLETED）。

（二）发电机解列节点运行准备条件（LINE OFF PRE-OPE. CONDITION）

同时满足以下 2 个条件。

（1）发电机解列时机条件（LINE OFF TIMING）。

（2）锅炉排气 & 疏水系统顺控在自动方式（FG BLR DRAIN & VENT AUTO）。

（三）发电机解列时机条件（LINE OFF TIMING CONDITION）

符合以下 2 个条件之一。

（1）APS 停机控制方式（APS SHUT-DOWN MODE）& 最低负荷节点尚未结束（not，BP LINE OFF COMPLD）。

（2）机组最低负荷进行中（LINE OFF BP IN PROGRESS）。

（四）发电机解列逻辑步序

发电机解列节点分 2 个步序完成，发电机解列阶段步序逻辑原理，如图 4-3 所示。

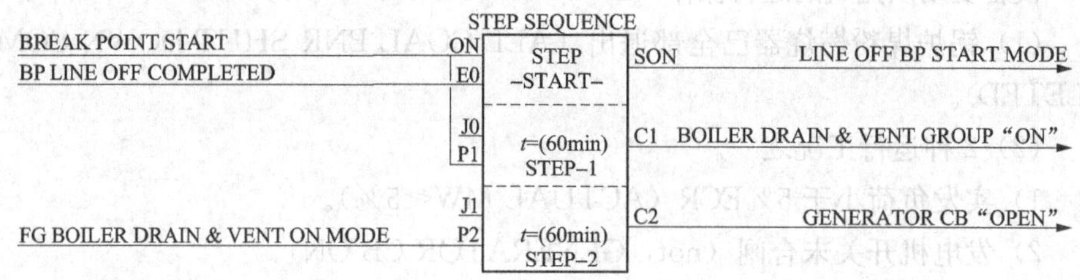

图 4-3　发电机解列阶段步序逻辑原理

1. 第一步

选择“LINE OFF”节点，并触发 GO。

APS 接到发电机解列（BP LINE OFF）指令，则向 B-SCS 发出指令：锅炉排空气 & 疏水系统顺控启动（BLR DRAIN & VENT GR“ON”）。

2. 第二步

自 B-SCS，确认锅炉排空气与疏水顺序控制系统已启动（FG BLR DRAIN & VENT ON MODE）。

则向 DEH 系统发出指令：断开发电机-变压器组出口开关（GENERATOR CB“OPEN”），再经 DEH 输出至电气系统解列发电机。

（五）发电机解列阶段结束

设备变动及完成的运行操作（BP LINE OFF COMPLETED）：发电机开关非合闸（not，GENERATOR CB ON）。

四、汽轮机停机阶段（TURBINE SHUT-DOWN）

（一）汽轮机停机节点起步许可条件（TURBINE SHUT-DOWN PERMISSIVE CONDITION）

同时符合以下 2 个条件。

（1）汽轮机疏水系统已运行（TBN DRAIN ON MODE）。

（2）发电机开关未合闸（not，GENERATOR CB ON）。

（二）汽轮机停机节点运行准备条件（TURBINE SHUT-DOWN PRE-OPE. CONDITION）

同时满足以下 4 个条件。

（1）汽轮机停机时机条件（TURBINE SHUT-DOWN TIMING）。

（2）汽轮机油系统顺控在自动（TBN OIL SUPPLY AUTO MODE）。

（3）汽轮机盘车系统顺控在自动（TURNING AUTO MODE）。

（4）锅炉一次风系统顺控在自动（FG PRI AIR AUTO MODE）。

（三）汽轮机停机时机条件（TURBINE SHUT-DOWN TIMING CONDITION）

符合以下 2 个条件之一。

（1）APS 停机控制方式（APS SHUT-DOWN MODE）& 汽轮机停机节点尚未完成（not，TURBINE SHUT-DOWN COMPLETED）。

（2）汽轮机停机节点在进行中（TBN SHUT-DOWN BP IN PROGRESS）。

（四）汽轮机停机逻辑步序

汽轮机停机节点分 3 个步序完成，汽轮机停机阶段步序逻辑原理，如图 4-4 所示。

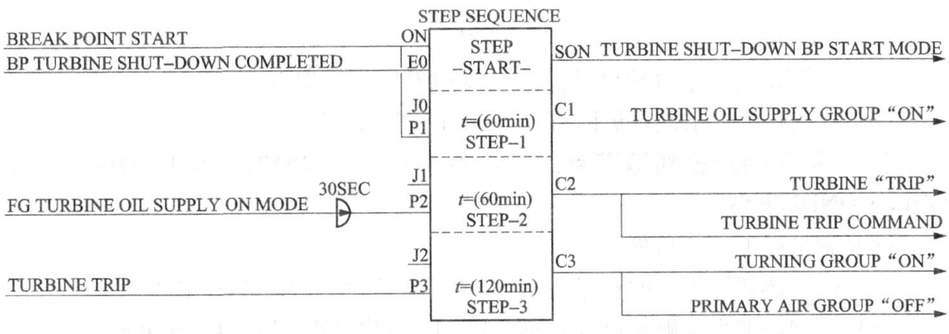

图 4-4　汽轮机停机阶段步序逻辑原理

1. 第一步

选择“TURBINE SHUT DOWN”节点，并触发“GO”。

APS接到汽轮机停机（TBN SHUT-DOWN BP START）指令，向B-SCS发出指令：汽轮机油系统顺控启动（TBN OIL SUPPLY GR“ON”）。

2. 第二步

自T-SCS，确认汽轮机油系统启动（FG TURBINE OIL SUPPLY ON MODE）已超过30s。

则向DEH系统发出指令：汽轮机打闸（TURBINE“TRIP”）。

3. 第三步

自T-SCS，确认汽轮机已跳闸（TURBINE TRIP）。

则发出以下指令。

（1）去T-SCS，汽轮机盘车系统顺控启动（TURNING GROUP“ON”）；

（2）去B-SCS，锅炉一次风系统顺控停止（PRIMARY AIR GROUP“OFF”）。

（五）汽轮机停机阶段结束

设备变动及完成的运行操作（BP TURBINE SHUT-DOWN COMPLETED）如下。

（1）汽轮机已打闸（TURBINE TRIP）。

（2）汽轮机盘车电机已合闸（TURNING GEAR MOTOR ON）。

（3）汽轮机盘车已啮合（TURBINE GEAR ENGAGE）。

（4）锅炉一次风系统已退出（FG PRIMARY AIR OFF END STATE）。

五、锅炉燃烧器切除（BURNER SHUT-DOWN）

（一）锅炉燃烧器切除节点起步许可条件（BURNER SHUT-DOWN PERMISSIVE CONDITION）

同时满足以下3个条件超过30s。

（1）汽轮机已打闸（TURBINE TRIP）。

（2）A汽动给水泵汽轮机已打闸（A-BFPT TRIPPED）。

（3）B汽动给水泵汽轮机已打闸（B-BFPT TRIPPED）。

（二）锅炉燃烧器切除节点运行准备条件（BURNER SHUT-DOWN PRE-OPE. CONDITION）

同时满足以下5个条件。

（1）燃烧器切除节点时机条件（BURNER S-DOWN TIMING）。

（2）锅炉轻油系统顺控已在自动（FG LIGHT OIL AUTO MODE）。

（3）电动给水泵给水大旁路调节已在自动（FEED WATER CV AUTO MODE）。

（4）锅炉送风调节已在自动（AIR FLOW CONTROL AUTO MODE）。

（5）燃烧器顺控主控器已投APS自动［MBC MASTER AUTO MODE

（APS）]。

（三）锅炉燃烧器切除节点时机条件（BURNER SHUT-DOWN TIMING CONDITION）

符合以下 2 个条件之一。

（1）APS 停机控制方式（APS SHUT-DOWN MODE）& 燃烧器切除尚未结束（not，BNR SH-DN COMPLETED ）。

（2）燃烧器切除进行中（BNR SH-DN BP IN PROGRESS）。

（四）锅炉燃烧器切除逻辑步序

锅炉燃烧器切除节点分 5 个步序完成，锅炉燃烧器切除阶段步序逻辑原理，如图 4-5 所示。

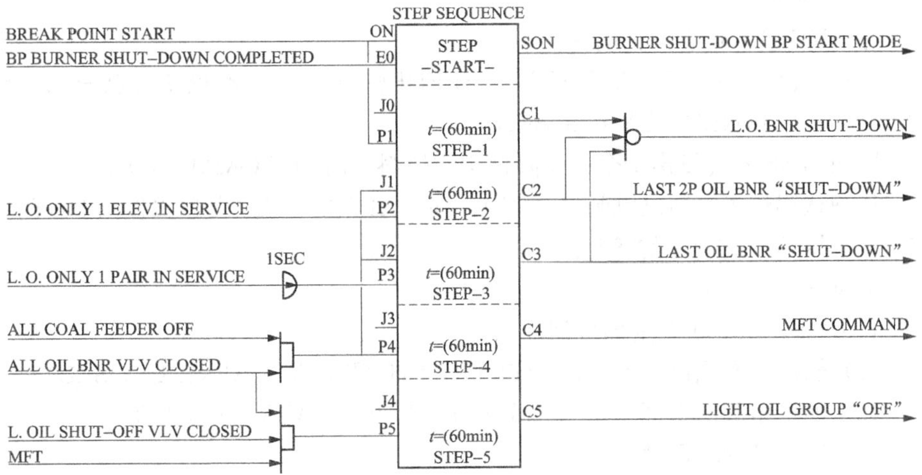

图 4-5　锅炉燃烧器切除阶段步序逻辑原理

1. 第一步

选择“BURNER SHUT DOWN”节点，并触发“GO”。

APS 接到退出全部燃烧器指令（BNR SH-DN BP START），向 MCS 发出指令：燃油自动流量调节给定“最低流量”（STEP 1 L. O BNR “SHUT DOWN”）。

2. 第二步

自 BMS 的以下任一状态得到确认。

（1）只有 1 层油枪在运行（L. O. ONLY 1 ELEV. IN SERVICE）。

（2）跳步触发，给煤机已全部停运（ALL COAL FEEDER OFF）& 油枪角阀已全部关闭（ALL OIL BURNER VLV CLOSED）。

向 BMS 发出指令：切除最后两对轻油枪（LAST 2P OIL BNR “SHUT DOWN”）。

向 MCS 发出指令：燃油自动压力调节给定“最低压力”（STEP 2 L. O BNR “SHUT DOWN”）。

3. 第三步

自 BMS 的以下任一状态得到确认。

（1）只有 1 对油枪在运行（L. O. ONLY 1 PAIR IN SERVICE）。

（2）跳步触发，给煤机已全部停运（ALL COAL FEEDER OFF）& 油枪角阀已全部关闭（ALL OIL BURNER VLV CLOSED）。

向 BMS 发出指令：切除最后一对轻油枪（LAST OIL BNR “SHUT DOWN”）。

向 MCS 发出指令：燃油自动压力调节给定“最低压力”（STEP 3 L. O BNR “SHUT DOWN”）。

4. 第四步

自 BMS 以下状态得到确认。

给煤机已全部停运（ALL COAL FEEDER OFF）& 油枪角阀已全部关闭（ALL OIL BURNER VLV CLOSED）。

则向 BMS 系统发出指令：切除锅炉主燃料（MFT COMMAND）。

待确认锅炉主燃料已跳闸（MFT），向“APS IN/OUT”逻辑发出 30s 闭锁信号，维持 APS 在 IN 的状态。

5. 第五步

自 BMS，以下状态全部得到确认。

（1）燃油速断阀已关闭（LIGHT OIL SHUT-OFF VALVE CLOSED）。

（2）油枪角阀已全部关闭（ALL OIL BURNER V/V CLOSED）。

（3）锅炉已 MFT（MFT）。

则向 BMS 发出指令：锅炉轻油系统顺控停止（LIGHT OIL GR “OFF”）。

（五）锅炉燃烧器切除阶段结束

设备变动及完成的运行操作（BP BURNER SHUT-DOWN COMPLETE）如下。

（1）油枪角阀已全部关闭（ALL OIL BNR VLV CLOSED）。

（2）锅炉主燃料已跳闸（MFT）。

（3）锅炉轻油系统已停运（FG LIGHT OIL OFF END STATE）。

六、锅炉停炉 & 汽轮机切真空阶段 (BOILER SHUT-DOWN & VAC. BREAK)

（一）锅炉停炉 & 汽轮机切真空起步许可条件（BOILER SHUT-DOWN & VAC. BREAK PERMISSIVE CONDITION）

同时满足以下 2 个条件。

（1）锅炉主燃料跳闸（MFT）已超过 5min。

（2）锅炉已闷炉（BOILER BANKING IN MODE）。

（二）锅炉停炉 & 汽轮机切真空运行准备条件（BOILER SHUT-DOWN & VAC. BREAK PRE-OPE. CONDITION）

同时满足以下 5 个条件。

（1）锅炉停炉时机条件（BLR SHUT-DOWN TIMING）。

（2）锅炉给水系统顺控在自动（FG FEED WATER AUTO MODE）。

（3）锅炉炉水泵系统顺控在自动（FG BLR CIRC AUTO MODE）。

（4）锅炉风烟系统顺控在自动（FG AIR & GAS DRAFT AUTO）。

（5）汽轮机真空系统顺控在自动（TBN VACUUM AUTO MODE）。

（三）锅炉停炉 & 汽轮机切真空时机条件（BOILER SHUT-DOWN & VAC. BREAK TIMING CONDITION）

符合以下 2 个条件之一。

（1）APS 停机控制方式（APS SHUT-DOWN MODE），且燃烧器切除尚未结束（not，BNR SH-DN COMPLETED）。

（2）锅炉停炉 & 汽轮机切真空进行中（BLR S-DWN BP IN PROGRESS）。

（四）锅炉停炉 & 汽轮机切真空逻辑步序

分 4 个步序完成，锅炉停炉 & 汽轮机切真空阶段步序逻辑原理，如图 4-6 所示。

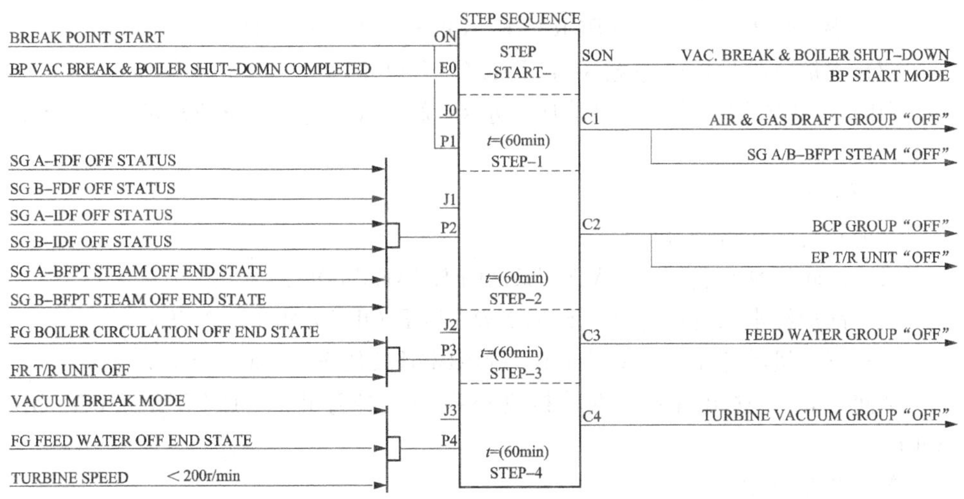

图 4-6　锅炉停炉 & 汽轮机切真空阶段步序逻辑原理

1. 第一步

选择“BOILER SHUT-DOWN&VAC. BREAK”，并触发 GO。

APS接到锅炉停炉指令（BLR S-DWN BP START），向锅炉顺控（B-SCS）发出以下指令。

（1）锅炉风烟系统顺控停止（AIR & GAS DRAFT GR “OFF”）。

（2）A、B汽动给水泵汽轮机蒸汽单元顺控停止（A/B-BFPT STEAM SG “0FF”）。

2. 第二步

以下状态全部得到确认。

（1）A送风单元已停运（SG A FDF OFF STATUS）。

（2）B送风单元已停运（SG B FDF OFF STATUS）。

（3）A引风单元已停运（SG A IDF OFF STATUS）。

（4）B引风单元已停运（SG B IDF OFF STATUS）。

（5）A汽动给水泵汽轮机蒸汽单元已停运（A-BFPT STEAM SG OFF END STATE）。

（6）B汽动给水泵汽轮机蒸汽单元已停运（B-BFPT STEAM SG OFF END STATE）。

则发出指令：①去B-SCS，锅炉炉水循环泵系统顺控停止（BCP GR “OFF” ）；②去EP，锅炉电除尘器停运（EP T/R UNIT “OFF”）。

3. 第三步

以下状态全部得到确认。

（1）锅炉炉水泵已停运（BLR CIRC OFF END STATE）。

（2）锅炉电除尘器已停运（EP T/R UNIT OFF）。

则向B-SCS发出指令：锅炉给水系统顺控停止（FEED WATER GR “OFF”）。

4. 第四步

以下状态全部得到确认。

（1）汽轮机真空已破坏（VACUUM BREAK MODE）。

（2）锅炉给水系统已停运（FEED WATER OFF END STATE）。

（3）汽轮机转速小于200r/min（TURBINE SPEED<200r/min）。

则向T-SCS发出指令：汽轮机真空系统顺控停止（TBN VACUUM GR “OFF”）。

APS停机结束。

（五）锅炉停炉 & 汽轮机切真空阶段结束

设备变动及完成的运行操作（BP VAC. BREAK & BOILER SHUT-DOWN COMPLETED）如下。

（1）锅炉风烟系统已退出（FG AIR & GAS DRAFT OFF END STATE）。

（2）2种工作状态之一。

1）汽轮机真空系统已退出（FG TURBINE VACUUM OFF END STATE）。
2）汽轮机保持真空（VACUUM HOLD MODE）。
（3）锅炉炉水循环泵已退出（FG BOILER CIRCULATON OFF END STATE）。
（4）锅炉给水系统已退出（FG FEED WATER OFF END STATE）。

第五章 APS智能化联锁

一、常规控制的现状

（一）软逻辑硬开关

与APS系统的顺序控制相比，常规设备开关逻辑设计仅为简单的模仿人工操作，通常只给单台设备（开关量）操作开关设计了“手动”一种工作方式，即便应用了DCS，但在控制策略上还是延用炉、机、电分立开关控制盘（BTG盘）硬开关的操作。软逻辑硬开关，实际上是电子版的“手动操作”，与BTG盘硬开关相比功能并未提升。当设备单元或系统转为“顺序控制”时，顺控逻辑相当于整体投入“自动”。顺序控制自动执行进程中，设备自身的“手动”操作仍然具有控制权，或启或停，人工随时可对设备进行操作，顺序控制指令和人工操作指令逻辑上形成“或”的关系，而且人工“手操”较之顺控时序和进程有优先权，这就等于被控设备处在顺序控制自动与人工操作手动的混合操作状态，手动优先的二元化控制指令也就丧失了自动控制的确定性，已构成安全隐患。

（二）自动联锁人工投、切

通常情况下，火力发电厂控制对象按特性划分有两种类型。其中一种是如电动机启、停，风门挡板开、关或电磁阀通、断等的开关量控制，把单纯开关量设备按动作先后串联起来，制定出符合工艺条件的控制策略，就形成了工艺系统的启、停顺序控制系统（Sequence Control System，SCS）。出于运行安全需求，部分工艺按相同容量设备双重或多重配置，正常工作时至少有1台设备运行，其余处于备用状态，应急时采用“自动联锁”启动备份。联锁启动备用设备原因有两种，一是在运设备故障跳闸，二是工艺系统欠出力，前者称为“电气联锁”，后者叫作“热工联锁”。运行设备启、停和备用设备联锁投、切过程，以及备用设备联锁启动是一种受时间和状态双重制约的“条件控制”，即备用设备若要投入联锁，运行设备必须先行启动，备用设备自动联锁启动则须在运设备已跳闸或欠出力，在运设备停运必须先解除备用设备联锁。联锁设备运行、备用，以及联锁开关投、切，状态监测、判断等相互关联的一系列操作都由人工完成。

顺序控制进程中，联锁设备的投入过程：顺序控制自动启动第一台设备，待工艺参数稳定，由人工手动合闸联锁开关，则第二台设备投入联锁备用。切除过程：顺序控制自动停止在运设备前，人工先行手动断开联锁开关，解除备用设备联锁，之后顺序控制自动停止在运设备。这种人工手动投、切设备联锁的操作存在于顺序控制自动进程中，突出的问题是顺序控制自动功能并没有覆盖到全部被控对象，顺序控制自动进程中的设备联锁投、切仍然需要人工手动完成，是一种带有安全和技术缺陷的“手动伴随”式顺序控制。

（三）自动、手动“混搭”

为完成机组特定的控制功能，火力发电厂分别设计有相应的顺序控制、自动联锁和模拟量自动调节，尤其在机组启动、停止阶段，以及正常运行中需要经常启停的控制单元（如锅炉的制粉系统），这些控制功能会同时出现在机炉控制过程中。开关量与模拟量控制各具特性，常规的顺序控制、自动联锁和自动调节参与自动控制有特定的切入时机，工作方式从静止到运行都有一个转换过程，转换起始时刻与工艺系统运行状态直接相关。如果把顺序控制自动工作开始时刻定为起点，自动联锁投入时刻就在相互联锁的首台设备启动且工艺参数正常后。模拟量自动调节投入时刻既要单元设备或系统已正常运行，又要工艺参数也符合自动投入条件。由常规控制逻辑构建的顺序控制、自动联锁和自动调节共处同一工艺系统时，在顺序自动控制进程中，自动联锁和自动调节的投、切时机要依靠操作人员观察、判定，并只能伴随着顺序控制的自动步序人工伺机手动操作，把自动联锁和自动调节工作方式由“手动”转向“自动”，手动操作与自动顺序控制形成了“混搭”现象。常规模拟量调节回路的手动调整、手/自动切换，以及设备联锁的投/切间或穿插在顺序控制自动进程中，使这种多功能控制组合不能“全自动”运行，既降低了工艺系统的自动化水准，又给系统控制安全带来不确定的风险。

二、APS本安型开关和智能化联锁

以提高工作效率为目的的过程自动化是自动控制追求的目标，但前提是自动化必须建立在控制安全的基础上，先有了控制的安全，人们才能放心去使用控制装置。APS从设备控制开始，就以实现安全控制为目标设计了运算逻辑，确保全自动的APS有坚实的运行安全基础。APS拥有两种高可靠性的宏逻辑模块用于开关量设备控制，分别是本质安全型操作开关和智能化自动选择器。

（一）本质安全型操作开关

自动控制系统的最大优点不完全在于节省人工，通过合理的设计把设备控制规则化，力求本质性安全，就能从根源上防止误操作，这也许更重要。如果

APS是一台机器，基础零部件的性能决定了工作安全及自动控制的水平。600MW等级的燃煤机组拥有开关量控制设备400余台，冗余设备联锁超过20套，中机组启动过程若让“手动伴随式顺序控制”出现在APS中，APS的“全程自动”也就无从谈起，很难确保运行安全。显然，实现APS的全程自动首先要从改换单台设备操控方式入手。

APS所用的单台设备本质安全型操作开关逻辑（本安型操作开关），设计方案采取功能分类、控制集中的技术原则，实现的功能有手动操作（MANUAL COMMAND）、自动控制（AUTOMATIC COMMAND）、热工保护（PROTECTION COMMAND）、条件许可（PERMISSIVE CONDITIONS），把多种功能集中在一起形成宏逻辑模块，方便应对不同控制需求。“自动”“手动”工作方式控制权相互独立，从根本上堵塞了顺序控制自动指令执行过程中可能受到人工操作干预的漏洞，命令控制权限由高到低依次为保护、手动、自动。

本安型操作开关逻辑原理框图，如图5-1所示。

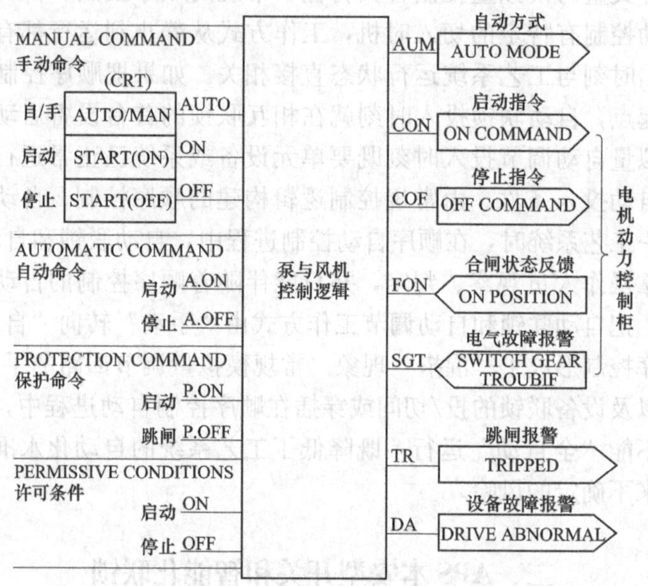

图5-1　本安型操作开关逻辑原理框图

本安型操作开关工作方式利用AUOT/MAN按键选择，自动指令从AUTOMATIC COMMAND端口进入，手动操作指令在操作面板上键入MANUAL COMMAND端口，经操作开关逻辑运算后形成电动机合闸（ON COMMAND）或分闸（OFF COMMAND）指令，输出到电动机就地控制柜，驱动现场设备。输出控制方式有全开全关型或全开全关带中间停顿型，输出功能有自保持单路输出或自动复位双路输出，输出负载有电动机或电磁阀，可根据具体用途进行逻辑组合。图5-1列举的是自动复位双路输出、全开全关、电动机负载型的操作

开关。自带两路报警输出，电动机已跳闸（TRIPPED）和操作开关控制故障(DRIVE ABNOMAL)。DRIVE ABNOMAL 是操作宏模块的自检功能，一旦检测到逻辑模块内部错误，立即报警并闭锁电动机启动指令。操作开关的 SGT 端口专门用来监视 MCC 故障（MCC TROUBLE）或 PC 开关机构的异常(SWITCH GEAR TROUBLE)。操作开关设有许可条件（PERMISSIVE CONDITIONS）逻辑，允许启动（ON）和允许停止（OFF）信号分别从 PEON、PEOF 端口输入，操作许可条件的设置使设备运行更加可靠，条件不满足相应控制指令将被禁止，以此进一步提高设备安全。

利用这种宏逻辑模块可让设备执行自动联锁、顺序控制和联锁自动，以及保护跳（合）闸等操作。设备之间的联锁自动类似于“多米诺骨牌”效应，前序设备有动做关联设备紧随其后做出反应即为联锁自动，类似早期的成组操作功能。而保护命令输入端口接收工艺系统或控制装置发出的异常报警，起到“控制可能未达目的，安全却要绝对保证”的作用，根据保护命令既可立即跳闸在运设备，也可即刻启动事故备份（如汽轮机事故油泵）。

本安型操作开关的逻辑功能，可为 APS 全部控制层级建立稳固的安全基础，有了安全保障，在制定控制策略时将更加灵活、多样。对于一台独立设备，可根据运行工况决定单一控制或重叠多种控制，例如，在 APS 导引的系统中，过热器喷水减温截止阀、再热器事故喷水截止阀、送引风机出口挡板、锅炉空气预热器二次风出口挡板、烟气入口挡板、锅炉炉水泵等，同时受到顺序控制、联锁自动、热工保护的多重叠加控制，由于这些逻辑都构建在单台设备操作开关上，在组成单元控制、系统控制时同样具备了操作开关的安全性能，APS 控制自然也获得了同样的安全性。可见，通过设备操作开关逻辑夯实了 APS 的安全基础。

开关量控制常规/APS 对比，见表 5-1。

表 5-1　　开关量控制常规/APS 对比

控制功能	逻辑功能	常规设计	APS 设计
开关量控制	逻辑结构	开关模块	宏模块
	工作方式	手动	(1) 手动
			(2) 自动
	顺控条件	开关模块手动（无 AUTO）	开关宏模块必须切至 AUTO
	控制功能	(1) 手动开、关	(1) 手动开、关
		(2) 顺控自动＋手动开关	(2) 顺控自动
			(3) 启、停（跳闸）保护
			(4) 许可条件

（二）智能化自动选择器

1. 自动选择器（AUTO SELECTOR）原理

APS“全自动”意味着参与APS的系统或设备接到指令后执行过程顺畅、连贯，操作人员在向顺序控制系统发出启动命令后，顺序控制逻辑应当在设备管辖范围内自动完成所有控制功能，不能再出现任何额外的对被控设备改变状态或功能的人为操作。为实现顺序控制全过程自动，应当杜绝设备联锁的人工切投，顺序控制当中的联锁投、切一定要自动完成。这就要求联锁投、切时机必须脱离设备状态的约束，联锁设备运行之前，联锁开关就应有选择的自动投入，联锁设备停止之前联锁开关可适时的自主解除。这是一种无须人工监视、判断、操作的自动联锁工作模式，即所谓智能化的“缺省自动联锁”。

自动选择器原理框图，如图5-2所示。

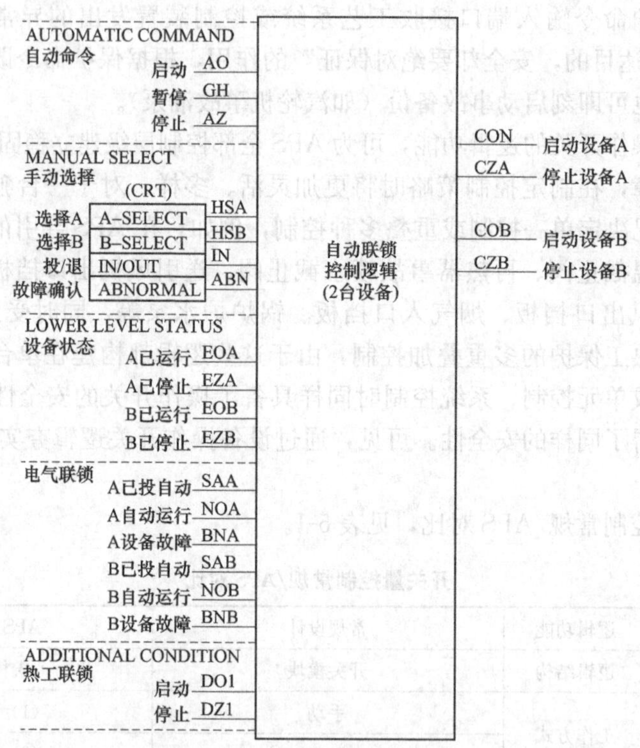

图5-2　自动选择器原理框图

为APS控制而专门设计的“自动联锁控制逻辑”（自动选择器），能在顺序控制自动进程中实现联锁自动投、切。自动选择器置于并列设备操作开关之上，按1拖N的星型结构连接。实现两种功能，第一是转发上级控制器自动指令，经由逻辑运算后传至操作开关去控制设备。第二就是自动投、切联锁设备，确保顺控进程的连续顺畅。联锁投、切完全由逻辑算法自动完成，把联锁设备工作的过程要素交由自动选择器去识别判断，通过对关联设备包括操作开关和电动机控制中心（MCC）运行状态、工作方式、启停进程的综合逻辑运算，自主决定联锁的控制方式和设备的启停顺序，一旦检测到运行中的设备故障跳闸即时启动电气联锁或工艺参数超限马上连动热工联锁。

自动选择器是缺省式自动联锁的核心逻辑。设计规定“手动”方式（OUT）为自动联锁“工作异常”（ABNORMAL），“自动”（IN）才是自动联锁的正常工作方式。自动选择器“自动”的条件是互为联锁关系的设备操作开关必须全部投入“自动”（AUTO）。自动选择器能不受时序限制，正确区分出自动联锁设备的正常启停和事故跳闸，备用设备投入联锁不需要在选定的运行设备启动后，备用设备切除联锁也不必在已运行设备停运之前，因此，联锁的投入或切除不再受设备工作状态的制约。自动选择器标准工作方式为“无需人工投、切的自动联锁”，如果有A、B两台设备的联锁，首次启动设备默认为A，备用为B。联锁设备运行中正常轮换为A备用、B运行，自动选择器会自动记忆，下次正常启动则首先启动设备B，A备用。若因需要重新选择运行设备，则先要在操作面板上退出（OUT）选择器自动，再手动选择确定的设备，之后恢复（IN）选择器自动。无论何种原因，只要退出选择器自动，系统会立刻报警提示“ABNORMAL”，人工确认后才会消除，如果发生在顺序控制自动执行过程中，就会马上中断自动进程。因此，运行设备的选择应在顺序自动控制系统启动之前完成，也就是设备还在静止状态，联锁可先行投入，这一点，常规设计的设备联锁无法做到。至于机组正常运行中，顺序控制已退出，设备定期轮换不涉及影响自动进程的问题。自动选择器能实时监测下级设备运行状态，自动选择控制的设备，自动判别设备联锁方式，自动检测内部逻辑故障，联锁投、切也不再受设备运行状态和时序先后的限制，完全代替人工实现了自动联锁，已具备了智能化的控制特性。

2. 自动选择器功能特点

（1）工作方式默认为自动，正常工作一定是自动的，手动即异常（ABNORMAL）报警。

（2）首台启动设备自动默认或手动选择。

（3）自动记忆前次运行设备，再次启动缺省选择。

（4）转发上级控制指令。

（5）监测下级设备状态和品质。

（6）热工联锁，参数偏离定值、自动增减设备。

（7）电气联锁，在运设备跳闸、自动启动备用设备。

（8）故障自动检测、报警。

自动联锁功能，见表5-2。

表 5-2　　　　　　　　　　　　自动联锁功能

被选设备	系统设备	正常	A 异常	B 异常	减 1 台	增 1 台
A	A	OFF→ON	ON→TRIP	—	ON	ON
	B	—	OFF→ON	—	ON→OFF	OFF→ON
B	A	—	—	OFF→ON	ON→OFF	OFF→ON
	B	OFF→ON	—	ON→TRIP	ON	ON

（三）缺省自动联锁

图 5-3 为智能化缺省自动联锁原理，其是双选自动选择器（AUTO SELCETOR）和设备操作开关（PUMP/FAN MACRO FUNCTION）构成的“缺省自动联锁”逻辑，采用一拖二的连接方式。在“设备静止”状态下投入（IN）后，有关与电气联锁、热工联锁的所有监测、判定、切换、执行、记忆等功能均由自动联锁逻辑完成，通俗的说就是“投后不管”，这是一个智能化的逻辑组合。两台 100%容量的设备，可能是润滑油泵、也可能是风机，互为联锁、备用，两台设备的两个操作开关挂在同一个双选自动选择器（AUTO SELELCTOR-2 SEQUENCE）上。

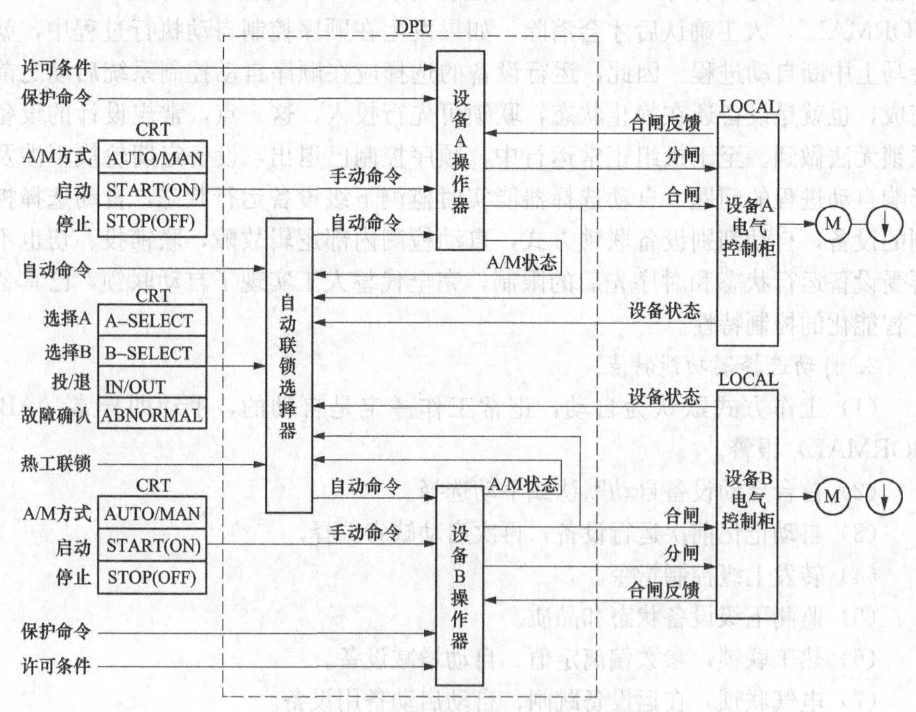

图 5-3　智能化缺省自动联锁原理

自动选择器和设备操作开关的连接和操作如下。

(1) 自动选择器输出合闸或分闸指令连接到设备操作开关的“AUTOMATIC COMMAND”输入端。

(2) 自动选择器在“AUTO COMMAND”输入端接收上级逻辑发来的自动命令。

(3) 自动选择器不设“手动远方操作”，但提供选择运行设备的方式，选择指令输入“MANUAL SELECT”端口，人工在DCS操作员站的操作面板上按键确认，设备选择操作过程如下。

1) 触发“OUT”，退出选择器自动方式。

2) 触发“ABNORMAL”，消除报警。

3) 根据需求选择设备A或B。

4) 选择完毕，触发“IN”，选择器重新恢复自动工作方式。

(4) 自动选择器在“LOWER LEVEL STATUS”的输入端全面监测两台设备和操作开关的I/O状态，包括MCC工作状态反馈信号、操作开关的工作方式(A/M)和输出控制指令。

(5) 工艺系统、设备状态或运行参数连接至操作开关的许可条件端口(PERMISSIVE CONDITIONS)，形成许可条件。

(6) 自动选择器根据操作开关的工作方式、控制指令和保护报警这三种状态经逻辑判断形成电气联锁指令。

(7) 自动选择器根据“ADDITIONAL CONDITION”端口输入的设备状态和参数经逻辑判定后形成热工联锁指令，自动加、减设备。

(四) 智能选择器的多种用途

自动选择器除用于单元级冗余设备联锁控制（如类似引风机冗余配置的控制油泵和冷却风机）外，也用在系统级对单元顺序控制进行调度，例如，给水系统中两套汽动给水泵的全程启动和退出，还有像汽轮机凝结水系统3台并列凝结水泵的控制（采用三选自动选择器），用以适应机组负荷变化自动启停凝结水泵的运行台数，实际上参与了设备的出力调控。所以，自动选择器的应用是很广泛的，绝非冗余设备自动联锁专享，APS启停过程和机组正常运行中的设备、单元控制同样发挥智能选择的作用。智能选择器的多种用途，如图5-4所示。

(五) APS联锁与常规联锁对比

APS中使用的自动选择器在与本安型操作开关或顺控主控器构成的自动联锁逻辑，已是一款智能化的逻辑构件，它的智能化体现在选择器只要投入自动，就再也不需要人工干预而能完成自动联锁的全部功能。运行设备选择、许可条件识别、现场设备驱动、内部逻辑自检、联锁投切都由选择器自主决策。而常规的设备联锁，除在DCS中增加了动作许可条件，算是控制策略方面有所提升，联锁投、切过程和原始的硬手操没有区别，无法适应APS全自动控制。因此，

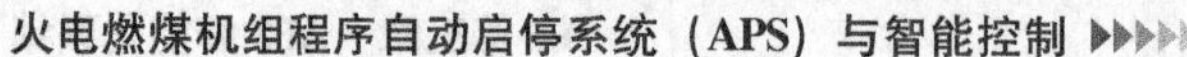

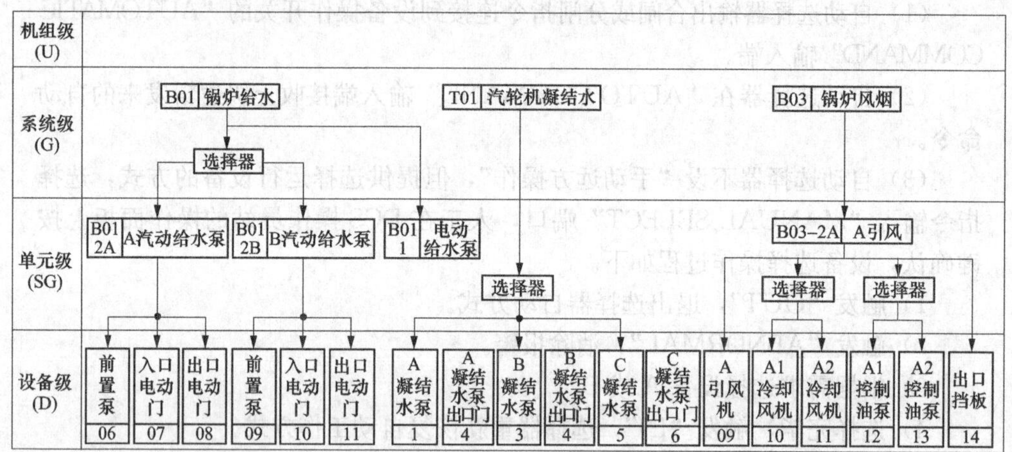

图 5-4　选择器的多种用途

欲实现 APS，智能自动选择器是必选项。APS 联锁与常规联锁对比，见表 5-3。

表 5-3　　　　　　　　**APS 联锁与常规联锁对比**

控制功能	逻辑功能	常规设计	APS 设计
	逻辑结构	开关模块	智能联锁逻辑宏模块
	投切方式	手动	缺省自动，按键“IN”触发
联锁控制	联锁功能	电气联锁，在运跳闸联备用	（1）电气联锁，在运跳闸、备用合闸
			（2）热工联锁，参数偏离定值自动增、减设备
			（3）首台启动设备自动默认或手动选择
			（4）设备运行记忆
			（5）自动指令分发
			（6）监测下级设备状态信息
			（7）联锁回路故障自检
	投入时机	第一台设备投入后	设备启动前
	切除时机	在运设备停运前	手动或自动随机指令

第六章 APS顺控系统规划

一、系统规划原则

APS控制下，工艺系统划分原则是以主要设备为中心，以工艺流程为主线，以实现控制功能为目的。比较典型的例子如高压给水加热系统、低压给水加热系统、汽动给水泵汽轮机蒸汽系统等，都与汽轮机抽汽系统直接关联，如果按照非APS控制的系统划分习惯，汽轮机抽汽逆止门的联锁保护是自成系统的，因此，在工艺系统划分时汽轮机抽汽逆止门专门设计有集中的联锁保护装置。而在APS导引下，汽轮机抽汽逆止门分属汽轮机顺控不同的控制单元，完善了单元控制的整体性，联锁保护功能也并未减弱。按APS设计规划，锅炉电磁泄放阀（PCV阀）划分在锅炉疏水与排气系统中，这与通常设计有很大不同。对于PCV阀，一般的设计是把它分配在锅炉安全门系列中，实际上PCV阀的确是锅炉安全门的一种，但出于控制策略方面考虑，没有把PCV阀单独列为热工保护范畴，而是定位于热工控制，参与FCB的快速反应，机组75%ECR负荷以上FCB动作时PCV阀即时起跳，起到了抑制锅炉压力飞升不可或缺的作用，对防止锅炉超压，提高锅炉机械安全门可靠性、延长使用寿命做出了更多贡献。因此，工艺系统划分是否得当直接关系到APS控制策略的实施效果。APS方式下，给水系统划分也有特色，锅炉给水系统无疑是相对重要的工艺流程，而且设备构成也比较复杂，两台50%MCR容量的汽动给水泵加一台25%MCR容量的电动给水泵，系统划分时会遇到水、汽、油设备归集在一起的情况。若想系统全面就可能把设备归纳得太庞杂，若想系统简单也可能造成系统功能不足，况且涉及的热工自动控制装置种类多样，工作方式不同，的确有相当难度。但在APS中，从宏观上整体把给水系统划归锅炉，给水系统划分采用单元独立、参数分类的方法把与汽动给水泵有关的蒸汽、润滑油系统作为单独的子系统，由汽动给水泵汽动机调用，让工艺系统化繁为简、归属明确，这样就简化了单一系统的复杂程度，也方便了APS控制策略的设计。

二、顺序控制层级

根据火力发电厂燃煤机组工艺系统结构特点，按设备控制范围和复杂程度，由基本到全面，由简至繁，SCS控制设计为三个控制层级，APS结构原理框图，如图6-1所示，即设备级、单元级、系统级。自动控制水平由操作级向上至系统级逐级升高，最高为系统级。为了参与APS控制，SCS系统级控制实现程序自动的先决条件就是属下所有的单元顺序控制和设备操作器首先全都要投入“自动”，缺一不可，之后，系统级投入自动。控制权限从SCS系统级向下至操作级逐次变高，操作级具有对设备的最高控制权，保护功能都设计在设备级。

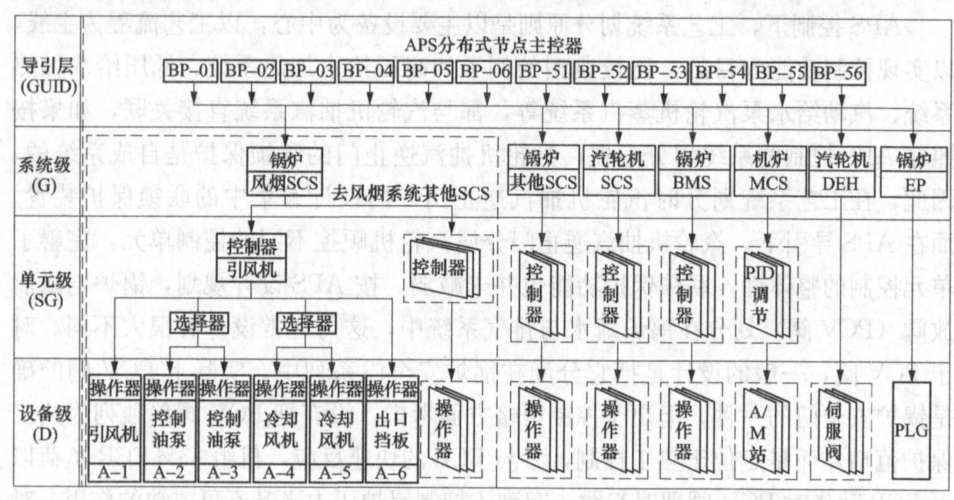

图6-1 APS结构原理框图

设备级（drive）直接驱动设备，开关量的如阀门、挡板、风机与泵等，连续调节的如调节阀、调速泵、变频器等。用于设备操作的开关量M/A操作开关和用于模拟量调节的三态式M/A回路操作器是APS的构成要件。设备级控制在“手动”，由人工对设备进行远方操作，在“自动”，接受顺序控制的指令控制设备启停或由自动调节回路指令执行机构调节过程参数，而手动操作被闭锁。

单元级（subgroup，有直译为“子组”）是以锅炉或汽轮机辅机，如锅炉磨煤机、送风机、引风机、给水泵，汽轮机真空泵、凝结水泵、加热器等为核心，组合与之运行关联的阀门、挡板、附属油泵或风机等设备就构成了顺序控制的最小系统，这是常规顺序控制的概念。APS单元级与常规控制设计最大的不同在于从单元控制开始就把模拟量调节回路和设备的电气、热工联锁通盘考虑在内，例如，引风机单元包括引风机、引风机润滑（控制）油泵、引风机冷却风机、出入口风门挡板等设备。同时，采用“交叉引用、条件自举”技术把锅炉

引风机自动调节、引风机控制（润滑）油泵联锁和引风机冷却风机联锁等功能整体组合。逻辑采用模块化设计，内容包括 MMI 界面、操作器逻辑、步序逻辑等，是构建 APS 的基础程序。“交叉引用、条件自举”相对于国内火力发电厂常规热工控制是一种全新的理念和方法，概念的立意是模拟量自动调节回路把开关量顺序控制的设备启停进程状态引为转换工作方式的条件，开关量顺序控制系统把模拟量自动调节回路的工作方式用作促进过程的条件，相互交叉引用，一旦对方条件满足，顺序控制或自动调节便自行推升控制层次，完成条件自举，进而自主执行后续任务。

系统级（Function group，有直译为“功能组”）通常按工艺流程划分，如锅炉风烟系统、给水系统、制粉系统、汽轮机真空系统、疏水系统等。在机组运行中应用方式最灵活、使用频次最高，是 APS 的中坚。以锅炉风烟系统为例，就包括送风机、空气预热器、引风机等单元控制和送风、炉膛压力、空气预热器冷端温度等模拟量自动调节。给水系统中除 SCS、MCS 和联锁控制外，还包括汽动给水泵汽轮机专用的 MEH，常规控制下的 MEH 往往自成系统，缺少与顺序控制和模拟量调节的自动关联机制，而在 APS 中 MEH 与给水顺序控制和给水自动调节融为一体，实现了电动给水泵/汽动给水泵切换，汽动给水泵/汽动给水泵并泵或解列等高难度控制功能。

三、应用设计特点

APS 的系统结构原则上分为设备级、单元级、系统级和由 APS 分布式主控器构成的导引（GUID）级等四个层级。但因工艺系统方面存在的差别，APS 结构分级实际上因生产流程而宜，在机、炉 18 个顺序控制系统中真正四个层级全部齐全的只有锅炉给水、锅炉风烟、锅炉一次风、锅炉 BMS 等 4 套系统。仅有设备级的 1 套，如辅助蒸汽系统。汽动给水泵汽轮机蒸汽和润滑油两套系统虽然最高只设计到单元级，但 APS 和给水系统均可对这两套系统进行控制。其余的 9 套系统均未设计单元级，都是从系统级直接连接到设备级。根据设备在工艺过程中相关性的紧密程度，设备级是自动控制设计重点，许多设计采用联锁自动方式，在同一工艺系统内是这样，如送风机、引风机、一次风机的出口挡板。不同工艺系统之间也同样采用联锁自动控制，如汽动给水泵汽轮机排汽蝶阀，设计在锅炉顺控的汽动给水泵汽轮机蒸汽系统，联锁自动的动作指令却来自汽轮机顺控的真空系统，优点是控制简单、直接、快速。类似设计简化了顺序控制单元级、系统级和 APS 导引级的逻辑结构。

设计多样性让应用过程增加了更多灵活组合。机组运行实际情况复杂多变，如检修后机组启动，阈于设备检修工期计划和实际进度，不可能在启动时间上整齐划一，部分设备需要先行启动试运行，机组主要大型辅机开始运转，就必须有冷却水，而冷却水需要循环水先行启动，早于机组整组启动十多天的情况也都存在。如果自动控制系统只按原则设计，大多数情况下APS不能正常应用于机组启动。为提高自动控制系统的投入率和利用率，在APS原则框架下，最大限度地保持系统级、单元级对运行工况的适应能力是APS设计的又一重要课题。

工艺系统划分得当有助于方便控制策略设计，但一个工艺系统内的设备并非全部纳入系统自动控制，APS控制的设备也需要权衡选择，这也是APS设计的一个原则。比较典型的如锅炉一次风系统有10台设备，加入APS控制的有6台，其余4台采用联锁控制。再如，辅助蒸汽系统5台设备，仅为汽轮机抽汽轮电动门设计了联锁保护功能，其余4台设备手动远方操作。还有锅炉水冷壁下联箱疏水门也同样采用手动远方操作。因此，那些在机组启停过程中与启动过程密切关联的设备一定要纳入APS，关联度不高可以独立操作的设备也没有必要为了自动化而设计在APS系统中。

四、锅炉开关量顺序控制

规划有锅炉给水、汽动给水泵汽轮机蒸汽/润滑油、锅炉风烟、一次风、锅炉疏水与对空排气、炉水循环泵、轻油、辅助蒸汽、燃烧器管理系统（BMS），共9个工艺流程。

系统级控制设计有6套，分别是锅炉给水、锅炉风烟、一次风、炉水循环泵、锅炉疏水与对空排气、轻油。最高为单元级的有1套，汽动给水泵汽轮机润滑油/蒸汽。单独为设备级的1套，辅助蒸汽。

（一）锅炉给水系统

总计17台设备。设计有顺序控制、联锁自动、联锁保护、手动操作系统。锅炉给水系统控制分级，如图6-2所示。

1. 顺序控制

系统级控制，总计有3个单元控制，共15台设备：电动给水泵、电动给水泵辅助油泵、电动给水泵前置泵入口电动门、电动给水泵给水大旁路、电动给水泵主给水电动门、A汽动给水泵前置泵、A汽动给水泵前置泵入口电动门、A汽动给水泵主给水电动门、B汽动给水泵前置泵、B汽动给水泵前置泵入口电动门、B汽动给水泵主给水电动门、过热减温一级喷水截门、过热减温二级喷水截门、再热事故喷水截门、主给水电动缩管。

2. 联锁自动

共4台设备：过热减温一级喷水截门、过热减温二级喷水截门、再热事故喷水截门、汽轮机高压旁路喷水截门。

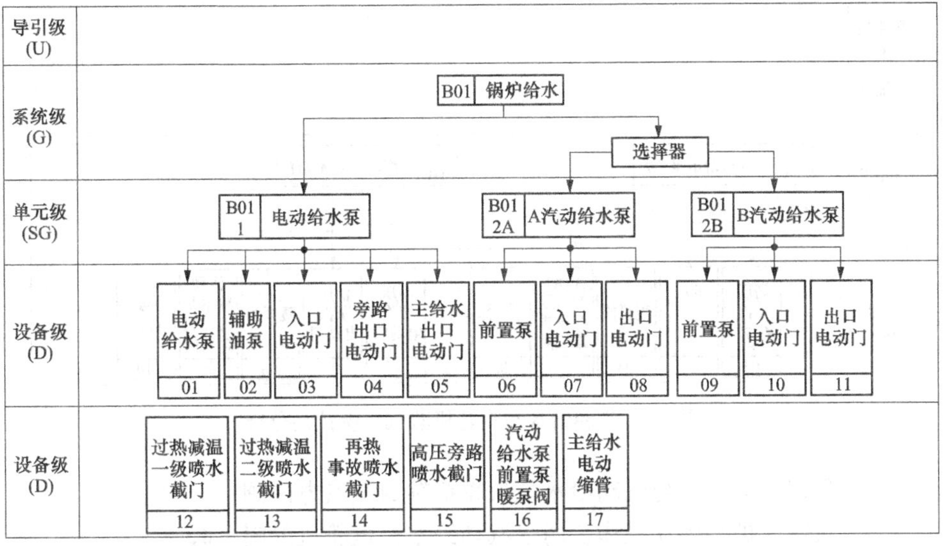

图 6-2　锅炉给水系统控制分级

3. 联锁保护

共 11 台设备：电动给水泵、电动给水泵辅助油泵、电动给水泵给水大旁路、电动给水泵主给水电动门、A 汽动给水泵前置泵、A 汽动给水泵主给水电动门、B 汽动给水泵前置泵、B 汽动给水泵主给水电动门、过热减温一级喷水截门、过热减温二级喷水截门、再热事故喷水截门。

4. 手动操作

共有 4 台设备由手动操作：电动给水泵前置泵入口电动门、A 汽动给水泵前置泵、B 汽动给水泵前置泵、汽动给水泵前置泵暖泵阀。其中，汽动给水泵前置泵暖泵阀完全是手动操作，而前 3 项都是联锁自动开，手动停。

(二) 汽动给水泵蒸汽、润滑油系统

这两套系统的顺序控制只设计到单元级，专为给水系统汽动给水泵汽轮机配套使用。

汽动给水泵汽轮机蒸汽系统控制分级，如图 6-3 所示。

1. 汽动给水泵蒸汽控制单元

汽动给水泵蒸汽控制单元合计 10 台设备，设计有顺序控制、联锁自动、联锁保护与手动操作。

(1) 顺序控制。包括 6 台设备：A 汽动给水泵汽轮机高压蒸汽电动门、A 汽动给水泵汽轮机低压蒸汽电动门、B 汽动给水泵汽轮机高压蒸汽电动门、B 汽动给水泵汽轮机低压蒸汽电动门、A 汽动给水泵汽轮机排汽蝶阀、B 汽动给水泵汽轮机排汽蝶阀。

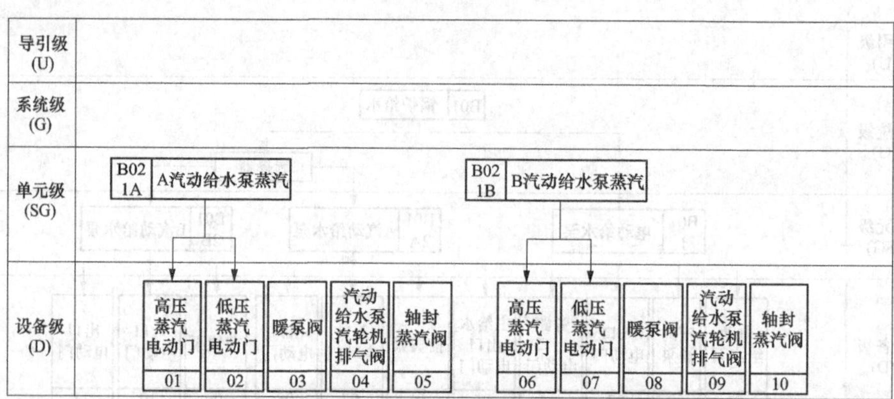

图 6-3　汽动给水泵汽轮机蒸汽系统控制分级

（2）联锁自动。两台汽动给水泵汽轮机轴封蒸汽电磁阀。

（3）联锁保护与手动操作。两台汽动给水泵汽轮机的暖泵阀。

2. 汽动给水泵汽轮机油控制单元

汽动给水泵汽轮机油控制单元合计有 10 台设备，设计有顺序控制、联锁自动、联锁保护和手动操作。

汽动给水泵汽轮机润滑油系统控制分级，如图 6-4 所示。

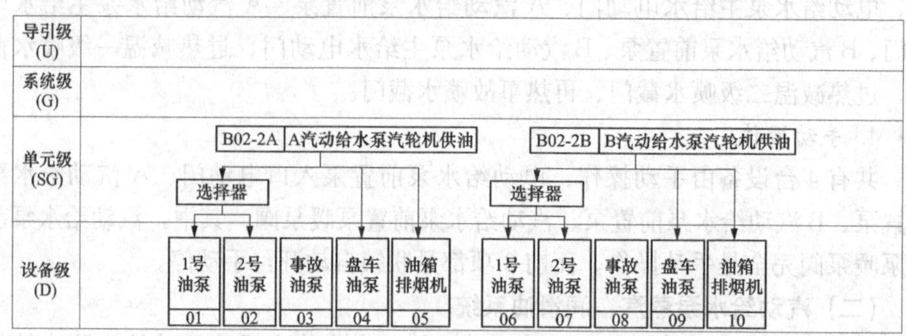

图 6-4　汽动给水泵汽轮机润滑油系统控制分级

（1）顺序控制。有 8 台设备接受顺序控制：A 汽动给水泵汽轮机 1 号油泵、A 汽动给水泵汽轮机 2 号油泵、A 汽动给水泵汽轮机盘车、A 汽动给水泵汽轮机油箱排烟风机、B 汽动给水泵汽轮机 1 号油泵、B 汽动给水泵汽轮机 2 号油泵、B 汽动给水泵汽轮机盘车、B 汽动给水泵汽轮机油箱排烟风机。

（2）联锁自动。共有两套联锁，合计 4 台设备：A 汽动给水泵汽轮机 1 号油泵、A 汽动给水泵汽轮机 2 号油泵、B 汽动给水泵汽轮机 1 号油泵、B 汽动给水泵汽轮机 2 号油泵

（3）联锁保护。共有 8 台设备设计了联锁保护功能：①A 汽动给水泵汽轮机

1 号油泵，联锁停泵；②A 汽动给水泵汽轮机 2 号油泵，联锁停泵；③A 汽动给水泵汽轮机事故油泵，联锁启泵；④A 汽动给水泵汽轮机盘车，联锁切除；⑤B 汽动给水泵汽轮机 1 号油泵，联锁停泵；⑥B 汽动给水泵汽轮机 2 号油泵，联锁停泵；⑦B 汽动给水泵汽轮机事故油泵，联锁启泵；⑧B 汽动给水泵汽轮机盘车，联锁切除。

（4）手动操作。两台汽动给水泵汽轮机的事故油泵分闸为现场就地操作盘手动（非不能远方操作而是出于确保设备安全的设计）。

（三）锅炉风烟系统

锅炉风烟系统共 37 台设备，设计有顺序控制、联锁自动、联锁保护和手动操作。

锅炉风烟系统控制分级，如图 6-5 所示。

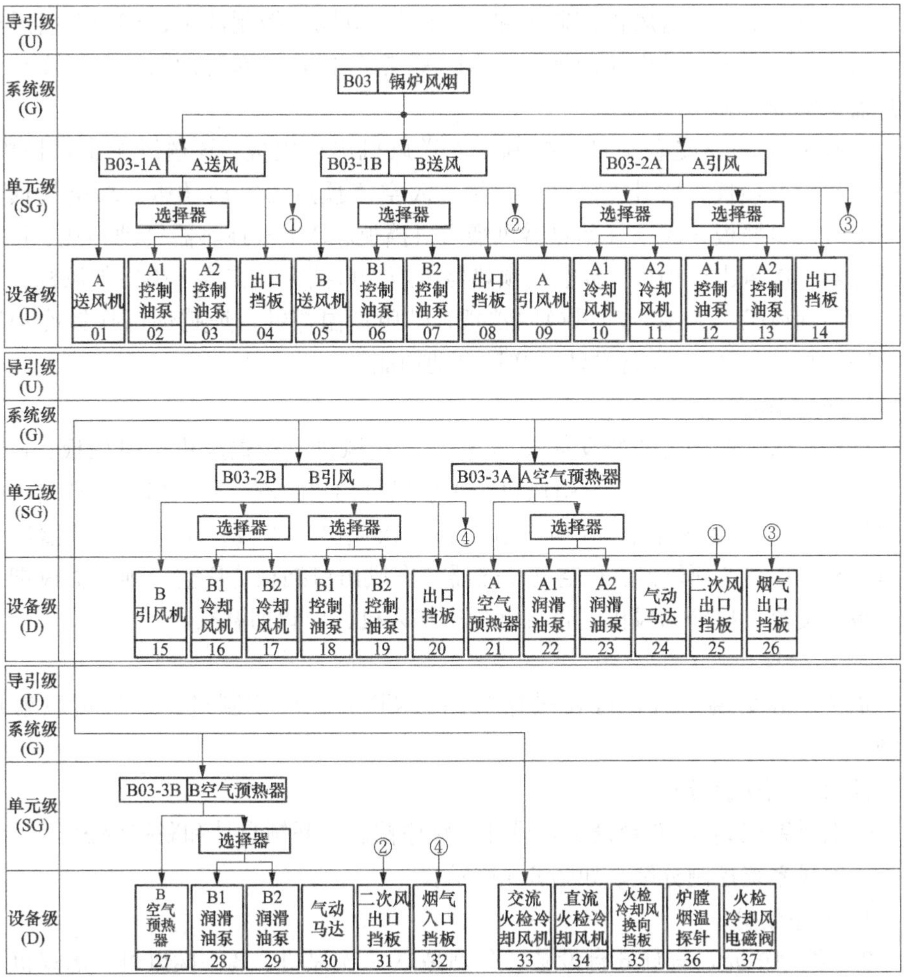

导引级 (U)
系统级 (G)
单元级 (SG)
设备级 (D)
B03 锅炉风烟
B03-1A A送风
B03-1B B送风
B03-2A A引风
B03-2B B引风
B03-3A A空气预热器
B03-3B B空气预热器
选择器
①
②
③
④
A 送风机 01
A1 控制油泵 02
A2 控制油泵 03
出口挡板 04
B 送风机 05
B1 控制油泵 06
B2 控制油泵 07
出口挡板 08
A 引风机 09
A1 冷却风机 10
A2 冷却风机 11
A1 控制油泵 12
A2 控制油泵 13
出口挡板 14
B 引风机 15
B1 冷却风机 16
B2 冷却风机 17
B1 控制油泵 18
B2 控制油泵 19
出口挡板 20
A 空气预热器 21
A1 润滑油泵 22
A2 润滑油泵 23
气动马达 24
二次风出口挡板 25
烟气出口挡板 26
B 空气预热器 27
B1 润滑油泵 28
B2 润滑油泵 29
气动马达 30
二次风出口挡板 31
烟气入口挡板 32
交流火检冷却风机 33
直流火检冷却风机 34
火检冷却风换向挡板 35
炉膛烟温探针 36
火检冷却风电磁阀 37

图 6-5 锅炉风烟系统控制分级

1. 顺序控制

系统级控制，直接纳入顺序控制的设备有 31 台，包括 6 套单元控制：①A 送风机单元，送风机、1/2 号控制油泵、出口挡板等 4 台设备；②B 送风机单元，送风机、1/2 号控制油泵、出口挡板等 4 台设备；③A 引风机单元，引风机、1/2 号控制油泵、1/2 号冷却风机、出口挡板等 6 台设备；④B 引风机单元，引风机、1/2 号控制油泵、1/2 号冷却风机、出口挡板等 6 台设备；⑤A 空气预热器单元，空气预热器、1/2 号润滑油泵等 3 台设备；⑥ B 空气预热器单元，空气预热器、1/2 号润滑油泵等 3 台设备。还包括 A/B 空气预热器二次风出口挡板和 A/B 空气预热器烟气入口挡板等 4 台设备。

2. 联锁自动

有 8 对一用一备的设备共计 16 台：A1/A2 送风机控制油泵、A1/A2 引风机冷却风机、B1/B2 送风机控制油泵、A1/A2 引风机控制油泵、B1/B2 引风机冷却风机、B1/B2 引风机控制油泵、A1/A2 空气预热器润滑油泵、B1/B2 空气预热器润滑油泵。

还有 14 台设备受联锁自动控制：A 送风机出口挡板、B 送风机出口挡板、A 引风机出口挡板、B 引风机出口挡板、A 空气预热器气动马达、A 空气预热器二次风出口挡板、A 空气预热器风烟入口挡板、B 空气预热器气动马达、B 空气预热器二次风出口挡板、B 空气预热器风烟入口挡板、交流火检冷却风机、直流火检冷却风机、火检冷却风换向挡板、炉膛烟温探针、炉膛烟温探针冷却风电磁阀。总计有 31 台设备设计了联锁自动功能。

3. 联锁保护

设计有联锁保护功能的设备共 17 台：A 送风机、A 送风机出口挡板、B 送风机、B 送风机出口挡板、A 引风机、A 引风机出口挡板、B 引风机、B 引风机出口挡板、A 空气预热器、A 空气预热器二次风出口挡板、A 空气预热器风烟入口挡板、B 空气预热器、B 空气预热器二次风出口挡板、B 空气预热器风烟入口挡板、交流火检冷却风机、直流火检冷却风机、炉膛烟温探针。

4. 手动操作

锅炉炉膛烟温探针，可在操作员站 CRT 上手动控制进、退还可以就地控制。

（四）一次风系统

一次风系统共有 10 台设备，设计有顺序控制、联锁自动和联锁保护。

一次风系统控制分级，如图 6-6 所示。

1. 顺序控制

3 个控制单元，合计 6 台设备。分别是 A 一次风机、B 一次风机、磨煤机 A 密封风机、磨煤机 B 密封风机、A 一次风机出口挡板、B 一次风机出口挡板。

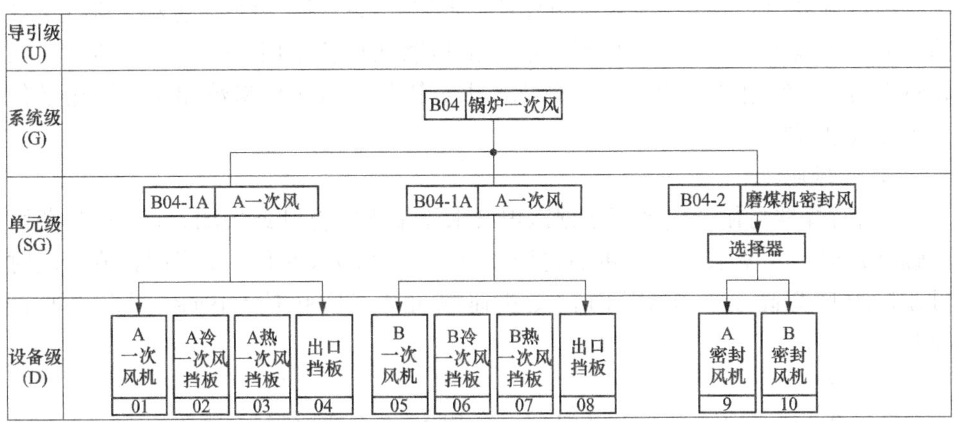

图 6-6 一次风控制分级

2. 联锁自动

共 8 台设备：A 冷一次风挡板、A 热一次风挡板、B 冷一次风挡板、B 热一次风挡板磨煤机、A 密封风机磨煤机、B 密封风机、A 一次风机出口挡板、B 一次风机出口挡板。

3. 联锁保护

共 8 台设备设计了联锁保护：A 一次风机、A 冷一次风挡板、A 热一次风挡板、B 一次风机、B 冷一次风挡板、B 热一次风挡板、A 一次风机出口挡板、B 一次风机出口挡板。

（五）锅炉疏水与对空排气系统

设计有顺序控制、联锁自动和手动控制，共计 16 台设备。

锅炉疏水与对空排气控制分级，如图 6-7 所示。

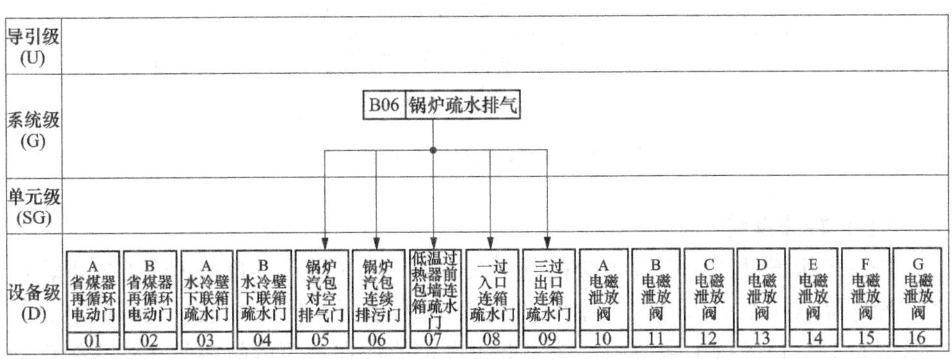

图 6-7 锅炉疏水与对空排气控制分级

1. 顺序控制

锅炉疏水和对空排气按系统级设计，控制5台设备：锅炉汽包对空排气电动门、锅炉汽包连续排污门、低温过热器前包墙联箱疏水门、一级过热器入口联箱疏水门、三级过热器出口联箱疏水。根据锅炉、汽轮机参数和状态采用条件自举方式进行控制。

2. 联锁自动

2台省煤器再循环电动门根据锅炉给水流量确定打开或关闭。7台过热蒸汽电磁泄放阀（PCV安全门）可通过操作员站（OPS）CRT手动启闭，或者同时可在机组负荷高于520MW时接受快速减负荷（Fast Cut Back，FCB）联锁控制。

3. 手动控制

2台水冷壁下联箱疏水电动门和7台PCV阀手动控制。

（六）炉水循环泵系统

虽然只有3台泵，但却按系统级设计锅炉炉水循环泵控制分级，如图6-8所示。并且每台泵都同时设计有顺序控制、联锁自动和联锁保护功能。自动工作方式下炉水循环泵系统操作器直接受APS指令控制，选择器根据锅炉煤粉燃烧器投入状态和锅炉汽包水位参数决定炉水循环泵投入次序和台数。

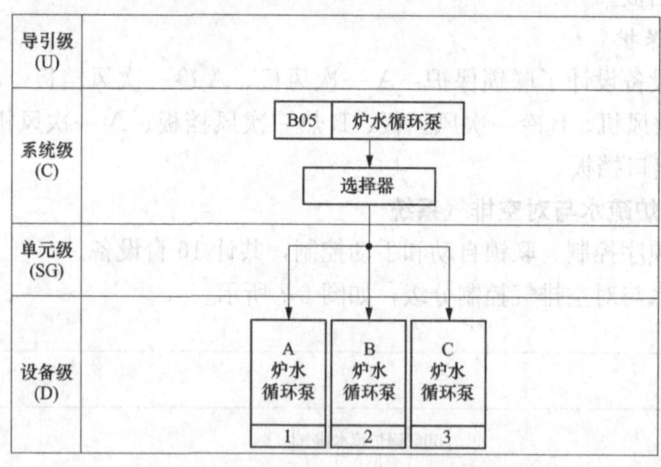

图6-8　锅炉炉水循环泵控制分级

（七）轻油系统

按系统级设计锅炉轻油系统控制分级，如图6-9所示。自动工作方式下轻油系统操作器直接受APS指令控制，两台轻油泵同时设计有联锁自动和联锁保护，正常运行时1台运行1台备用，油压低于设定值或在运泵因故跳闸自动联锁启动备用泵。轻油压力调节阀接受轻油泵启停联锁控制，油泵启动运行，燃油调节阀投入压力自动调节，反之，处于自动伺服方式。

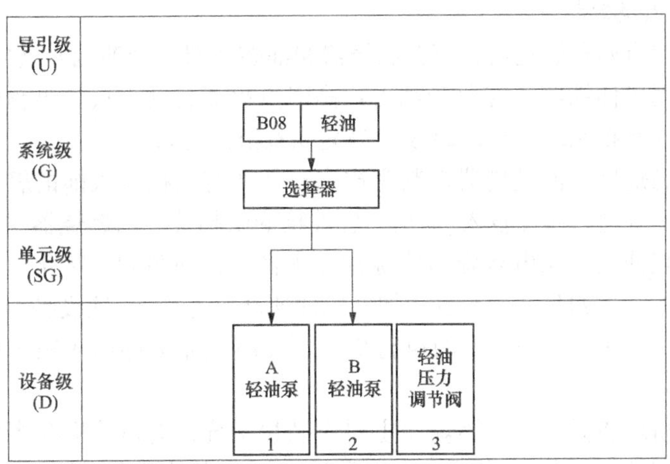

图 6-9 锅炉轻油系统控制分级

(八) 辅助蒸汽系统

共 5 个电动阀门，全部安排在设备级。

辅助蒸汽系统控制分级，如图 6-10 所示。

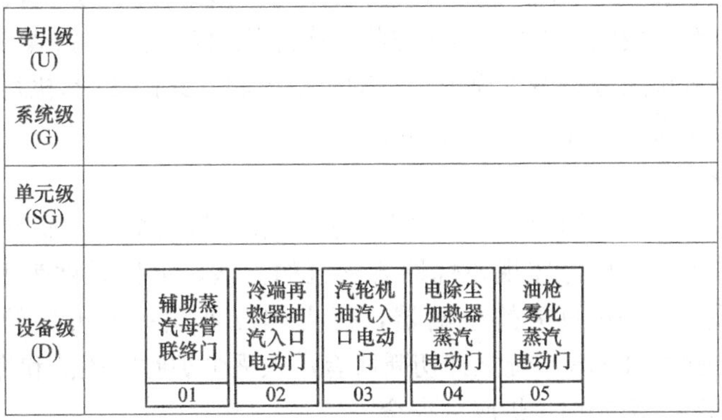

导引级 (U)	
系统级 (G)	
单元级 (SG)	
设备级 (D)	辅助蒸汽母管联络门 01；冷端再热器抽汽入口电动门 02；汽轮机抽汽入口电动门 03；电除尘加热器蒸汽电动门 04；油枪雾化蒸汽电动门 05

图 6-10 辅助蒸汽系统控制分级

1. 自动联锁

汽轮机抽汽入口电动门接受凝汽器真空联锁控制，低于－20kPa 时打开，否则关闭。

2. 手动控制

辅助蒸汽母管联络门、冷端再热器抽汽入口电动门、电除尘加热器蒸汽电动门和锅炉油枪雾化蒸汽电动门设计为手动操作。

（九）燃烧器管理系统

燃烧器管理系统由两大部分组成，锅炉燃烧器控制和锅炉灭火保护。

1. 锅炉燃烧器控制

锅炉布置有两种燃烧器，煤粉燃烧器和油燃烧器（轻油枪），轻油枪燃用零号柴油，采用可伸缩蒸汽雾化轻油枪，高能点火器自动点火。煤粉燃烧器采用中速磨直吹式制粉系统，6层24支，额定负荷五层运行。

(1) 油燃烧器。油燃烧器控制完成主要任务有油枪投入前的轻油系统泄漏试验、轻油枪的适时顺序投入/退出、轻油枪的吹扫等。油燃烧器主要由气动伸缩蒸汽雾化轻油枪、压电陶瓷高能脉冲点火器、轻油角阀、雾化蒸汽阀、蒸汽吹扫阀等组成，按四角三层布置，加上燃油速断阀总共61项设备。燃油速断阀和油枪角阀是锅炉保护MFT的执行机构，油燃烧器全部纳入顺序控制和联锁保护。

(2) 煤粉燃烧器。煤粉燃烧器主要由制粉系统、输粉管道和煤粉喷燃器组成，顺序控制按系统级、单元级二级设计，每台磨煤机顺序控制为一个单元。每套制粉单元包括12台套控制装置：磨煤机；磨煤机润滑油泵；磨辊液压油泵；磨煤机出口风门（4只，控制输出1控4）；磨煤机入口热风挡板；磨煤机旋风分离器；称重式皮带给煤机；下煤闸板；磨煤机入口冷风挡板；磨煤机密封风门；磨煤机氮气入口阀；给煤机密封风门。煤粉燃烧器控制完成的主要任务为磨煤机的顺序启/停，煤粉燃烧器的自动投/切，磨煤机出力计算。

磨煤机负荷（由锅炉燃料调节控制）、磨煤机出口温度、磨煤机风量、磨辊压力油、磨煤机旋风分离器由模拟量自动调节控制，共计30套执行机构。

锅炉燃烧器布置，如图6-11所示。

2. 锅炉灭火保护

在BMS系统中主要由锅炉炉膛火焰检测系统为锅炉灭火保护提供监测信号，锅炉炉膛火焰采用点监视燃烧器着火区的方法，火检元件为PbS，工作在红外区，共设计有36只火焰检测器，每支燃烧器配一套火焰检测器。当有MFT指令出现时，BMS系统立即切断所有进入锅炉炉膛的燃油和煤粉，防止锅炉发生二次爆燃，确保锅炉炉膛的安全。

五、汽轮机开关量顺序控制

汽轮机凝结水系统控制分级，如图6-12所示。

规划有汽轮机凝结水系统、汽轮机循环水/闭式冷水系统、汽轮机凝汽器真空系统、低压给水加热器系统、高压给水加热器系统、汽轮机油系统、汽轮机盘车系统、汽轮机疏水系统、发电机辅助系统等9个系统。

W/B DAMPER

W/B DAMPER COMMAND STATUS

W/B DAMPER				1	2	3	4
TILT–AA				0.0000	0.0000	0.0000	0.0000
UPPER–AA				0.0%	0.0%	0.0%	0.0%
LOWER–AA				0.0%	0.0%	0.0%	0.0%
C–OFA				0.0%			
B–OFA				0.0%			
A–OFA				0.0%			
F–COAL	●		◆	0.0%			
EF–OIL	●	▷	◇	0.0% 0.0%			
E–COAL	●		◆	0.0%			
DE–AUX	●			0.0%			
D–COAL	●		◆	0.0%			
CD–OIL	●	▷	◇	0.0% 0.0%			
C–COAL	●		◆	0.0%			
BC–AUX	●			0.0%			
B–COAL	●		◆	0.0%			
AB–OIL	●	▷	◇	0.0% 0.0%			
A–COAL	●		◆	0.0%			
AA–AUX	●			0.0%			

BURNER STATUS

F-MILL OFF		
LO.EMR VALVE CLOSE	EF–4 IGNL OFF	EF–3 IGN OFF
	EF–1 IGNL OFF	EF–2 IGN OFF
E-MILL OFF		
D-MILL OFF		
LO.EMR VALVE CLOSE	CD–4 IGN. OFF	CD–3 IGN. OFF
	CD–1 IGN. OFF	CD–2 IGN. OFF
E-MILL OFF		
B-MILL OFF		
LO.EMR VALVE CLOSE	AB-4 IGN. OFF	AB-3 IGN. OFF
	AB-1 IGN. OFF	AB-2 IGN. OFF
A-MILL OFF		

FLAME DETECTOR STATUS

F-4 ND PLANE	F-3 NO PLANE
F-1 ND PLANE	F-2 NO PLANE
EF-4 ND PLANE	EF-3 NO PLANE
EF-1 ND PLANE	EF-2 NO PLANE
E-4 ND PLANE	E-3 NO PLANE
E-1 ND PLANE	E-2 ND PLANE
D-4 ND PLANE	D-3 NO PLANE
D-1 ND PLANE	D-2 NO PLANE
CD-4 ND PLANE	CD-3 NO PLANE
CD-1 ND PLANE	CD-2 NO PLANE
C-4 ND PLANE	C-3 NO PLANE
C-1 ND PLANE	C-2 NO PLANE
B-4 ND PLANE	B-3 NO PLANE
B-1 ND PLANE	B-2 NO PLANE
AB-4 NO PLANE	AB-3 NO PLANE
AB-1 NO PLANE	AB-2 NO PLANE
A-4 NO PLANE	A-3 NO PLANE
A-1 NO PLANE	A-2 NO PLANE

● =W/B DAMPER ▷ =IGNITOR ◆ =FLAME DETECTOR(COAL) WINDBOX/FURNACE DP 0.0kPa

◇ =FLAME DETECTOR(OIL) BURNER TILT 0.0DEG

图 6-11 锅炉燃烧器布置

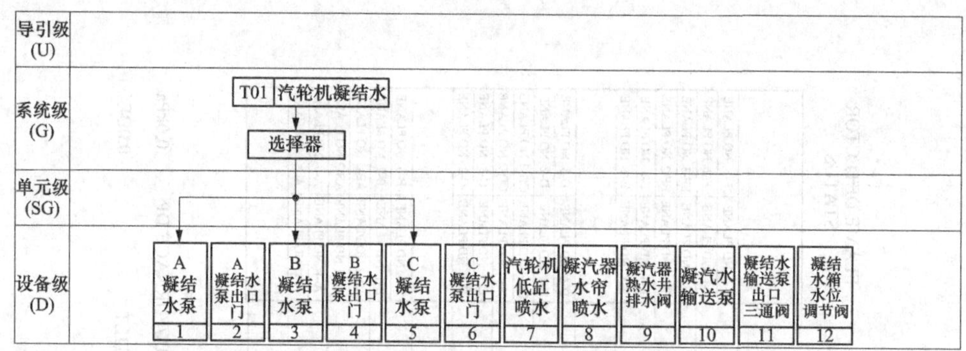

图 6-12　汽轮机凝结水系统控制分级

（一）汽轮机凝结水系统

汽轮机凝结水系统总共 12 台设备。

1. 顺序控制

3 台凝结水泵，布置在顺序控制系统级，自动工作方式下汽轮机凝结水操作器通过选择器接受 APS 指令控制，选择器根据汽轮机蒸汽负荷决定凝结水泵投入台数，同时设计有顺序控制、联锁自动和联锁保护，每台凝结水泵的出口电动门与凝结水泵的启停联锁动作。

2. 联锁自动与保护

汽轮机低缸减温喷水阀、汽轮机凝汽器水帘喷水阀、凝结水输送泵、凝结水输送泵出口三通阀、A 凝结水泵出口电动门、B 凝结水泵出口电动门、C 凝结水泵出口电动门等设计有联锁自动和联锁保护功能，凝汽器水位调节阀接受联锁自动信号。

3. 手动操作

凝汽器热水井排水阀仅有手动远方操作。

（二）汽轮机循环水/闭式冷却水系统

循环水和闭式冷却水两套工艺系统规划在一个控制系统中，循环水系统 25 台设备，闭式冷却水系统 10 台设备，总计 35 台设备。

汽轮机循环水/闭式冷却水系统控制分级，如图 6-13 所示。

1. 循环水系统

（1）顺序控制。控制 22 台设备，其中有 2 套单元控制 8 台设备：① A 循环水泵单元，由 A 循环水泵、A 循环水泵润滑水泵、A 循环水泵出口电动门、A 循环水泵润滑水电磁阀等 4 台设备组成；② B 循环水泵单元，由 B 循环水泵、B 循环水泵润滑水泵、B 循环水泵出口电动门、B 循环水泵润滑水电磁阀等 4 台设备组成。另外 14 台设备：A 凝汽器出口电动门、B 凝汽器出口电动门、A 水-水交换器入口电动门、A 水-水交换器出口电动门、B 水-水交换器入口电动门、B

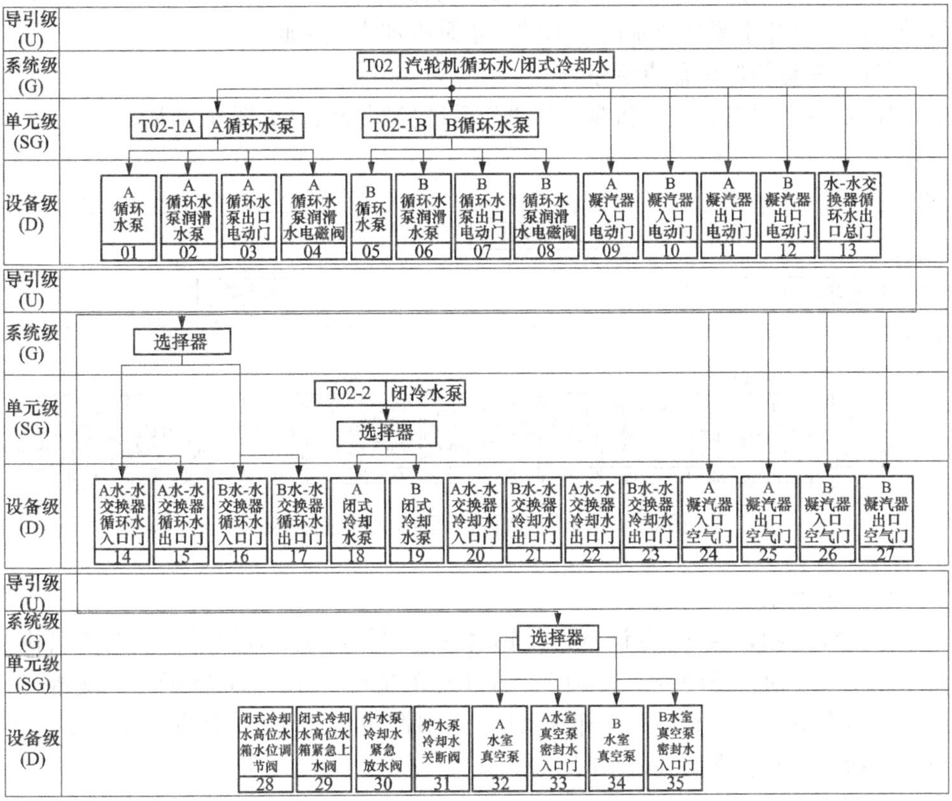

导引级(U)
系统级(G)：T02 汽轮机循环水/闭式冷却水
单元级(SG)：T02-1A A循环水泵；T02-1B B循环水泵
设备级(D)：01 A循环水泵；02 A循环水泵润滑水泵；03 A循环水泵出口电动门；04 A循环水泵润滑水电磁阀；05 B循环水泵；06 B循环水泵润滑水泵；07 B循环水泵出口电动门；08 B循环水泵润滑水电磁阀；09 A凝汽器入口电动门；10 B凝汽器入口电动门；11 A凝汽器出口电动门；12 B凝汽器出口电动门；13 水-水交换器循环水出口总门

导引级(U)
系统级(G)：选择器
单元级(SG)：T02-2 闭冷水泵；选择器
设备级(D)：14 A水-水交换器循环水入口门；15 A水-水交换器循环水出口门；16 B水-水交换器循环水入口门；17 B水-水交换器循环水出口门；18 A闭式冷却水泵；19 B闭式冷却水泵；20 A水-水交换器冷却水入口门；21 B水-水交换器冷却水出口门；22 A水-水交换器冷却水出口门；23 B水-水交换器冷却水出口门；24 A凝汽器入口空气门；25 A凝汽器出口空气门；26 B凝汽器入口空气门；27 B凝汽器出口空气门

导引级(U)
系统级(G)：选择器
单元级(SG)
设备级(D)：28 闭式冷却水高位水箱水位调节阀；29 闭式冷却水高位水箱紧急上水阀；30 炉水泵冷却水紧急放水阀；31 炉水泵冷却水关断阀；32 A水室真空泵；33 A水室真空泵密封水入口门；34 B水室真空泵；35 B水室真空泵密封水入口门

图 6-13 汽轮机循环水/闭式冷却水系统控制分级

水-水交换器出口电动门、A凝汽器入口空气门、A凝汽器出口空气门、B凝汽器入口空气门、B凝汽器出口空气门、A水室真空泵、A水室真空泵密封水电磁阀、B水室真空泵、B水室真空泵密封水电磁阀等直接由系统控制。

(2) 自动联锁。共2套，分别为凝汽器A/B水室真空泵和A/B水-水交换器。

(3) 手动操作。共3套：A凝汽器入口电动门、B凝汽器入口电动门、水-水交换器循环水出口总门。

2. 闭式冷却水系统

(1) 顺序控制。控制2台设备，A、B冷却水泵设计为单元级控制。

(2) 自动联锁。6套，其中，A、B闭式冷却水泵一用一备，受自动选择器控制。另外5套：A水-水交换器冷却水入口电动门、B水-水交换器冷却水入口电动门、A水-水交换器冷却水出口电动门、B水-水交换器冷却水出口电动门、冷却水高位水箱调节阀气源电磁阀，采用联锁自动控制。

（3）手动操作。有3个阀门设计为手动操作：闭冷水高位水箱紧急上水阀、锅炉炉水泵冷却水紧急放水阀、锅炉炉水泵冷却水关断阀。

（三）汽轮机凝汽器真空系统

控制15台设备。汽轮机凝冷器真空系统控制分级，如图6-14所示。

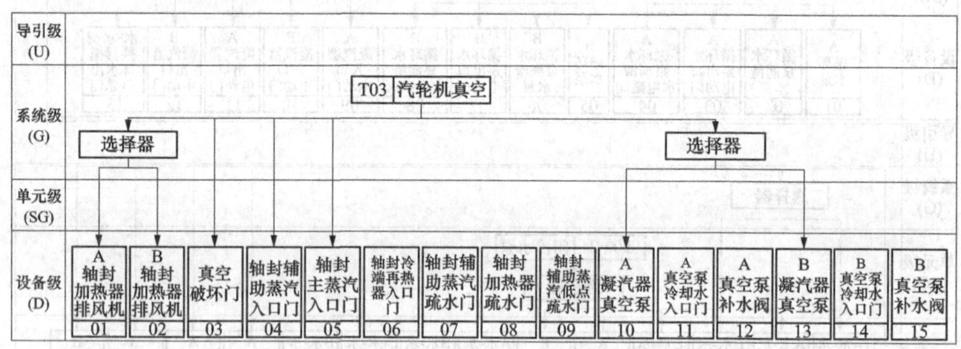

图6-14　汽轮机凝汽器真空系统控制分级

1．顺序控制

系统级控制，共11台设备：A轴封加热器排风机、B轴封加热器排风机、真空破坏门、轴封辅助蒸汽入口门、轴封主蒸汽入口门、轴封辅助蒸汽疏水门、A凝汽器真空泵、A真空泵冷却水入口门、B凝汽器真空泵、B真空泵冷却水入口门、轴封辅助蒸汽低点疏水阀。

2．联锁自动

除了顺序控制中的所有设备都同时设计有联锁自动外，还有轴封冷端再热器供汽电动门、轴封加热器疏水阀、A真空泵补水阀、B真空泵补水阀等4台设备。

3．联锁保护

共4台设备：轴封辅助蒸汽供汽电动门、轴封主蒸汽供汽电动门、A真空泵、B真空泵。

（四）低压给水加热器系统

低压给水加热器系统规划设备27台，设计有顺序控制、联锁自动、联锁保护和手动操作。低压给水加热器系统控制分级，如图6-15所示。

1．顺序控制

按系统级设计，直接接受APS指令的设备有：1号低压加热器给水三通阀、2号低压加热器给水出口门、3号低压加热器给水三通阀、4号低压加热器给水出口门、3号低压加热器抽汽电动门、3号低压加热器抽汽疏水阀、4号低压加热器抽汽电动门、4号低压加热器抽汽疏水阀、除氧器抽汽电动门、五段抽汽疏水门，共10台。

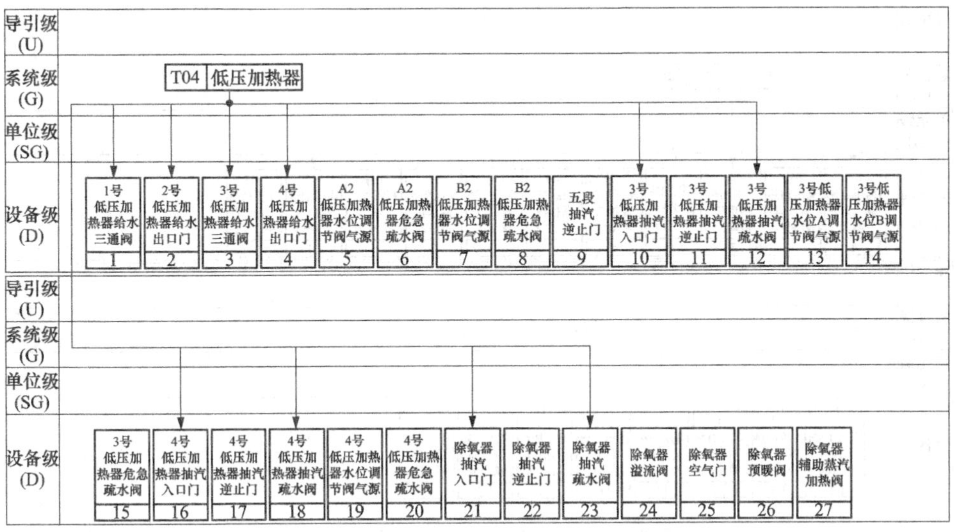

图 6-15 低压给水加热器系统控制分级

2. 联锁自动

根据工艺参数和机组状态设计的联锁自动有：2A 低压加热器水位调节气源、2A 低压加热器危急疏水门、2B 低压加热器水位调节气源、2B 低压加热器危急疏水门、3 号低压加热器抽汽逆止阀、3 号低压加热器 A 水位调节阀气源、3 号低压加热器危急疏水门、4 号低压加热器抽汽逆止阀、4 号低压加热器水位调节气源、4 号低压加热器危急疏水门、除氧器抽汽逆止门、除氧器溢流阀、除氧器启动对空排气门、除氧器辅助蒸汽电动门、五段抽汽逆止门、3 号低压加热器 B 水位调节气源，共 16 台设备。

3. 联锁保护

当发生汽轮机跳闸、发电机解列或工艺参数超值等几种运行状况时，下述设备参与热工保护：3 号低压加热器抽汽电动门、3 号低压加热器抽汽疏水阀、4 号低压加热器抽汽电动门、4 号低压加热器抽汽疏水阀、五段抽汽疏水门。

4. 手动操作

除氧器预热阀采用手动操作。

（五）高压给水加热器系统

高压给水加热器系统控制分级，如图 6-16 所示。

高压给水加热器系统规划设备 19 台，设计有顺序控制、联锁自动和联锁保护，其中，9 台设备由系统级直接控制，另外 10 台在设备级控制。

1. 顺序控制

按系统级设计，直接接受 APS 指令的设备有：6 号高压加热器入口给水电动门、8 号高压加热器出口给水电动门、高压加热器给水旁路门、6 号高压加热

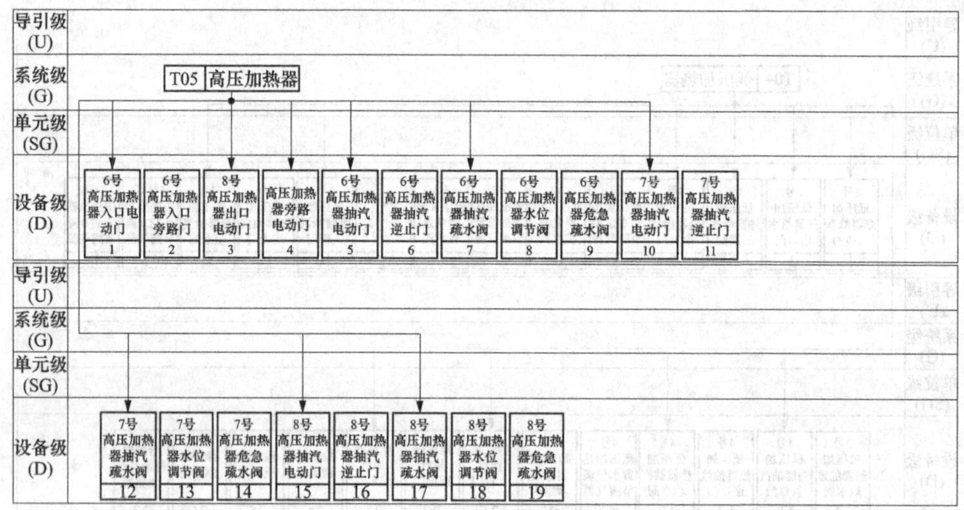

图 6-16　高压给水加热器系统控制分级

器入口抽汽电动门、6 号高压加热器抽汽疏水阀、7 号高压加热器入口抽汽电动门、7 号高压加热器抽汽疏水阀、8 号高压加热器入口抽汽电动门、8 号高压加热器抽汽疏水阀，共 9 台。

2. 联锁自动

根据工艺参数和机组状态设计的联锁自动有：6 号高压加热器入口给水旁路门、6 号高压加热器抽汽逆止门、6 号高压加热器水位调节阀气源、6 号高压加热器紧急疏水阀、7 号高压加热器抽汽逆止门、7 号高压加热器水位调节阀气源、7 号高压加热器紧急疏水阀、8 号高压加热器抽汽逆止门、8 号高压加热器水位调节阀气源、8 号高压加热器紧急疏水阀，共 10 台设备。

3. 联锁保护

当发生汽轮机跳闸、发电机解列或工艺参数超值等几种运行状况时，下述设备参与热工保护：

6 号高压加热器入口给水电动门、6 号高压加热器入口给水旁路门、8 号高压加热器出口给水电动门、高压加热器给水旁路门、6 号高压加热器入口抽汽电动门、6 号高压加热器抽汽疏水阀、7 号高压加热器入口抽汽电动门、7 号高压加热器抽汽疏水阀、8 号高压加热器入口抽汽电动门、8 号高压加热器抽汽疏水阀，共 10 台设备。

（六）汽轮机油系统

汽轮机油系统规划设备 11 台，设计有顺序控制、联锁自动和联锁保护，其中 7 台设备由系统级直接控制，另外 4 台在设备级控制。

汽轮机油系统控制分级，如图 6-17 所示。

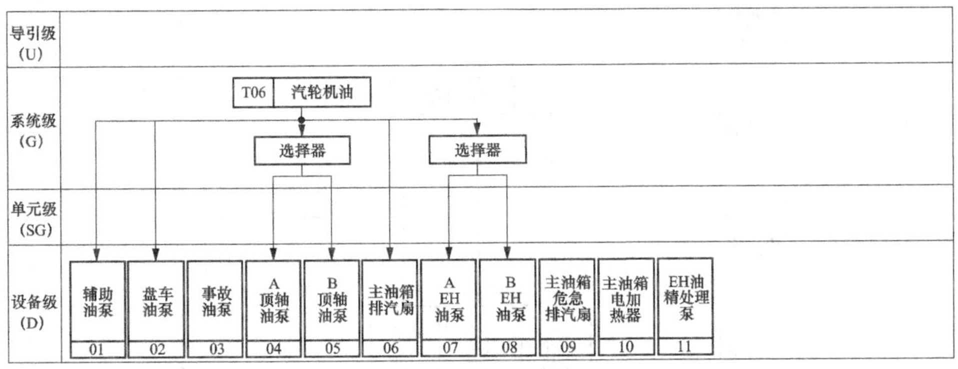

图 6-17　汽轮机油控制分级

1. 顺序控制

按系统级设计，直接接受 APS 指令的设备有：辅助油泵、盘车油泵、A 顶轴油泵、B 顶轴油泵、主油箱排风机、A EH 油泵、B EH 油泵，共 7 台。

2. 联锁自动

根据工艺参数和机组状态设计的联锁自动有：事故油泵、主油箱危急抽汽器、主油箱加热器、EH 油精处理泵，共 4 台设备。从确保运行安全角度出发，事故油泵（直流）由联锁自动启动，但不能停止，需要到就地动力盘上手动停泵，EH 油精处理泵只能手动启动，但可联锁自动停止。

3. 联锁保护

当出现汽轮机跳闸、发电机解列或工艺参数超值等运行状况时，下述设备参与热工保护：辅助油泵、A 顶轴油泵、B 顶轴油泵、B EH 油泵、A EH 油泵、主油箱加热器，共 6 台设备。

（七）汽轮机盘车系统

设计在顺序控制系统级，接受 APS 指令。共 3 台设备，盘车电机和盘车啮合电磁阀同时受顺控自动、联锁自动和联锁保护控制，盘车注油电磁阀设计有联锁自动和联锁保护。

汽轮机盘车系统控制分级，如图 6-18 所示。

（八）汽轮机疏水系统

共 20 台设备，系统级 15 台设备，直接受 APS 控制，另外 5 台设备在设备级。控制方式有顺序控制、联锁自动、联锁保护和手动操作。

汽轮机疏水系统控制分级，如图 6-19 所示。

1. 顺序控制

共 15 台设备：左主蒸汽管疏水阀、右主蒸汽管疏水阀、左再热蒸汽管疏水阀、右再热蒸汽管疏水阀、高压缸排汽入口疏水阀、右高压缸排汽入口疏水阀、

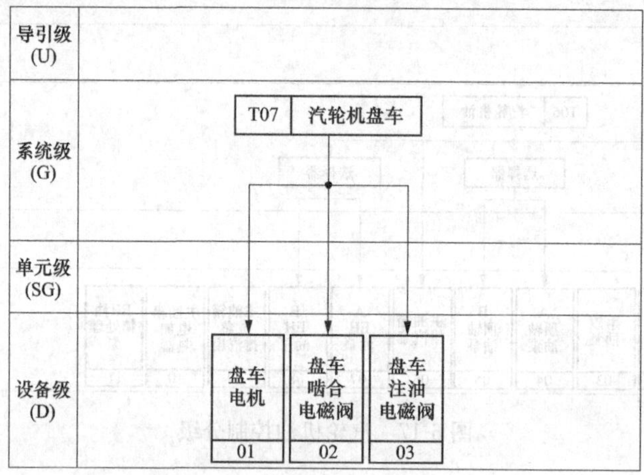

图 6-18　汽轮机盘车控制分级

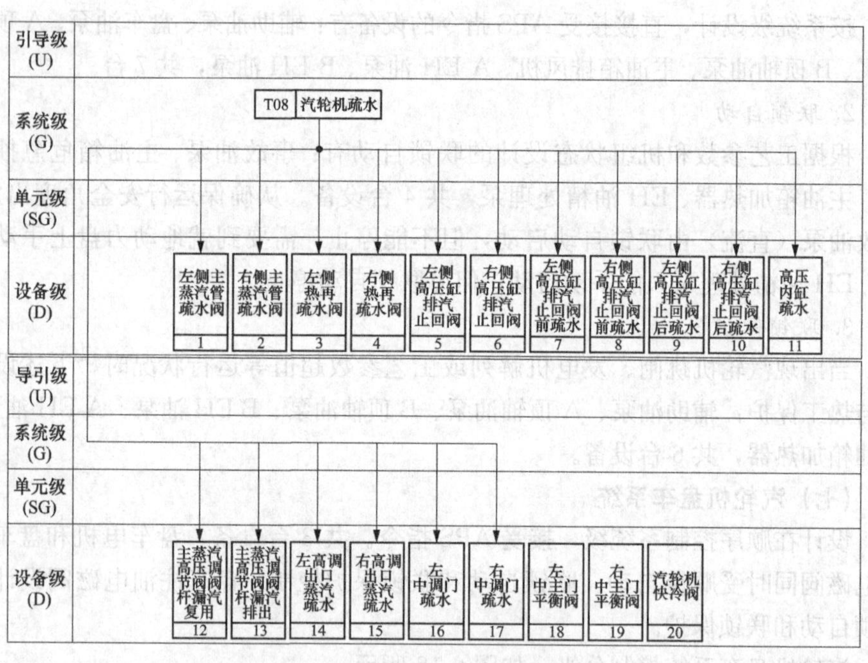

图 6-19　汽轮机疏水系统控制分级

左高压缸排汽出口疏水阀、右高压缸排汽出口疏水阀、高压内缸疏水阀、主蒸汽&高压调节阀密封蒸汽回收阀、主蒸汽&高压调节阀密封蒸汽排放阀、左高调门出口主蒸汽出口疏水、右高调门出口主蒸汽出口疏水、左中调门疏水、右中调门疏水。

2. 联锁自动

根据工艺参数和机组状态设计的联锁自动有：左高压缸排汽止回阀、右高

压缸排汽止回阀、左中主门平衡阀、中主门平衡阀，共 4 台设备。其中，汽轮机中压主汽门由 APS 信号联锁开，汽轮机跳闸信号联锁关。

3. 联锁保护

当出现汽轮机挂闸或工艺参数超值等运行状况时，下述设备参与热工保护：左主蒸汽管疏水阀、右主蒸汽管疏水阀、高压缸排汽出口疏水阀、右高压缸排汽出口疏水阀、左中主门平衡阀、右中主门平衡阀，共 6 台设备。

4. 手动操作

汽轮机快冷空气电磁阀采用手动操作。

（九）发电机辅助系统

系统级下有 4 个单元，总共 8 台设备，设计了顺序控制、联锁自动和手动操作。

发电机辅助系统控制分级，如图 6-20 所示。

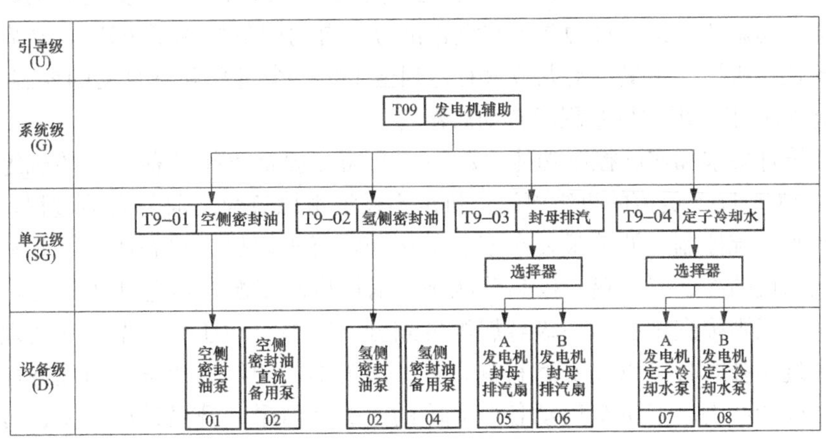

图 6-20　发电机辅助系统控制分级

1. 顺序控制

共 6 台设备：空侧密封油泵、氢侧密封油泵、密封油箱 A 排烟风机、密封油箱 B 排烟风机、A 定子冷却水泵、B 定子冷却水泵。

2. 联锁自动

空侧备用直流密封油泵电气备用联锁、热工参数联锁，氢侧备用直流密封油泵电气备用联锁、热工参数联锁，密封油箱 A、B 排烟风机电气互备联锁、热工参数联锁，A、B 定子冷却水泵电气互备联锁、热工参数联锁。

3. 手动操作

2 台设备，空侧直流密封油泵和氢侧备用直流油泵。

第七章

APS的模拟量智能调节

APS启、停机组以顺序控制为主线，不过，从某种意义上说，APS成功与否取决于模拟量自动调节而非顺序控制。机组设备运转后，APS要求自动调节回路“手动/自动”的投切、调节器“手动”投“自动”之前调节器入口偏差的纠正，一切都要由DCS自动完成而无需人工参与。在机组启、停乃至正常运行过程中，模拟量自动调节始终贯穿全程，调控机炉参数和负荷变化，尤其是锅炉燃烧自动调节、给水自动调节和汽轮机旁路自动调节构成了APS自动启动的三大支柱。机炉模拟量自动调节只有达到全工况、全过程和全自动的控制水平，APS才能真正实现“机组程序自动启停”。

按设计要求和实际控制功能，APS只负责不投油稳燃负荷之前的机组启动和50%ECR以下负荷的机组停运。机组不投油稳燃负荷之前的启动过程，是设备启动和系统控制、调节最复杂多变的区间，就机炉热力状态而言，分别有锅炉和汽轮机的冷、温、热、极热等状态。锅炉启动工况按汽包压力划分，汽轮机启动工况则按汽轮机第一级金属温度划分，锅炉启动还要根据汽水物理特性来判定过膨胀的时机以改变燃料输入量。锅炉不同的热力状态、物理特征和汽轮机金属特性决定了机组启动各个阶段的入炉燃料量、升温升压速率、转速升速率和负荷变化率。机组设备启动由开关量控制，而构成顺序控制，维持机炉运行参数则需用模拟量调节，而形成模拟量自动调节回路。在机组启动和停止的低负荷阶段，相对于顺序控制，模拟量调节要动态应对更多样、更复杂、更多变的运行工况。

模拟量调节的技术难点首先与PID算法的局限性直接有关。火力发电厂生产过程中模拟量调节都要用到PID，传统PID调节算法不能有效地应付非线性被控对象，而恰恰机炉启动阶段各种参数变化规律基本上都是非线性的，再与机炉热力状态交织就形成了复杂的对象特性，单纯的PID算法根本无法保证机组启动阶段模拟量自动的调节品质。

其次，与模拟量调节回路控制能力有关。按APS功能要求，模拟量自动调节回路在系统设备启动前只为人工提供一次利用M/A站投入“自动”的机会，其后，再不允许人为干预，否则也无从谈起“全自动”调节。设备系统开始运行即要求自动调节回路能够自动纠正调节器入口偏差，待偏差减小到规定范围，

PID调节器应自行转换工作方式至自动调节。这些功能，是常规的模拟量自动调节回路所不具备的。

再其次，与机炉协调控制系统（CCS）的控制范围有关。机组启动阶段，应对电网频率波动和功率需求的能力取决于锅炉和汽轮机自动控制的协调水平。锅炉燃烧投入两对油枪后，APS就要求CCS按锅炉跟随（BF）方式开始控制，机组负荷12%ECR时要转为CCS的协调控制方式（CC）。目前，火力发电厂燃煤机组常规的机炉协调控制（CC）通常要在机组负荷高于30%ECR以上才能投入。因此，模拟量调节的能力才是APS成功与否的技术难点和关键所在。

为实现APS，APS中的模拟量自动调节系统构建了全新的控制策略。采用“函数架构调节”“锅炉超前加速”（BIR）“并联PID”和“超驰控制”等算法破解传统PID的桎梏；应用“三态式M/A切换”“自动纠偏”技术完成模拟量调节回路的自举投“自动”；在CCS中创新“高旁跟随（BER FLW MODE）”控制，利用汽轮机高压旁路调节机组低负荷段的主蒸汽压力，调节机炉功率（BER FLW MODE MW CONT），延伸了CCS的BF调节范围，扩展了CCS的CC控制区间。模拟量自动调节系统的执行机构分布在各个系统的设备级，回路调节器置于单元级，机炉协调控制和燃料、给水等模拟量调节主控器（MASTER）设计在系统级。APS与MCS的主控器和回路调节器之间都有直接的指令和信息交换。

一、模拟量三态式自动调节

就变量特性而言，开关量逻辑组成顺序控制，模拟量运算实现PID调节，开关量是断续的，但SCS自动过程可以是连续的，模拟量自动调节是连续的，但常规设计的MCS“手动→自动”切换却会产生断续。这是因为MCS从“手动”投入“自动”有一个过程，首先需要人工手动调整过程参数（PV）接近给定值（SV），这种调节被定义为“纠偏”，两者的差值（Δ）减小到允许范围，再手动切换PID调节器工作方式，将模拟量调节回路从手动投到自动，PID调节才能转入“自动”。非APS的SCS顺控与MCS调节分别自成体系独立存在，相互间缺失逻辑交集，步进过程中开关量自动控制和模拟量手动操作各行其是，形成不了有机关联的整体而降低了自动控制性能。APS总体设计框架是步进程序控制，由顺序控制（SCS）与模拟量调节（MCS）两种特性不同的自动控制系统互联互动而成，在SCS连续的进程中要求MCS“无缝自动”，否则会出现顺序自动控制过程中混搭手动操作。由此APS对模拟量自动调节提出了新的功能要求，作为APS实现全自动控制的基础条件。

（一）常规模拟量调节

在火力发电厂中，维持工艺参数恒定的模拟量自动调节（MCS）是机组控制的重要组成部分，MCS通常设计有两种工作方式，“手动”和“自动”，对应两种控制状态，自动方式下的PID闭环调节与手动方式下的人工远方操作。手动工作方式转为自动工作方式必须人工切投，工作方式一经切换，控制状态和工作方式同时生效，这就决定了MCS“自动”一定要在设备和工艺系统启动运行且参数正常后才能投入，常规模拟量自动调节回路手/自动切投原理，如图7-1所示。

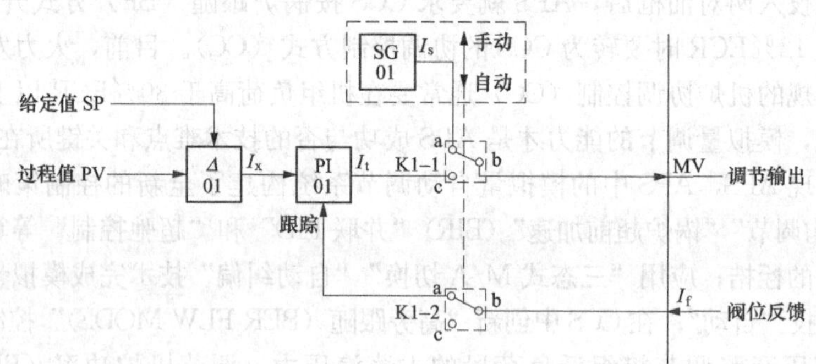

图7-1 常规模拟量自动调节回路手/自动切投原理

（二）APS的模拟量调节

随着顺序控制启动工艺系统，设备运转、参数提升，MCS需要适时投入自动调节，如果仍然采用人工切投选择工作方式，一方面开关量顺序控制在连续自动运行，而另一方面模拟量自动调节还需要经过手动调节、转换工作方式这一过程，600MW等级的燃煤机组模拟量自动调节共计有110多个回路，对APS而言，这种自动控制与手动操作混搭的状况，成为散布在APS启动进程中的一道道路梗。如果设想，把所有自动调节回路“手动投自动”的操作都安排在顺序控制启动之前，并且将“调节回路已投自动”作为顺序控制启动的必要条件，在顺序控制过程中利用DCS的控制策略让MCS自动地投“自动”，APS步进顺序控制中就再也不会出现人工操作，成为纯粹的全工况自动，APS进程也就实现了全自动的设计目标。依据这种设想，APS中设计的带有自举报自动逻辑的调节回路原理，如图7-2所示，有两种工作方式：自动和手动；三种工作状态：手动下的人工手操（MAN）、自动下的调节器自动伺服（STAND-BY）和自动调节（AUTO）。特别指出，STAND-BY功能提供了MCS实现全过程自动的机制，与带有智能化缺省自动联锁的SCS有机配合就能构建出全过程、全工况、全自动的控制，满足APS程序控制的要求。

（三）三态式调节M/A切换

三态式自动调节回路M/A操作器逻辑原理，如图7-2所示。

1. 手动工作方式

人工切换M/A操作器K1至“手动”位，K1-1和K1-2的接点a-b同时接通，恒流给定器SG01与回路输出相连，手动调节恒流给定器SG01提供输出信

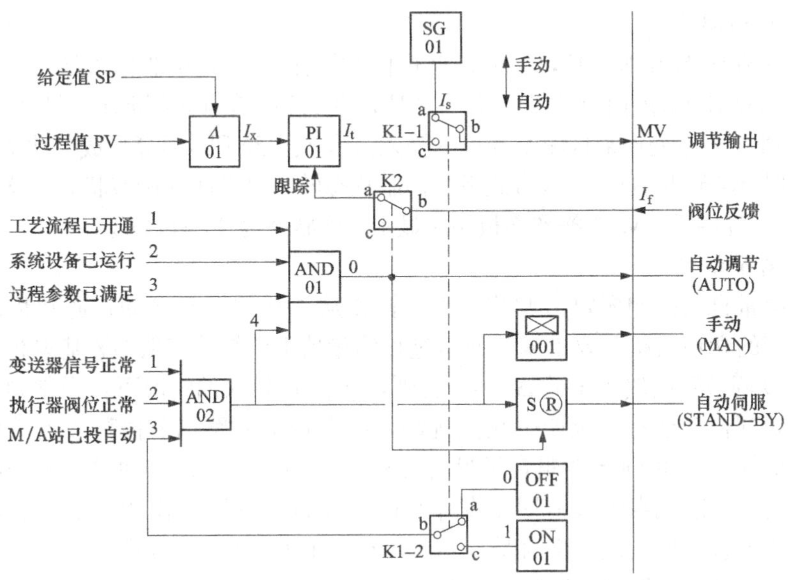

图 7-2　三态式自动调节回路 M/A 操作器逻辑原理

号 MV。数字信号给定器 OFF01 置与门 AND02 的输入端 3 为“0”，进而使 AND01 输出为“0”，控制 K2 接点 a-b 闭合，调节器 PI01 的输出 I_t 自动同步跟踪执行器开度反馈 I_f，并始终相等，反相器 NO001 输出“1”，M/A 操作面板显示“MAN”。

2. 自动伺服（STAND-BY）

人工切换 M/A 操作器 K1 至“自动”位，K1-1 和 K1-2 的接点 b-c 同时闭合，K1-2 接通数字信号给定器 ON01，与门 AND02 的输入端 3 被置成“1”，K1-1 接通调节器输出 I_t 即为 MV，但 I_t 输出的是“自动调节”还是“同步跟踪”，要视条件逻辑运算结果，根据 AND01 输出状态而定。条件逻辑分两个层级，第一级为自动设备品质条件，取自组成调节回路的自动化仪表和控制装置，如热工信号测量变送器、被控对象调节执行机构和 DCS 过程控制 I/O 卡件等的工作状态，作为与门 AND02 的输入。第二级为工艺设备运行状态条件，用诸如动力设备、管路阀门、泵或风机的运行状态，以及机组运行参数等表示，输入至与门 AND01。如果装置条件符合，则 AND02 输入 1、2 端均为“1”，输入端 3 已经在“1”状态，AND02 的输出即 AND01 的输入端 4 则为“1”，而工艺条件若不足，AND01 输出为“0”，K2 的接点 a-b 仍将闭合，调节器依旧维持同步跟踪 I_f。这种工作状态定义为“自动伺服”（STAND-BY），调节回路自动工作方式下的伺服状态，M/A 操作面板显示“STAND-BY”。MCS 调节回路在自动伺服工作状态既不能手动操作也不能自动调节。当然，另外设计有超驰控制功能的除外。

3. 自动调节

当AND02输出为“1”，工艺条件也同时满足，AND01的输入端1、2、3都为“1”，AND01的输出被逻辑举升为“1”，令K2的接点a-b断开，跟踪被切除，调节器PI01开始处理来自偏差Δ01的输入信号I_x，经PID运算形成自动调节输出MV，即从调节回路自动工作方式下的伺服状态转为自动闭环调节状态，这个逻辑过程称为“自举”。M/A操作面板相应显示工作状态为“AUTO”。

4. 自举纠偏

模拟量自动控制属定值调节，人工操作从手动切换到自动，通常都规定有一个适当的切换时机，要求调节回路过程测量值PV与给定值SV基本相等，也就是PID调节器的输入偏差Δ≈0。否则，在Δ值较大的情况下，强制调节回路从手动切到自动会对系统产生较大扰动，甚至造成回路调节振荡或发散而引发不安全事件。采用DCS逻辑自举投自动时会遇到与人工投自动时完全相同的问题，因此，三态式自动调节回路设计有能够在自动伺服工作状态下平稳转向自动调节的无扰切换功能，也就是三态式自动调节的“自举纠偏”。

（四）三态式调节的特点

（1）由于采用了控制装置品质条件及工艺设备状态条件自举转换自动调节回路的工作方式，模拟量调节回路从手动到自动的过程经过一次人工操作和两次逻辑自举。人工操作属于“硬”触发，在DCS操作员站的M/A操作面板上完成。逻辑自举由控制逻辑完成，分两级“软”实现。因此，三态式MCS在工艺设备与系统尚未启动之前就可投入自动方式，处于伺服（STAND-BY）工作状态。

（2）选择STAND-BY作为允许APS顺序控制系统启动的必要条件，顺序控制设备状态作为APS模拟量三态式自动调节工作方式转换和自举纠偏的充要条件，APS中的顺序控制和模拟量调节就结成了互动的关联体。顺序控制系统启动工艺设备后，模拟量自动调节回路的“自举纠偏”逻辑，会自动地将MCS的控制水平从自动伺服提升到自动调节，避免了顺控自动与模拟量调节回路投自动阶段互不关联造成的手动、自动混搭现象。

（3）模拟量“三态式”自动调节回路的M/A站和PID调节器在自动工作方式上功能是分离的。M/A站从手动切换到自动，并不意味着PID调节器就从跟踪状态直接转换到自动调节方式，只表明M/A站逻辑已转为AUTO工作方式，在逻辑内部断开了手动操作给定信号，已不能实施手动操作，M/A站接通了PID调节回路，其输出等于PID调节器的输出，至于调节器输出是PID对输入偏差的运算结果还是调节器的手动/自动同步跟踪输出，取决于PID调节器跟踪开关的状态。在图7-2中，K2=“0”，a-b接通，调节器就处于跟踪状态；K2=“1”，a-b断开，调节器转为自动调节。K2的开关状态由“三态式”自动调节回路自举逻辑控制。

（4）STAND-BY具备设备自检功能。控制装置品质条件逻辑能够在顺控系统

启动之前自检本回路的检测仪表、控制装置是否正常。自检项目和逻辑控制如下。

（1）DCS逻辑自检调节回路的PV信号、执行机构及关联设备的品质。

（2）符合品质要求，M/A站切入“自动”，调节回路转为自动STAND-BY状态。

（3）任一装置出现异常则无法进入STAND-BY，仍维持在“手动”，并发出安全警示。

二、常规/APS模拟量调节对比

STAND-BY设备自检功能的优点是常规自动调节回路所不具备的，三态式自动调节回路通过M/A站手动投自动的时机在工艺系统设备启动之前，M/A站人工手动切换自动过程中可利用自举逻辑提早发现热控装置异常。因为一旦出现异常，自动调节回路就被锁定在“手动”状态，对引入了模拟量自动调节回路STAND-BY工作方式作为启动条件的SCS系统将无法启动，能及时提醒检修人员消除故障，可有效地避免在工艺系统已经运转起来后才发现自动调节装置存在缺陷而中断APS顺控进程，保证机组启动过程的正常节奏和效率。

模拟量调节常规与APS设计功能对比，见表7-1。

表7-1　　模拟量调节常规与APS设计功能对比

控制功能	逻辑功能	常规设计	APS设计
模拟量调节	工作状态	（1）手动远方操作	（1）手动远方操作
		（2）自动回路调节	（2）自动回路调节
			（3）自动伺服（STAND-BY）控制
	PV≈SV纠偏方式	人工判定、手动操作	超驰逻辑、自举纠偏
		（1）人工目测手动调节	（1）工艺系统顺控启动过程中，STAND-BY伺机超驰开环纠偏至$\Delta\approx0$，逻辑自动投AUTO转PID闭环控制，自动平衡双侧调节
			（2）工艺系统顺控启动完成后，STAND-BY即投AUTO，闭环超驰纠偏至$\Delta\approx0$，转PID控制，自动平衡双侧调节
	M/A切换方式	（1）手动MMI切换MAN→AUTO	（1）手动MMI切换MAN→AUTO
			（2）回路自举逻辑MAN→STAND-BY
			（3）工艺系统逻辑STAND-BY→AUTO
	M/A切换时机	工艺系统启动后，$\Delta\approx0$，人工操作	工艺系统启动前，人工操作，无须考虑$\Delta\approx0$

三、智能化自举纠偏

从自动调节原理可知，被控对象不同阶段的过程变化，MCS 回路调节器的 PID 参数、执行机构输出特性和测量信号转换特性对调节品质都有一定的适用范围和针对性，换一个角度说就是局限性。MCS 自动调节回路的各项参数通常都是按照机组 85%ECR 负荷的正常运行方式整定的。工艺系统启动后的初始阶段，自动调节回路中的 PV 值与 SV 值存在较大偏差，如果直接将工作方式从手动或 STAND-BY 切换至自动，负反馈自动调节回路会进入长时间纠正调节器入口偏差（Δ）的过渡过程，并且可能产生大幅振荡，乃至不能收敛而危及系统安全，这也是在电厂技术规程中规定 MCS 回路从手动投自动要求 Δ≈0 的根本原因。APS 三态式自动调节专门设计了自举纠偏功能来符合“MCS 回路从手动投自动 Δ≈0”的要求，自举纠偏功能基本上是模拟人工调节 PV 值趋近 SV 值的过程，由 DCS 逻辑实现，替代了常规模拟量自动回路投自动过程的人工纠偏调节。自举纠偏逻辑的基本原理为超驰控制，将准备进入自动调节工作方式的 MCS，自动地平滑导向 AUTO 方式，实现 MCS 自动的无扰投“自动”。根据 MCS 回路不同特性，可在 MCS 回路伺服方式下进行开环自举纠偏或 MCS 回路已切换为自动调节工作方式的初始阶段进行闭环自举纠偏，从而确保调节回路自动的无扰手动/自动切换。

（一）STAND-BY 开环自举纠偏

工艺系统设备运转之前，MCS 的 M/A 站即可由手动投切至自动，三态式 MCS 调节回路工作方式转入自动伺服（STAND-BY），设备系统由顺序控制启动。纠偏逻辑检测到设备系统正常运转后即开始超驰纠偏控制，在调节回路伺服状态下给定自动调节回路执行机构的目标值与动作速率，调节 PV 值趋向 SV 值，当纠偏逻辑监测到 PV 值与 SV 值的偏差小于规定值时（如 SV 值的±3%），纠偏逻辑就判定 Δ=0，作为 MCS 调节回路从 STAND-BY 向 AUTO 的切换时机，三态式切换逻辑即时把模拟量调节回路从 STAND-BY 成功转为 PID 闭环自动控制。这和人工投自动的操作方法完全一样，只不过人工靠眼睛来观察，通过大脑思维判断，用手去操作。而计算机自动控制系统模拟人工操作，转换为逻辑条件的运算和判定自动地把调节回路无扰切换到 AUTO 工作方式。

（二）PID 闭环自举纠偏

除在 MCS 的 STAND-BY 方式下开环自举纠偏外，还有一种 PID 调节闭环自举纠偏。例如，锅炉汽包水位自动调节回路由给水主调节器（Master）、电动给水泵和汽动给水泵（A、B）纠偏回路、电动给水泵和汽动给水泵（A、B）给水流量副调节器组成。闭环自举纠偏就是所谓的给水泵并列（SERVICE IN）、

解列（SERVICE OUT）控制，由于有一台泵已在运行中，而且工作在自动调节方式下，那么，并入的第二台泵或解列的第一台泵，也必须在自动调节方式下工作。解列给水泵的调节器原本就工作在“自动”，所以也就不需要从STAND-BY切换成AUTO。而给水泵并列操作，给水流量调节器（副调）肯定要先从ST-BY切换成AUTO，才能参与并列。无论给水泵并列或解列，都是调节给水流量调节器的SV值按一定速率平稳趋向并列给水流量目标值，当给水主调给水流量目标值与副调SV值相匹配时，纠偏过程结束转入新的稳定调节状态。

给水泵给水流量调节回路并（解）列的纠偏控制和风烟系统的送、引风调节回路伺服投自动的纠偏控制有较大差别。锅炉给水自动调节回路的自举纠偏，主副调节器都工作在闭环自动方式，自动地纠正给水泵流量调节器入口输入偏差，自动地校正给水Master的输出，平衡给水泵流量调节器的给定值。送风自动调节回路的自举纠偏则在调节器自动伺服工作方式下，开环调节缩小送风调节器入口偏差，自动地把送风调节回路从STAND-BY投至AUTOMATIC。

第八章 APS的锅炉风烟系统自动调节

锅炉风烟系统模拟量自动调节主要由锅炉送风调节和引风调节回路组成，引风调节回路维持锅炉炉膛负压，送风调节控制入炉助燃风量。

一、引风自动工作原理

引风自动调节回路的工作方式采用“三态式”设计，自举纠偏手动投自动。控制功能符合APS系统对模拟量自动调节的要求。引风自动采用单级PI调节，一拖二方式控制A、B引风调节输出回路的M/A操作站，A、B两个引风自动调节回路共用一个引风PI调节器。

引风自动PID调节原理，如图8-1所示。

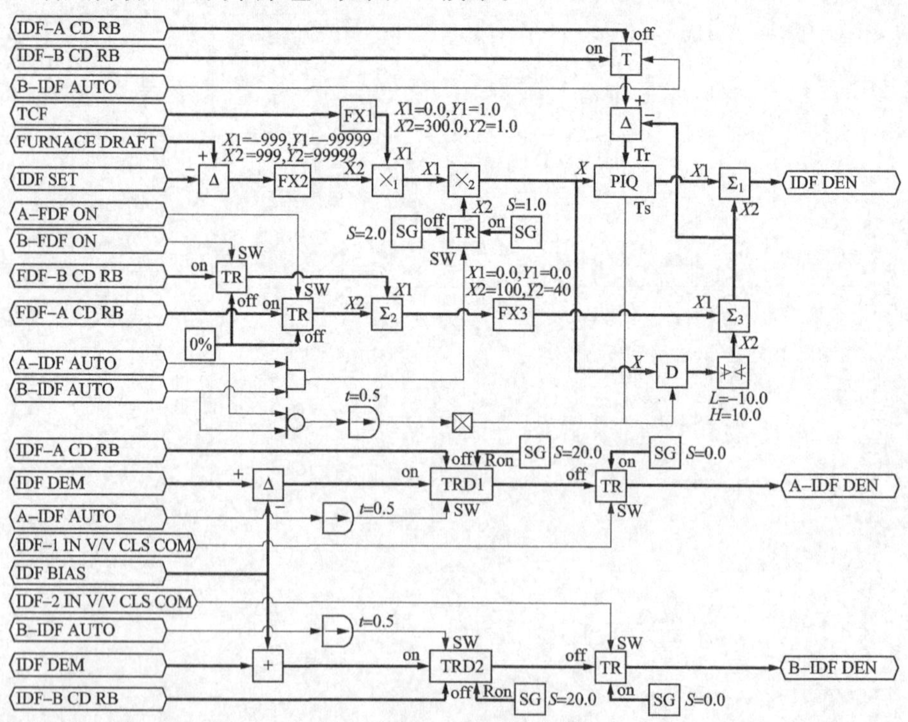

图8-1 引风自动PID调节原理

（一）引风自动输入偏差

引风自动输入偏差（Δ）＝锅炉炉膛负压（FURNACE DRAFT）－炉膛负压给定（IDF SET）

（二）引风自动信号流程

锅炉炉膛负压信号与炉膛负压给定信号的偏差顺序经过一个函数发生器和两个乘法器，作为引风PID调节器的输入信号。函数发生器FX2把偏差值放大10倍，输出斜率＝Y/X＝10，并把偏差值校正为线性输出。FX2输出作为乘法器“$\times_1$”的乘数，被乘数来自函数FX1，转换来自经过热量修正后的锅炉总煤量（TCF），用于消除锅炉燃烧变化对引风调节产生的内部扰动。引风机自动投运台数的增益进入乘法器“$\times_2$”对偏差做进一步修正，两台引风机都投自动（A-IDF AUTO & B-IDF AUTO），比例系数为1，只有一台引风机投自动，比例系数选择2，用于维持引风PID调节回路自动调节品质，不因风机数量不同而改变引风调节的输出特性。引风机PID调节器输出有一加法器（Σ_1），引入动态超前信号，由来自A、B送风调节输出指令反馈之和经函数（FX3）转换后与引风自动调节器入口偏差的微分信号（D）经加法器Σ_3相加得出。送风调节回路输出在引风调节回路动态超前信号中起到主导作用，引风调节可看成与送风自动形成随动控制。引风调节器（PIQ）应用了比例、积分运算，没有使用PID调节器内部的微分功能，而是采用了一个独立的微分器（D）与引风调节器（PIQ）并联，微分作用与调节器比例、积分输出相加，这样设计能单独调整微分超前信号强度，而且微分和比例、积分参数整定互不影响，利于引风调节现场试验整定。

（三）A引风自动伺服与调节

引风自动调节STAND-BY&AUTO，如图8-2所示。

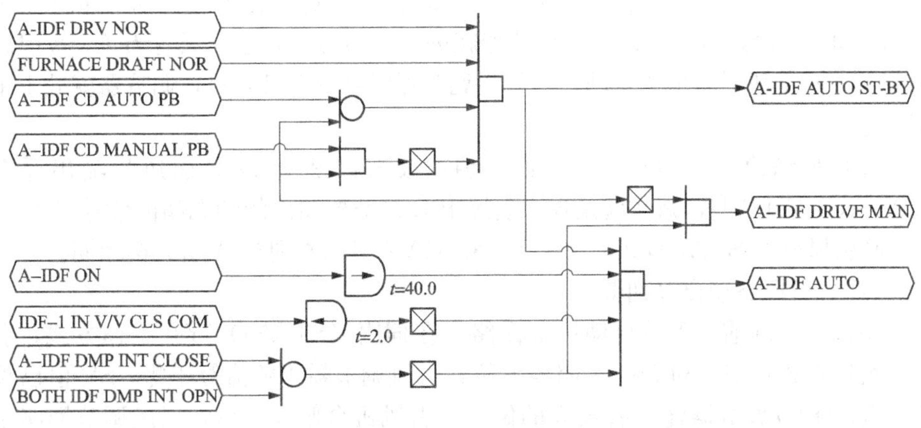

图8-2 引风自动调节STAND-BY& AUTO

1. 自动伺服（STAND-BY）

A引风机自动调节回路在伺服（A-IDF AUTO ST-BY），要同时满足以下4个条件。

(1) A引风自动调节回路输出控制正常（A-IDF DRV NOR）。

(2) 炉膛负压变送器工作正常（FURNACE DRAFT NOR）。

(3) A引风自动M/A站自动按键（A-IDF CD ATUO PB）已触发。

(4) A引风自动M/A站手动按键（A-IDF CD MANUAL PB）未触发。

2. 自动调节（AUTO）

A引风机自动调节回路已投自动工作方式，同时满足以下4个条件。

(1) A引风机自动调节回路已在伺服方式（A-IDF AUTO ST-BY）。

(2) A引风机合闸（A-IDF ON）已超过40s。

(3) 无"A引风机动叶关闭到0%（not，IDF-1 IN V/V CLS COM）"的指令。

(4) 既无"B启A停，A引风机动叶关闭到0%（A-IDF DMP INT CLOSE）"的指令，也无"A、B全停两台引风机动叶全都开至100%保持130s（BOTH IDF DMP INT OPN）"的指令。

3. 手动（MAN）

A引风机自动调节回路手动工作方式，同时满足以下2个条件。

(1) A引风机自动调节回路非伺服工作方式。

(2) 既无"B启A停，A引风机动叶关闭到0%"指令，也无"A、B全停两台引风机动叶全都开至100%保持130s"的指令。

4. 引风PID调节器的跟踪

Ts是PID调节器的跟踪开关，Tr是跟踪值。

(1) 跟踪开关Ts。只要A或B引风调节任一回路满足"自动"条件超过0.5s，调节器跟踪开关Ts=0，调节器就进入自动调节状态。只有当A、B引风调节两个回路都不满足"自动"条件，调节器跟踪开关Ts=1，调节器就处于跟踪状态。

(2) 跟踪值Tr。Tr是一个偏差值，被减数是A或B引风机输出反馈[IDF-A(B)CD RB]，减数就是加入引风PID调节器输出的动态超前信号。

B引风机的STAND-BY、AUTO和MAN工作原理与A引风机相同。

（四）引风自动自举纠偏

引风机合闸前，引风自动调节回路已在伺服（STAND-BY）工作方式，引风系统顺控指令引风机动叶关闭至零位，引风调节器PV值等于零，SV值已设定，此时PID调节器输入有较大的偏差。引风机合闸40s后，引风调节回路工作方式由伺服转为自动，调节器由跟踪转为PID自动调节。为控制引风自动投入初始阶段因调节器输入偏差过大而引发调节回路大幅波动，在引风调节器输

出设有“超驰纠偏”功能，如图 8-1 所示，以 A 引风调节回路为例进行说明。引风调节回路工作方式转为 ATUO，指令 A-IDF AUTO 切换 TRD1 的输入，从端口 off 转换到端口 on，微分切换器 TRD1 超驰开环控制，A 引风机动叶开度从动叶反馈信号 IDF-A CD RB＝0 向 IDF DEM 目标值变化，引风机动叶按 20％/min 速率开大，调节器入口偏差逐步减小，这一过程在 IDF-A CD RB＝IDF DEM-(IDF BIAS) 时，纠偏过渡过程结束，由于采用的是微分切换器，在自动纠偏过程中，调节器对锅炉炉膛负压的闭环控制也实时加入端口 on 去修正目标值，这样就避免了固定斜率切换器无法反映目标值的动态变化而循环产生新的偏差延宕纠偏的过程。

二、送风自动工作原理

（一）概述

送风自动调节回路按照“三态式自举纠偏无扰投自动”的功能设计送风调节 STAND-BY 与 AUTO，如图 8-3 所示。回路由一个 PID 调节器和 A、B 两个送风机 M/A 站组成一拖二的单级送风自动调节系统。自举纠偏无扰投自动的回路设计在 PID 调节器和 M/A 站之间，送风调节自动实施无扰纠偏时，调节回路工作方式在 STAND-BY 状态下，回路纠偏采用超驰控制，当调节器入口偏差被调节到小于规定值时，三态式控制逻辑自动地把送风调节回路从 STAND-BY 状态自举到 AUTO 方式。PID 调节器跟踪开关 Ts 被控制逻辑断开后，调节器的输入由跟踪值 Tr 转为送风调节器入口偏差，送风 PID 调节器开始闭环自动调

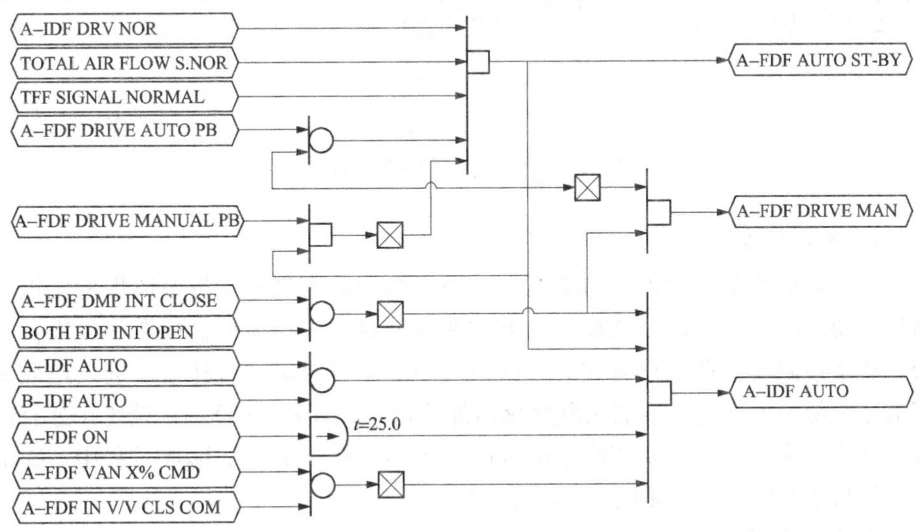

图 8-3　送风调节 STAND-BY 与 AUTO

节。不过，虽然调节器入口的偏差接近等于零，纠偏过程并未最后结束。这是因为调节器入口偏差是锅炉总风量与调节回路给定风量的代数和，而总风量主要由A、B两台送风机风量相加得出，由于A、B两侧送风机先后顺序启动，纠偏过程是开环控制，所以A、B送风机的风量并不相同，而且两者风量相差较大，这种A、B送风机风量不平衡的运行工况，送风自动是无法正常工作的。因此，在送风调节回路闭环调节的初始阶段，还要进行一次A、B送风机风量的自动平衡纠偏，控制先启动的送风机按一定速率向调节器输出值关小动叶，后启动的送风机按同样速率向调节器输出值开大动叶，最后实现两台送风机的风量基本相等，而送风调节器闭环控制维持总风量等于给定风量。

（二）送风自动信号流程

送风自动调节回路为单级自动PID调节器，自动调节回路的偏差由送风给定信号（FDF SV）和总风量信号（TOTAL AIR FLOW）的代数和得出，偏差信号先后经过两个乘法器修正，然后输入PID调节器。送风自动PID调节原理，如图8-4所示。

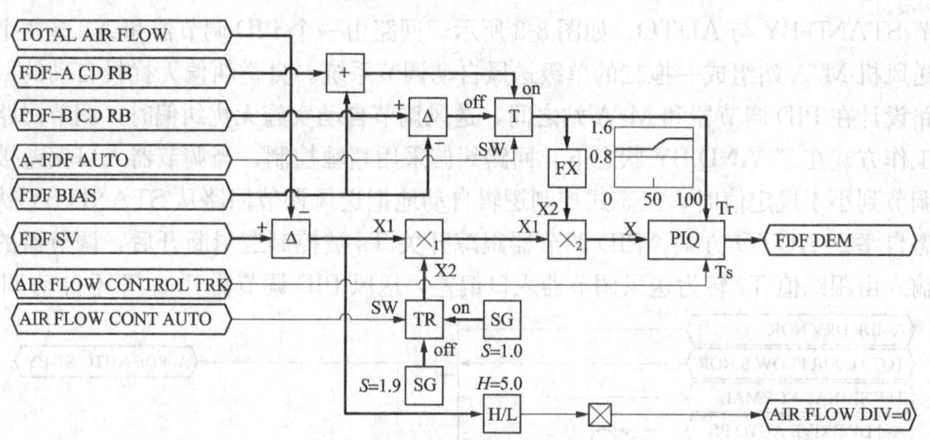

图8-4　送风自动PID调节原理

1. 送风自动给定

送风自动调节给定值（FDF SV），源于锅炉的燃料量，按照风煤配比把燃料量转换成给定风量，当燃烧控制方式在自动时，选择锅炉目标燃料量进行转换，燃烧控制非自动工作方式时，选用入炉煤总燃料量进行转换。进入送风调节器作为给定值之前还要加入风量超前加速信号（BIR AIR），并且要经过氧量校正才能成为送风自动调节给定值（FDF SV）。在FDF SV形成过程中，锅炉最低风量被限定为总风量的30.4%。

2. 锅炉总风量

锅炉总风量（TOTAL AIR FLOW）＝A送风机出口风量（FDF-A DIS-

CHARGE FLOW）+B送风机出口风量（FDF-B DISCHARGE FLOW）

3. 送风调节器偏差

送风自动调节偏差（AIR FLOW DIV）=送风给定值（FDF SV）−锅炉总风量（TOTAL AIR FLOW）

4. 偏差修正

（1）送风自动调节偏差（AIR FLOW DIV）至调节器入口，中间设计有两个乘法器对偏差信号进行修正。

（2）乘法器"$\times_1$"根据送风调节自动投入的回路数来修正"传递系数"，当两个送风调节回路同时自动工作方式并列运行时，传递系数为1.0；只有一个送风调节回路自动运行时，传递系数为1.5。

（3）乘法器"$\times_2$"修正执行器开度的非线性。修正系数由A、B送风调节"自动"（A/B-FDF AUTO）对应选择来自A、B送风机动叶开度反馈（FDF A/B CD RB）与送风调节偏置（FDF BIAS）的代数和，通过函数变换后与调节器偏差再次相乘。

5. 送风自动同步跟踪

送风PID调节器跟踪切换开关信号（AIR FLOW CONTROL TRK）有效的逻辑条件：A或B送风机只要有1台在"自动"，送风调节器就不再跟踪，两台送风机都不在"自动"且超过0.5s，送风调节器则在跟踪状态。B送风调节输出反馈与送风偏置的代数和作为送风调节器跟踪输入信号。

6. 偏差监测（AIR FLOW DIV=0）

利用高/低限报警监视器对送风自动调节偏差进行监测，当总风量接近送风自动调节给定值偏差且小于5%，即发出信号：风量偏差等于零（AIR FLOW DIV=0），自动无扰纠偏逻辑复位，送风调节由STAND-BY自举为AUTO。

（三）A送风自动伺服与调节

1. A送风自动伺服（A-FDF STAND-BY）

同时满足以下6个条件。

（1）模拟量系统自动调节不在手动方式（not，MCS MANUAL MODE）。

（2）A送风自动调节输出控制正常（A-FDF DRV NOR）。

（3）总风量信号正常（TOTAL AIR FLOW S. NOR）。

（4）总燃料（煤+油）信号正常（TFF SIGNAL NORMAL）。

（5）A送风自动M/A站自动按键（A-FDF DRIVE AUTO PB）已触发。

（6）A送风自动M/A站手动按键（A-FDF DRIVE MANUAL PB）未触发。

2. A送风自动调节（A-FDF AUTO）

同时满足以下5个条件。

（1）既无"关闭A送风机动叶（not，A-FDF DMP INT CLOSE）"指令，

也无“全开两台送风机动叶（not，BOTH FDF INT OPEN）”指令。

（2）A送风自动在伺服（A-FDF AUTO ST-BY）。

（3）引风调节A或B已投“自动”[（A-IDF AUTO）or（B-IDF AUTO）]。

（4）A送风机合闸已超过25s（A-FDF ON，$t=25.0$）。

（5）既无“A送风机动叶开度X%（not，A-FDF VAN X% CMD）”指令，也无“关闭A送风机动叶（not，A-FDF IN V/V CLS COM）”指令。

（四）送风调节自举纠偏

送风调节“自举纠偏回路”设计在送风调节器输出（FDF DEM）与A、B送风机M/A站之间，送风自动调节自举纠偏无扰投自动的过程分为两个阶段。送风调节回路自举纠偏逻辑原理，如图8-5所示。

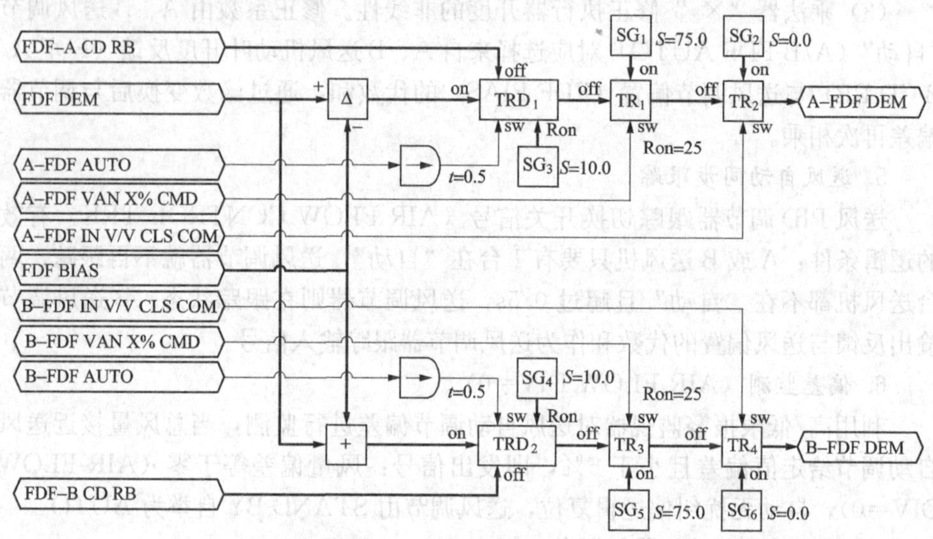

图8-5　送风调节回路自举纠偏逻辑原理

第一阶段在送风调节自动伺服（STAND-BY）工作状态下，送风PID调节器在跟踪方式（Ts），还不能自动调节，入口偏差（Δ）需要应用“自举纠偏回路”开环纠正。以A送风调节为例（图8-5的上半部），自动/跟踪切换器（TRD_1）和纠偏定值切换器（TR_1）位于送风PID调节器输出和A送风调节M/A站输入之间，纠偏定值切换器（TR_1）的一路输入（TR_1，off）取自动/跟踪切换器（TRD_1）的输出，另一路输入（TR_1，on）就是A送风自动调节回路自举纠偏给定信号（SG_1，S=75）。纠偏定值切换器（TR_1）的输出是去A送风调节回路M/A站的“A-FDF DEM”，A送风自动调节回路伺服工作方式下，M/A站已在“自动”状态，直接输出A-FDF DEM调节A送风机的风量。自动/跟踪切换器（TRD_1）两个输入信号的切换由指令A-FDF AUTO控制，送风自动调节工作在“自动”时，TRD_1接通输入端“on”，接入送风调节器输出（FDF

DEM）与送风自动调节偏置信号（FDF BAIS）的代数和。否则，TRD_1接通输入端“off”，TRD_1的输出就是A送风机动叶开度反馈（FDF-A CD RB）。纠偏定值切换器（TR_1）接到指令“A送风机动叶开度至X%（A-FDF VAN X% CMD)”，开关SW接通TR_1的“on”输入端，A送风自动调节自举纠偏给定信号设定送风机动叶目标开度在75%，开启速率为25%/min，随着A送风机风量逐渐加大，反馈到送风自动调节器入口的偏差（FDF FLOW DIV）相应减小。送风调节器入口的偏差一直被高/低报警监视器（H/L）监测，当锅炉总风量与送风调节SV值偏差（AIR FLOW DIV＝FDF SV－TOTAL AIR FLOW）小于5%时，监视器便发出“偏差为零”的信号（FDF FLOW DIV＝0），触发纠偏定值切换器（TR_1）接通输入端“off”，与此同时，自动伺服（STAND-BY）的送风调节器经逻辑自举转换为自动调节（AUTO），自动/跟踪切换器（TRD）接通“on”端，送风调节回路开始自动调节，无扰自举纠偏进入第二阶段。

第二阶段为送风机自动调节在维持送风总量基本不变的情况下纠正两台送风机之间的风量偏差。由于锅炉两侧A、B送、引风机启动有先后，风量有大小，为保证锅炉正常运行，A、B送风调节回路的自动/跟踪切换器（TDR_1、TDR_2）按10%的速率调节A、B送风机风量趋向FDF DEM，直至A、B两侧送风机的风量达到平衡。

三、锅炉风烟系统顺序控制

（一）锅炉风烟系统顺控启动

锅炉风烟系统顺序控制接受APS的导引，锅炉风烟系统顺序控制的工作方式在“自动”是APS投入的充要条件之一。

1. 锅炉风烟系统顺控启动

锅炉风烟系统顺控启动步序操作画面，如图8-6所示。

（1）系统自动控制指令（AUTOMATIC COMMAND）。风烟系统顺序控制主控器接到的自动启动命令来自APS机组启动第3阶段，炉膛吹扫&锅炉点火（FURNACE PURGE & LIGHT-OFF BP）节点的步序逻辑第4步发出的指令：锅炉风烟系统启动（AIR GAS DRAFT GROUP“ON”）。

（2）顺控系统启动许可条件（PERMISSIVE CONDITIONS）。同时满足以下8个条件。

1）冷却水系统已投入（COOLING WATER COMPLETED）。

2）A送风单元顺控已在自动（SG A-FDF AUTO MODE）。

3）B送风单元顺控已在自动（SG B-FDF AUTO MODE）。

4）A引风单元顺控已在自动（SG A-IDF AUTO MODE）。

5）B引风单元顺控已在自动（SG B-IDF AUTO MODE）。

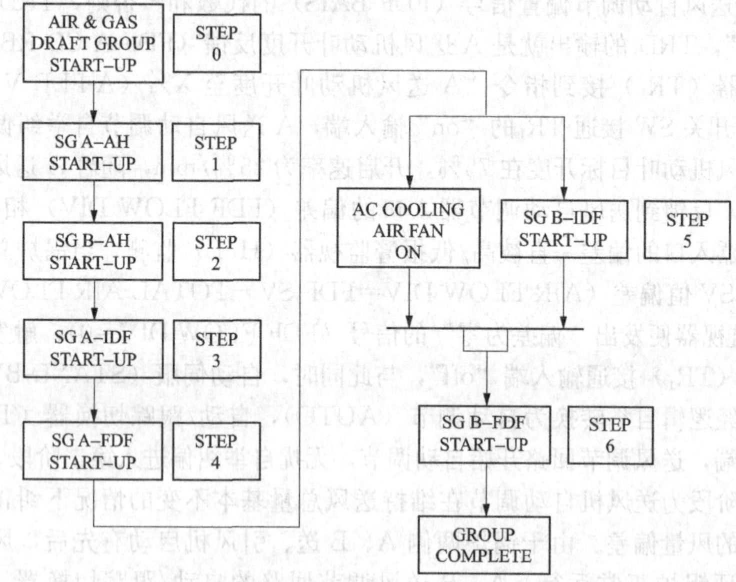

图 8-6　锅炉风烟系统顺控启动步序操作画面

6）A 空气预热器单元顺控已在自动（SG A-AH AUTO MODE）。

7）B 空气预热器单元顺控已在自动（SG B-AH AUTO MODE）。

8）火检交流冷却风机已在自动（AC COOLENG AIR FAN AUTO MODE）。

（3）指令输出。顺控启动锅炉风烟系统（FG AIR & GAS DRAFT "ON"）。

（4）系统顺控启动步序如下。

1）STEP 0：接到主控器发来系统启动命令（AIR & GAS DRAFT GROUP START-UP）。

2）STEP 1：单元顺控启动 A 空气预热器（SG A-AH START-UP）。

3）STEP 2：单元顺控启动 B 空气预热器（SG B-AH START-UP）。

4）STEP 3：单元顺控启动 A 引风机（SG A-IDF START-UP）。

5）STEP 4：单元顺控启动 A 送风机（SG A-FDF START-UP）。

6）STEP 5：单元顺控启动 B 引风机（SG B-IDF START-UP）& 启动火检交流冷却风机（AC COOLINT AIR FAN "ON"）。

7）STEP 6：单元顺控启动 B 送风机（SG B-FDF "ON"）。

2. 单元顺控启动 A 空气预热器

（1）系统自动控制指令（AUTOMATIC COMMAND）。单元顺控启动 A 空气预热器（SG A-AH "ON"），来自锅炉风烟系统顺控启动步序逻辑第 1 步。

（2）顺控系统启动许可条件（PERMISSIVE CONDITIONS）。同时满足以下 4 个条件。

1）冷却水系统已投入（COOLING WATER COMPLETED）。

2）A 空气预热器已在自动（A-AH AUTO MODE）。

3）A1 润滑油泵已在自动（A1-AH LUBE OIL PUMP AUTO MODE）。

4）A2 润滑油泵已在自动（A1-AH LUBE OIL PUMP AUTO MODE）。

（3）指令输出。顺控启动锅炉空气预热器系统（SG A-AH “ON”）。

（4）单元顺控启动步序。

1）STEP 0：接到风烟系统步序逻辑发来单元启动命令（SG A-AH START-UP）。

2）STEP 1：A1 或 A2 润滑油泵合闸［A1（or A2）-AH LUBE OIL PUMP “ON”］。

3）STEP 2：A-AH 合闸（SG A-IDF “ON”）。

3. 单元顺控启动 A 引风机

（1）系统自动控制指令（AUTOMATIC COMMAND）。单元顺控启动 A 引风机（SG A-IDF START UP），来自锅炉风烟系统顺控启动步序逻辑第 3 步。

（2）顺控系统启动许可条件（PERMISSIVE CONDITIONS）。同时满足以下 10 个条件。

1）A 空气预热器启动已完成（SG A-AH ON END STATE）。

2）B 送风机出口挡板在自动（B-FDF OUTLET DAMP AUTO MODE）。

3）A 引风机在自动（A-IDF AUTO MODE）。

4）引风机 A1 冷却风机在自动（A1-IDF COOLING AIR FAN AUTO MODE）。

5）引风机 A2 冷却风机在自动（A2-IDF COOLING AIR FAN AUTO MODE）。

6）引风机 A1 控制油泵在自动（A1-IDF CONT. OIL PUMP AUTO MODE）。

7）引风机 A2 控制油泵在自动（A2-IDF CONT. OIL PUMP AUTO MODE）。

8）A 引风机出口挡板在自动（A-IDF OUTLET DAMP AUTO MODE）。

9）A 空气预热器入口烟气挡板在自动（A-AH INLET GAS DAMP AUTO MODE）。

10）B 空气预热器出口二次风出口挡板在自动（B-AH OUTLET 2RY AIR DAMP AUTO MODE）。

（3）指令输出。单元顺控启动锅炉空气预热器（SG A-AH “ON”）。

（4）单元顺控启动步序。锅炉引风单元顺控启动步序操作画面，如图 8-7

所示。

1）STEP 0：接到风烟系统步序逻辑发来单元启动命令（SG A-IDF START-UP）。

2）STEP 1：A1 或 A2 冷却风机合闸［A1（or A2）-IDF SEAL AIR FAN “ON”］。

3）STEP 2：A1 或 A2 控制油泵合闸［A1（or A2）-IDF CON. OIL PUMP “ON”］。

4）STEP 3：同时完成以下控制，建立通风风道。

a. 关闭 A 引风机出口挡板（A-IDF OUTLET DAMP “CLOSE”）。

b. 指令去引风自动调节关闭 A 引风机动叶到 0%（A-IDF BLADE “ANGLE 0%”）。

c. 打开 A 空气预热器烟气入口挡板（A-AH INLET GAS DAMP “OPEN”）。

d. 打开 B 送风机出口挡板（B-FDF OUTLET DAMP “OPEN”）。

e. 打开 B 空气预热器出口二次风挡板（B-AH OUTLET SECOND AIR DAMP “OPEN”）。

5）STEP 4：A 引风机合闸（A-IDF “ON”）。

6）STEP 5：开启 A 引风机出口挡板（A-IDF OUTLER DAMP “OPEN”）。

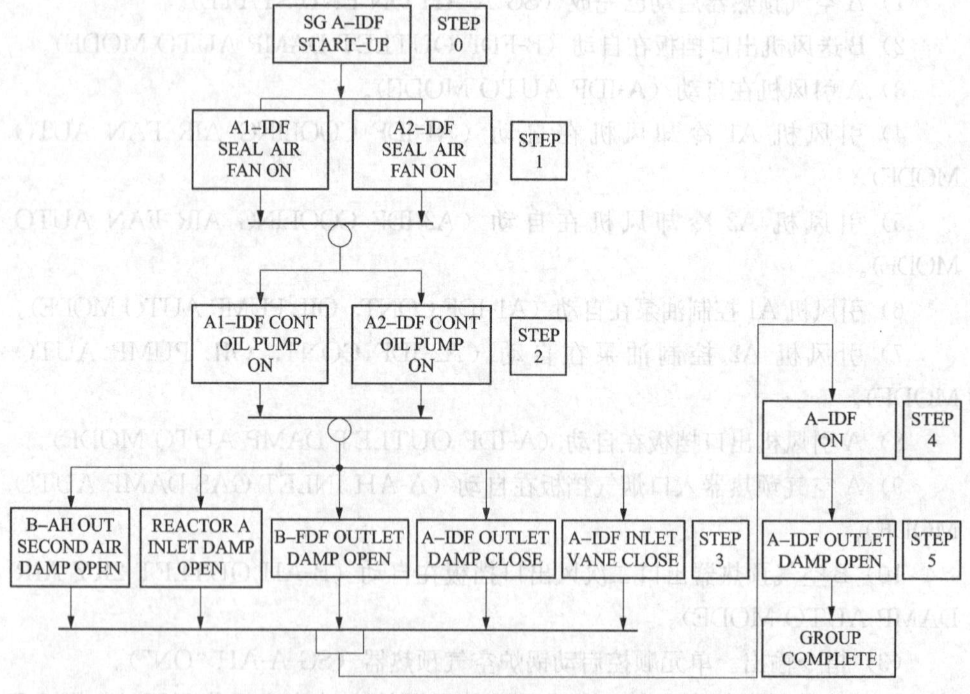

图 8-7　锅炉引风单元顺控启动步序操作画面

4. 单元顺控启动 A 送风机

(1) 系统自动控制指令（AUTOMATIC COMMAND）。单元顺控启动 A 送风机（SG A-FDF START UP），来自锅炉风烟系统顺控启动步序逻辑第 4 步。

(2) 顺控系统启动许可条件（PERMISSIVE CONDITIONS）。同时满足以下 7 个条件。

1) A 空气预热器已完成启动（SG A-AH ON END STATE）。

2) A 引风机启动已完成（SG A-IDF ON END STATE）。

3) A 送风机在自动（A-FDF AUTO MODE）。

4) A1 送风机控制油泵在自动（A1-FDF CONT. OIL PUMP AUTO MODE）。

5) A2 送风机控制油泵在自动（A2-FDF CONT. OIL PUMP AUTO MODE）。

6) A 送风机出口挡板在自动（A-FDF OUTLET DAMP AUTO MODE）。

7) A 空气预热器出口二次风挡板在自动（A-AH OUTLET 2RY AIR DEMP AUTO MODE）。

(3) 指令输出。单元顺控启动送风机（SG A-FDF "ON"）。

(4) 单元顺控启动步序。锅炉送风单元顺控启动步序操作画面，如图 8-8 所示。

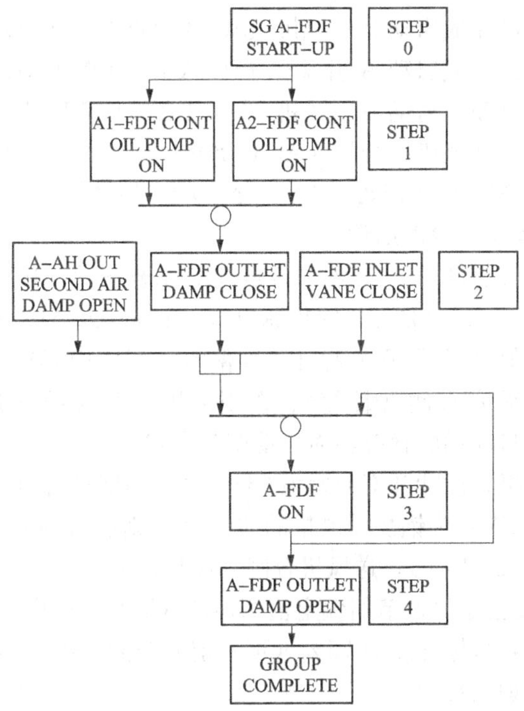

图 8-8 锅炉送风单元顺控启动步序操作画面

1）STEP 0：接到风烟系统步序逻辑发来单元启动命令（SG A-FDF START-UP)。

2）STEP 1：A1 或 A2 控制油泵合闸［（A1（or A2）-IDF CONT. OIL PUMP “ON”］。

3）STEP 2：同时完成以下操作。

a. 关闭 A 送风机出口挡板（A-FDF OUTLET DAMP “CLOSE”）。

b. 指令去送风自动调节关闭 A 送风机动叶到 0%（A-FDF BLADE “ANGLE 0%”）。

c. 打开 A 空气预热器二次风出口挡板（A-AH OUTLET AIR DAMP “OPEN”）。

4）STEP 3：A 送风机合闸（A-FDF “ON”）。

锅炉风烟系统 B 侧启动与 A 侧相同，控制逻辑此处略去。

5. 锅炉风烟系统顺控启动完成（FG AIR & GAS DRAFT ON END STATE）

同时满足以下 7 个条件且超过 5s。

（1）单元顺控已完成启动 A 空气预热器（SG A-AH ON END STATE）。

（2）单元顺控已完成启动 B 空气预热器（SG B-AH ON END STATE）。

（3）单元顺控已完成启动 A 送风机（SG A-FDF ON END STATE）。

（4）单元顺控已完成启动 B 送风机（SG B-FDF ON END STATE）。

（5）单元顺控已完成启动 A 引风机（SG A-IDF ON END STSATE）。

（6）单元顺控已完成启动 B 引风机（SG B-IDF ON END STSATE）。

（7）火检交流冷却风机已合闸（AC COOLING AIR FAN ON）或火检直流冷却风机已合闸（DC COOLING AIR FAN ON）超过 3s。

（二）自举纠偏全程自动启动

在锅炉风烟系统启动前，作为 APS 启动的充要条件，送风调节回路工作方式已在自动伺服（STAND-BY），锅炉总风量（TOTAL AIR FLOW）为零，与送风调节器的给定值（FDF SV）存在最大偏差（AIR FLOW DIV）。

（1）首先启动锅炉 A 侧风烟系统。A 引风机先于 A 送风机启动，引风机启动后，引风调节从自动伺服状态转为自动调节方式。

（2）启动送风机，动叶开度初始为 0%，也就是锅炉总风量等于零，送风调节最低给定（FDF SV）为锅炉总风量的 30.4%，则送风调节器入口偏差信号不为零（AIR FLOW DIV≠0）。送风机合闸（A-FDF ON）24s 后，指令“A FDF VEN X%CMD”发至送风调节纠偏定值切换器（TR），开启 A 送风机动叶。

（3）送风机动叶目标开度为 75%（不一定要开到 75%），按 25%/min 的速率持续开启增加锅炉风量。

（4）同时，锅炉风烟系统顺序控制继续按步序启动 B 侧引风机、投 B 侧引风调节自动，再启动 B 送风机，“B FDF VEN X%CMD”指令打开 B 送风机的

动叶，目标开度和变化速率与 A 送风机相同。

（5）此时，两台送风机在同时增加风量，送风调节器输出跟踪 B 送风机动叶开度，当监测到总风量小于送风给定值 5%时，高低限报警监视器（H/L）发出“AIR FLOW DIV＝0”的信号，立刻将“A FDF VEN X%CMD”和“B FDF VEN X%CMD”指令复位，断开送风调节器跟踪开关（Ts），送风调节器工作方式从 STAND-BY 自举为 AUTO，入口偏差接入送风调节器进行 PI 运算，送风调节回路将自动形成闭环负反馈控制。

（6）不过，由于 A 送风机先于 B 送风机启动，在送风调节自动开始时刻，A 送风机动叶已开至 49%，大于 30%风量下送风机调节器的输出（FDF-DEM），B 送风机动叶的开度则为 13%，小于 30%风量下送风机调节器的输出（FDF-DEM），送风自动调节无扰纠偏控制还将继续完成平衡 A、B 两侧送风机的风量。

（7）送风自动在 STAND-BY 方式下，A 和 B 送风机开度（FDF-A CD RB、FDF-B CD RB）分别反馈到自动/跟踪切换器（TRD），送风自动从 STAND-BY 转为 AUTO 方式 0.5s 后，自动/跟踪切换器（TRD）接通输入端“on”，接收送风调节器发来的输出信号 A-FDF DEM，在 TDR 内部逻辑功能作用下，A 送风调节的自动/跟踪切换器（TRD）输出降低，送风机动叶开度由原来 49%按 10%/min 的速率趋向送风调节器的输出 FDF DEM，B 送风调节的自动/跟踪切换器（TRD）输出升高，送风机动叶开度从 13%按 10%/min 的速率趋向送风调节器的输出 FDF DEM，最终两侧 TRD 输出平衡相等。在此过程中，送风调节器也消除了刚刚从 STAND-BY 切至 AUTO 时 5%的偏差，把总风量从 25%提高到 30%，A、B 送风机的开度相等，调节在 23%。至此，在开关量顺序控制和模拟量调节自举纠偏功能协同控制下，完成了锅炉风烟系统全程自动启动。

风烟系统启动送风自动自举纠偏趋势，如图 8-9 所示。

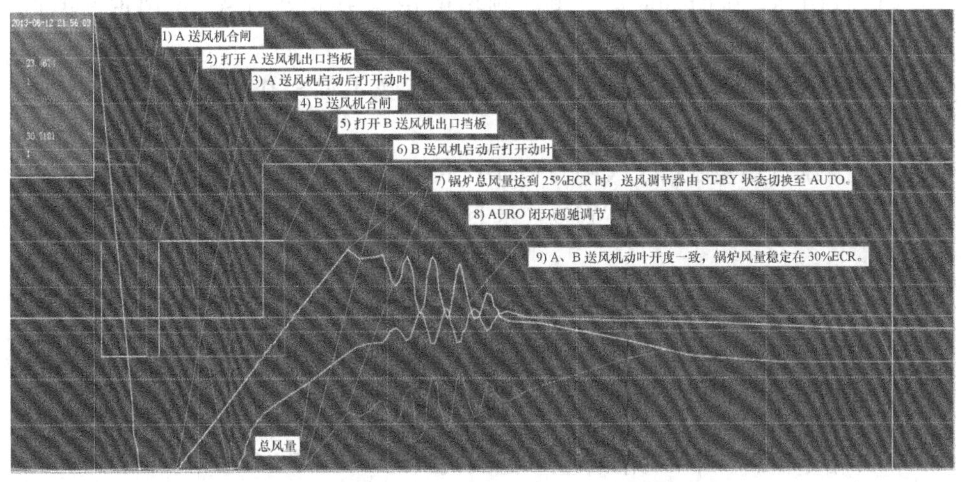

图 8-9　风烟系统启动送风自动自举纠偏趋势

（三）锅炉风烟系统顺控停止

1. 风烟系统顺控停止

（1）系统顺序自动控制指令（AUTOMATIC COMMAND）。风烟系统顺序控制主控器接到的自动停止命令（OFF COMMAND FROM APS）来自APS停机第6阶段，锅炉停炉 & 汽轮机切真空（VAC BREAK & BOILER SHUT-DOWN BP）节点步序逻辑第2步发出的指令，“锅炉风烟系统停止（AIR & GAS DRAFT GROUP OFF）”。

（2）顺控系统停止许可条件（PERMISSIVE CONDITIONS）。同时满足以下8个条件。

1）A送风单元顺控已在自动（SG A-FDF AUTO MODE）。

2）B送风单元顺控已在自动（SG B-FDF AUTO MODE）。

3）A引风单元顺控已在自动（SG A-IDF AUTO MODE）。

4）B引风单元顺控已在自动（SG B-IDF AUTO MODE）。

5）A空气预热器单元顺控已在自动（SG A-AH AUTO MODE）。

6）B空气预热器单元顺控已在自动（SG B-AH AUTO MODE）。

7）火检交流冷却风机已在自动（AC COOLENG AIR FAN AUTO MODE）。

8）锅炉主燃料跳闸（MFT）已超过5min。

（3）指令输出。顺控停止风烟系统（FG AIR & GAS DRAFT “OFF”）。

（4）系统顺控停止步序。

1）STEP 0：接到主控器发来系统停止命令（AIR & GAS DRAFT GROUP SHUT-DOWN）。

2）STEP 1：单元顺控停止B送风机（SG B-FDF SHUT-DOWN）。

3）STEP 2：单元顺控停止B引风机（SG B-IDF SHUT-DOWN）。

4）STEP 3：延时30s后，单元顺控停止A送风机（SG A-FDF SHUT-DOWN）。

5）STEP 4：单元顺控停止A引风机（SG A-IDF SHUT-DOWN）。

2. 单元顺控停止B送风机

（1）系统自动控制指令（AUTOMATIC COMMAND）。单元顺控停止B送风机（SG B-FDF SHUT-DOWN），来自锅炉风烟系统顺控停止步序逻辑第1步。

（2）顺控系统启动许可条件（PERMISSIVE CONDITIONS）。同时满足以下2个条件。

1）B送风机在自动（A-FDF AUTO MODE）。

2）B送风机出口挡板在自动（A-FDF OUTLET DEMP AUTO MODE）。

（3）指令输出。单元顺控停止B送风机（SG B-FDF “OFF”）。

（4）单元顺控启动步序。

1）STEP 0：接到系统顺控步序逻辑发来单元顺控停止B送风机指令（SG B-FDF SHUT-DOWN）。

2）STEP 1：关闭B送风机调节动叶（B FDF INLET VANE CLOSE）。

3）STEP 2：B送风机分闸（B-FDF "OFF"）。

4）STEP 3：关闭B送风机出口挡板（B-FDF OUTLET DAMP CLOSE）。

3. 单元顺控停止B引风机

（1）系统自动控制指令（AUTOMATIC COMMAND）。单元顺控停止B引风机（SG B-IDF SHUT-DOWN），来自锅炉风烟系统顺控停止步序逻辑第2步。

（2）顺控系统启动许可条件（PERMISSIVE CONDITIONS）。同时满足以下2个条件。

1）B引风机在自动（B-IDF AUTO MODE）。

2）B引风机出口挡板在自动（B-IDF OUTLET DAMP AUTO MODE）。

（3）指令输出。单元顺控停止B引风机（SG B-IDF SHUT-DOWN）。

（4）单元顺控停止步序。

1）STEP 0：接到系统顺控步序逻辑发来单元顺控停止B引风机指令（SG B-IDF SHUT-DOWN）。

2）STEP 1：关闭B引风机调节动叶（B IDF INLET VANE CLOSE）。

3）STEP 2：B引风机分闸（B-IDF "OFF"）。

4）STEP 3：关闭B引风机出口挡板（B-IDF OUTLET DAMP CLOSE）。

单元停止A侧送、引风机与停止B侧送、引风机逻辑相同，可参阅B侧停运逻辑。

4. 系统顺控停止结束状态（OFF END STATE）

同时满足以下4个条件。

（1）单元顺控停止A送风机已结束（SG A-FDF OFF NED STATE）。

（2）单元顺控停止B送风机已结束（SG B-FDF OFF NED STATE）。

（3）单元顺控停止A引风机已结束（SG A-IDF OFF NED STATE）。

（4）单元顺控停止B引风机已结束（SG B-IDF OFF NED STATE）。

第九章 APS的锅炉给水自动调节

一、锅炉给水系统概述

（一）设备配置及运行方式

锅炉给水系统配备两台50%MCR容量汽动给水泵，用于机组正常运行，一台25%MCR容量电动给水泵，主要用于机组启、停，兼有75%ECR负荷备用功能（1台汽动给水泵因故退出运行，电动给水泵启动与另一台在运汽动给水泵并列）。三台给水泵都能通过转速调节给水流量控制锅炉汽包水位，汽动给水泵由调速型汽轮机驱动，汽动给水泵汽轮机配备调速装置MEH。电动给水泵有两种流量调节方式，液力偶合器调速和给水调节阀节流。电动给水泵出口有两条给水管路，一条为电动给水泵主给水，另外一条为给水大旁路，给水大旁路上安装有调节阀。机组启动初期，实发负荷小于75MW，给水流量相对较低，液力偶合器定速，锅炉给水走大旁路，使用给水调节阀调节给水流量。机组负荷升高大于98MW或给水调节阀开度大于90%，锅炉给水管路切换至主给水，液力偶合器调节电动给水泵转速控制给水流量。机组负荷20%ECR第一台汽动给水泵投入，电动给水泵退出，21%ECR负荷第二台汽动给水泵并列。APS机组停运过程中，在LOAD DOWN阶段第1步再次启动电动给水泵，并列置换汽动给水泵，两台汽动给水泵采用后投先退的顺序解列、停泵。

（二）自动调节回路

锅炉水位自动属于模拟量调节（MCS），给水系统顺控归属锅炉顺序控制(B-SCS)，APS对给水泵的启、停、并列、解列、切换直接进行导引。APS的锅炉给水实现了全工况自动控制和调节，APS、SCS、MEH和MCS相互之间结成一体、随机互动。基础逻辑和回路设计与常规SCS、MEH和MCS有很大不同，许多控制方法和实现的功能也是常规SCS、MEH和MCS所不具备的。在应用方面，APS理念下的锅炉给水自动调节具有更高的自动化程度和安全性能。

锅炉汽包水位调节采用典型三冲量信号，汽包水位压力补偿、给水流量温度修正、主蒸汽流量经“弗莱格尔”函数变换汽轮机复速级压力得出。锅炉给水调

节系统采用三级串级PID调节，包含汽包水位调节器、给水调节器（Master）和给水泵（电动给水泵、A汽动给水泵、B汽动给水泵）PI转速调节器，汽包水位调节器是给水自动调节回路顶层的校正调节器，输出汽包水位给定信号，作用于锅炉给水自动调节的大环校正。给水调节器共有三套，分别为电动给水泵定速给水调节门PI调节、单冲量给水泵变速调节和三冲量给水变速调节。三冲量给水自动调节是给水自动调节回路的主调节器（Master），在三冲量主调节器的入口综合了锅炉汽包水位、给水流量和蒸汽流量等输入信号，运算后输出给水流量给定信号。两台50％MCR容量汽动给水泵和一台25％MCR容量电动给水泵的给水流量调节，各由一个给水泵转速PI调节器作为给水调节回路的副调节器，构成给水自动调节的内回路，给水Master调节器输出作为给水泵转速PI调节器偏差给定信号（SV SET），给水泵给水流量（DISCH. FLOW）信号作为给水泵转速PI调节器输入偏差的过程信号（PV）。给水泵排出流量（DISCH. FLOW）等于给水泵入口流量（SUCT FLOW）减去给水泵再循环流量的差值。给水泵再循环流量即通过给水泵最小流量阀返回除氧器的流量，利用给水泵最小流量阀开度经给水泵出口压力补偿后计算得出。

锅炉给水自动全部调节回路都采用“三态式自举纠偏无扰投自动”的功能设计，无需人为干预就能完成调节回路从手动转为自动。纠偏过程中对于过程信号的监测、设备和系统工况的认知，以及对控制方式的选择、决策完全依靠DCS来实现。自举纠偏控制策略能在机组启动过程中自动地完成电动给水泵与汽动给水泵的并列、解列和切换，第二台汽动给水泵与第一台汽动给水泵的并列，在机组停运过程中自动地实现电动给水泵与第二台投运汽动给水泵的并列、解列和切换，以及第一台汽动给水泵的解列退出。给水泵自动并列、解列是一套复杂的自动控制过程，需要汽包水位调节器和给水主、副调节回路密切协同，给水泵并列、解列的发起和结束与SCS、MEH和APS都有直接关联。

（三）控制功能

APS导引下的机组启动或停止，锅炉给水系统启、停操作相对较多。APS导引启动机组第一阶段，机炉辅助系统启动（UNIT START PREPARATION）分布式主控器步序逻辑第4步，向锅炉顺序控制系统发出第一条指令：启动锅炉给水系统（FEED WATER GR “ON”），由此开始APS对锅炉给水系统的控制。锅炉给水系统设备顺控启动的具体操作（开关量）在锅炉顺序自动控制系统中完成，给水流量调节由锅炉给水自动回路实现，两种不同特性的参数在控制过程中交叉互动。APS启动机组时导引锅炉给水系统的范围包括如下内容。

（1）电动给水泵的顺序启动和停止。

（2）电动给水泵定速大旁路调节阀调节。

（3）电动给水泵锅炉上水。

（4）电动给水泵液力偶合器调速。

（5）电动给水泵出口管路大旁路/主给水切换。

（6）汽动给水泵的顺序启动。

（7）汽动给水泵自动调节回路与汽动给水泵汽轮机 MEH 控制信号认证互连。

（8）汽动给水泵自动调节回路“自举纠偏”与定值平衡。

（9）给水泵汽/电切换。

（10）汽动给水泵的并列。

APS 停止机组时，第一阶段（LOAD DOWN）分布式主控器步序逻辑第 1 步发出第一条指令：启动锅炉给水系统（FEED WATER GR ON）。锅炉顺序控制系统和模拟量调节系统控制的范围包括如下内容。

（1）汽动给水泵的解列。

（2）汽动给水泵的顺序停止。

（3）电动给水泵的顺控启动和停止。

（4）电动给水泵液力偶合器调速。

（5）电动给水泵调节回路“自举纠偏”与定值平衡。

（6）给水泵电/汽切换。

（7）电动给水泵出口管路主给水/大旁路切换。

（8）电动给水泵定速大旁路调节阀调节。

二、锅炉给水系统顺序控制

（一）锅炉给水系统顺序控制主控器

锅炉给水系统顺序控制主控器，如图 9-1 所示。

锅炉给水调节总体控制策略上贯穿了系统高度自动化的设计思路和原则，促使顺序控制与过程调节无缝互动配合，使开关量控制和模拟量调节两种不同控制方式有机衔接成一个整体。APS 对锅炉给水系统实施全过程导引，通过锅炉给水系统顺序控制主控器的自动命令（AUTOMATIC COMMAND）控制锅炉给水系统启动（ON COMMAND FOROM APS）和停止（OFF COMMAND FORM APS），锅炉给水系统的投入状态（FG WATER ON END STATE）和停止状态（FG WATER OFF END STATE）实时回馈到 APS。锅炉给水系统顺控主控器工作的允许条件（PERMISSIVE CONDITIONGS）包括单元级开关量信号也包含模拟量信号，4 个条件如下。

（1）除氧器水箱水位正常（DEARATOR STORAGE TANK LEVEL＞NORMAL）。

（2）电动给水泵单元顺序控制已在自动（SG M-BFP AUTO MODE）。

（3）A 汽动给水泵单元顺序控制已在自动（SG A-BFPT AUTO MODE）。

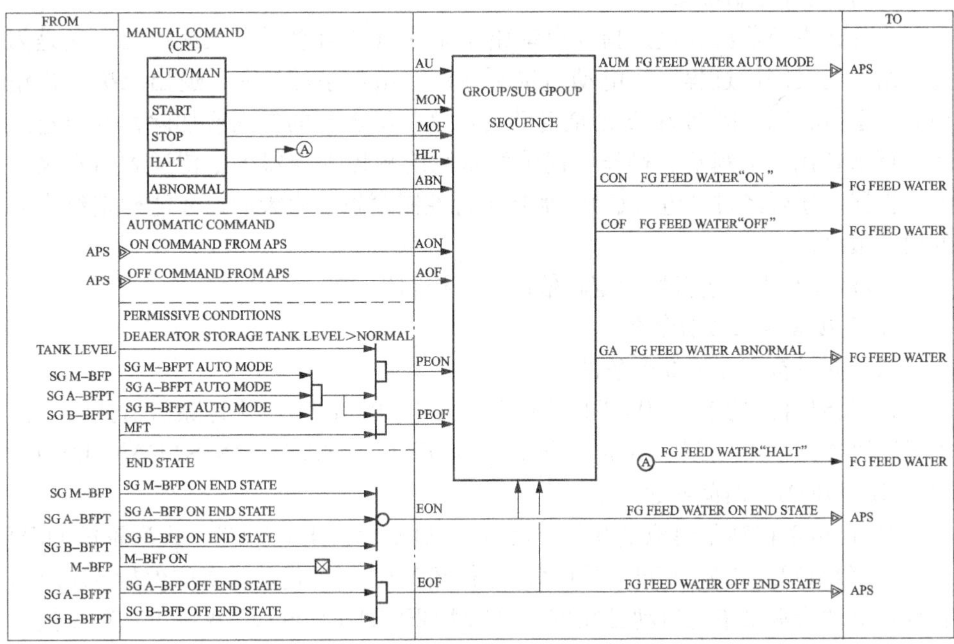

图 9-1 锅炉给水系统顺序控制主控器

(4) B汽动给水泵单元顺序控制已在自动（SG B-BFPT AUTO MODE）。

锅炉给水系统已投入的状态（FG FEED WATER ON END STATE）由以下3个条件之一来反应。

(1) 电动给水泵单元顺序控制启动已完成（SG M-BFP ON END STATE）。

(2) A汽动给水泵单元顺序控制启动已完成（SG A-BFPT ON END STATE）。

(3) B汽动给水泵单元顺序控制启动已完成（SG B-BFPT ON END STATE）。

确认锅炉给水系统已退出则需要同时满足以下3个条件。

(1) 电动给水泵未合闸（not，M-BFP ON）。

(2) A汽动给水泵单元顺序控制退出已结束（SG A-BFPT OFF END STATE）。

(3) B汽动给水泵单元顺序控制退出已结束（SG B-BFPT OFF END STATE）。

锅炉给水系统顺序控制主控器通过以下2条指令控制电动给水泵和汽动给水泵的投入和退出。

(1) 投入给水系统（FG FEED WATER "ON"）。

(2) 退出给水系统（FG FEED WATER "OFF"）。

（二）运行控制策略

为什么主控器没有直接指令电动给水泵或汽动给水泵投入或退出？这是因为机组启动或停运过程中，电动给水泵或汽动给水泵的投入、退出取决于机组当时的运行状态，既然APS是全自动的，这些给水泵的投入或切除都要通过逻辑运算来替代人工判断和操作，锅炉给水系统顺控主控器指令传递到给水泵单元主控器前还要经过“电/汽动给水泵运行控制逻辑”决策后，才能确定给水泵的启动策略。

电/汽动给水泵运行控制逻辑输出以下控制指令。

1. 汽动给水泵启动命令

（1）同时符合以下3个条件。

1）机组目标功率（MW DEMAND）大于20%ECR，并且除氧器抽汽（汽轮机四段抽汽）电动门已开启（DEARETOR EXTRACTION STEAM INLET MV OPENED），时间超过5s。

2）机组正在利用模拟量调节升负荷（LOAD UP BY MCS）或汽轮机DEH控制（LOAD UP BY DEH）升负荷（两个信号退出后仍在逻辑中保持50min），并且，电动给水泵单元启动已完成（SG M-BFP ON END STATE），而A汽动给水泵尚未启动（not，SG A-BFPT ON END STATE），B汽动给水泵也未启动（not，SG B-BFPT ON END STATE）。

3）电动给水泵单元启动已完成（SG M-BFP ON END STATE）。

（2）汽动给水泵启动命令复位

出现以下任一条件。

1）锅炉主燃料跳闸（MFT）。

2）A或B汽动给水泵已在运行［FG A(or B)-BFPT ON END STATE］，机组在利用模拟量调节降负荷（LOAD DOWN BY MCS）或在利用汽轮机DEH控制（LOAD DOWN BY DEH）降负荷过程中，机组目标功率（MW DEMAND）已经小于25%ECR，同时接到了来自APS的“启动给水系统(FEED WATER GROUP START)”指令。

2. 电动给水泵单元顺序控制自动启动

电动给水泵设计容量为25%MCR，主要应用于机组启动和停机阶段。因此，从机组启动到停机，电动给水泵要启、停各两次。冷/电动给水泵启动命令逻辑，如图9-2所示。机组启动伊始，电动给水泵启动的3个逻辑条件中，有2条逻辑已符合电动给水泵启动要求，只有APS直接发来的“给水系统启动(FEED WATER GROUP ON)”指令还处在待命状态，APS机组启动第一阶段第4步将指令发出后，电动给水泵即进入单元顺控自动启动（SG M-BFP AUTO“ON”）方式。机组正常运行，实发功率高于20%ECR，汽、电动给水泵进行切换，首台汽动给水泵并列，电动给水泵解列。汽动给水泵投入锅炉给

水系统运行，电动给水泵退出后停泵，电动给水泵单元顺控自动启动（SG M-BFP AUTO “ON”）指令逻辑复位，3个逻辑条件中的1条（见图9-2上部RS触发器经反相器的输出）已符合电动给水泵再次启动条件。APS导引机组停机过程中，机组降负荷至实发功率低于25%ECR时，电动给水泵单元顺控自动启动（SG M-BFP AUTO “ON”）指令逻辑收到APS停机第一阶段第1步发出的给水系统启动（FEED WATER GR “ON”）指令，电动给水泵单元顺控自动启动（SG M-BFP AUTO “ON”）指令逻辑的另外两个条件立刻也同时满足要求，电动给水泵在机组停机阶段再次启动。

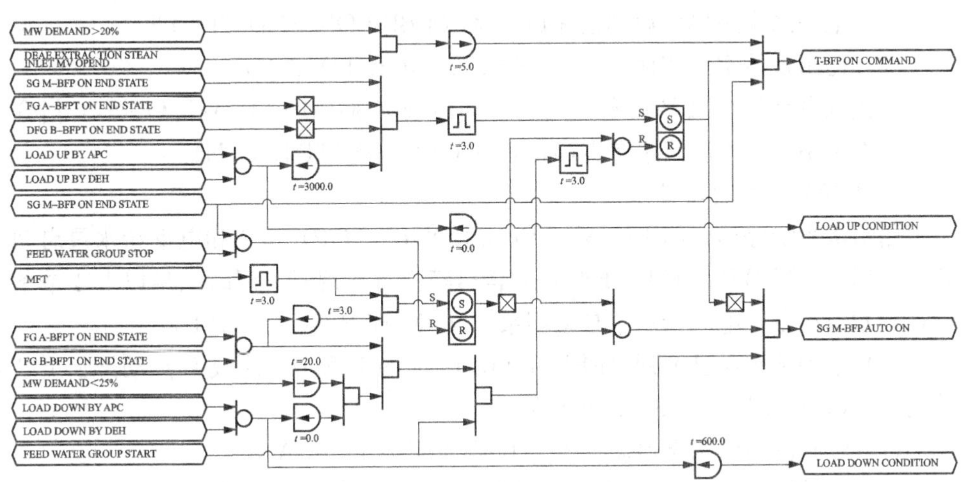

图9-2　汽/电动给水泵启动命令逻辑

3. 锅炉给水泵切换时机

出现以下任一条件，给水泵将不具备切换时机。

（1）APS发来给水系统退出（FG FEED WATER OFF）指令。

（2）电动给水泵启动条件不满足（M-BFP NOT READY），电动给水泵未合闸（not M-BFP ON）或电动给水泵入口电动门未开启（not M-BFP INLET MV OPENED）。

（3）A与B汽动给水泵启动条件不满足（A BFPT NOT READY & B BFPT NOT READY）（逻辑以B汽动给水泵为例）。

（4）前置泵未合闸（B-BFPT BOOSTER PUMP ON）。

（5）入口电动门未开启（B-BFPT INLET MV OPEN）。

（6）出口电动门未开启（B-BFPT DISCH. MV OPEN）。

（7）汽动给水泵汽轮机没有复位（B-BFPT RESET）。

（8）升速未完成（B-BFPT SPEED UP COMPLETE）。

如果上述逻辑条件均未出现，则以下2个信号之一就是给水泵的切换时机

（BFP CHANGE TIMING）。

（1）汽动给水泵启动命令（T-BFP ON COMMAND）。

（2）电动给水泵单元顺控自动启动（SG M-BFP AUTO“ON”）。

4. 汽动给水泵退出

电动给水泵启动未准备好（M-BFP NOT READY）和 APS 停止给水系统（FG FEED WATER OFF）等指令都没有出现，以下 3 个条件同时满足要求。

（1）A 汽动给水泵在运行（SG A-BFPT ON END STATE）或 B 汽动给水泵在运行（SG B-BFPT ON END STATE）。

（2）电动给水泵单元启动已完成（SG M-BFP ON END STATE）。

（3）已出现给水泵切换时机（BFP CHANGE TIMING）。

在接到电动给水泵单元顺序控制自动启动（SG M-BFP AUTO ON）指令后，则发出指令：汽动给水泵退出运行（T-BFP SHUT DOWN）。

5. 电动给水泵自动停泵

当给水系统停运（FEED WATER GROUP STOP）指令和电动给水泵启动条件不满足（M-BFP NOT READY）信号都没有出现时，同时满足以下 4 个条件，则发出指令：电动给水泵自动停泵（SG M-BFP AUTO OFF）。

（1）电动给水泵已解列（M-BFP OUT SERVICED），A 或 B 汽动给水泵已并列（A or B BFPT IN SERVICED）。

（2）收到汽动给水泵启动指令（T-BFP ON COMMAND）。

（3）电动给水泵已启动完成（SG M-BFP ON END STATE），并且 A 或 B 汽动给水泵也已启动完成（A or B BFPT ON END STATE）。

（4）锅炉给水泵出现切换时机（BFP CHANGE TIMING）。

6. 汽动给水泵停泵（T-BFP OFF COMMAND）

以下 2 个条件之一。

（1）锅炉主燃料跳闸（MFT）。

（2）同时满足以下 5 个条件，则发出指令：汽动给水泵停止（T-BFP OFF COMMAND）。

1）A 汽动给水泵已解列（A BFPT OUT SERVICED）。

2）B 汽动给水泵已解列（A BFPT OUT SERVICED）。

3）电动给水泵已并列（M-BFP IN SERVICED）。

4）已收到 APS 停止锅炉给水系统（FG FEED WATER OFF）指令或给水系统顺控发出汽动给水泵退出（T-BFP SHUT DOWN）命令。

5）电动给水泵接到了单元顺控自动启动（SG M-BFP AUTO“ON”）指令，而且电动给水泵单元启动已完成（SG M-BFP ON END STATE）。

则发出指令：汽动给水泵停止（T-BFP OFF COMMAND）。

7. A（或B）汽动给水泵并列指令

汽动给水泵控制逻辑原理，如图9-3所示。锅炉给水调节系统发来状态：A汽动给水泵尚未并列（not，A-BFPT IN SERVICED）或B汽动给水泵尚未并列（not，B-BFPT IN SERVICED），当以下3个条件同时满足时，发出3s脉冲。则A或B汽动给水泵并列（A or B BFPT IN SERVICE）指令发至锅炉给水调节回路。

（1）机组目标功率大于21%ECR（MW DEMAND>21）。

（2）A汽动给水泵单元顺控启动完成（SG A-BFPT ON END STATE）。

（3）B汽动给水泵单元顺控启动完成（SG B-BFPT ON END STATE）。

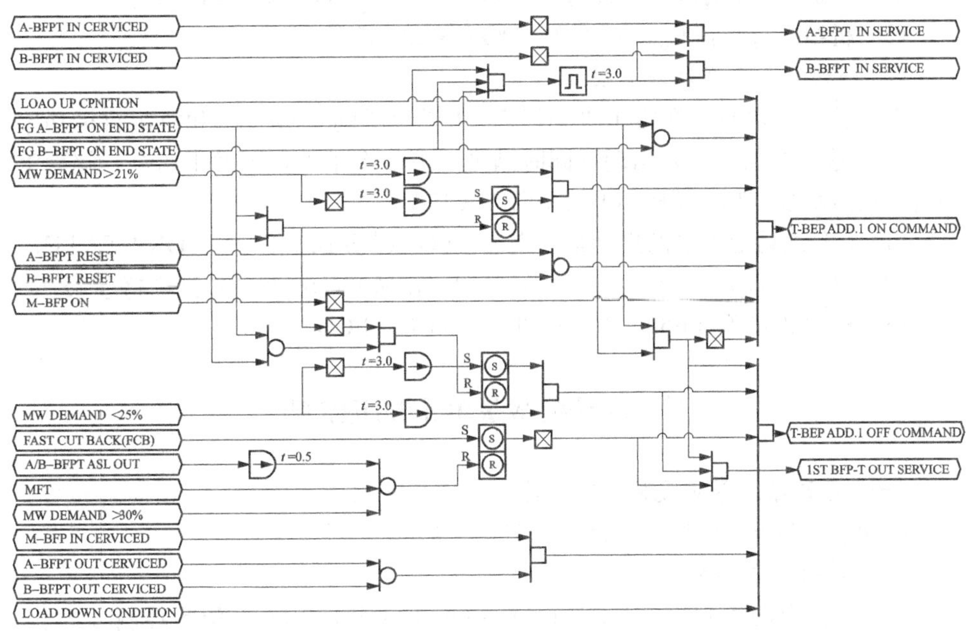

图9-3　汽动给水泵控制逻辑原理

8. 增加1台汽动给水泵

同时满足以下5个条件，则发出指令：T-BFP ADD. 1 ON COMMAND，增投第二台汽动给水泵。

（1）A或B汽动给水泵只有1台在运行（FG A or B-BFPT ON END STATE）。

（2）机组在升负荷状态（LOAD UP CONDITION）。

（3）机组目标功率大于21%ECR（MW DEMAND>21%）。

（4）第二台汽动给水泵汽轮机已挂闸（A or B BFPT RESET）。

（5）电动给水泵没有合闸（nor，M-BFP ON）。

9. 停运 1 台汽动给水泵

A/B 汽动给水泵选择器在“OUT”、主燃料跳闸（MFT）和机组目标功率大于 30%这 3 个信号都未出现，同时满足以下 5 个条件，则发出指令：停运 1 台汽动给水泵（T-BFP ADD. 1 OFF COMMAND）。

（1）2 台汽动给水泵的启动都已完成（FG A&B-BFPT ON EDN STATE）。

（2）机组目标功率下降小于 25%（MW DEMAND<25%）已超过 3s。

（3）FCB 未动作［not，FAST CUT BACK（FCB）］。

（4）锅炉给水泵运行方式同时满足以下 2 个条件。

1）电动给水泵已并列（M-BFPT IN CERVICED）。

2）A 或 B 汽动给水泵已解列［A（B）-BFPT OUT CERVICED］。

（5）机组在降负荷状态（LOAD DOWN CONDITION）。

10. 解列第一台汽动给水泵

A/B 汽动给水泵选择器在“OUT”、主燃料跳闸（MFT）和机组目标功率大于 30%这 3 个信号都未出现，同时满足以下 3 个条件，则发出指令：解列第一台汽动给水泵（1st BFPT OUT SERVICE）。

（1）2 台汽动给水泵的启动都已完成（FG A&B-BFPT ON EDN STATE）。

（2）机组目标功率下降小于 25%（MW DEMAND<25%）已经超过 3s。

（3）FCB 未动作［not，FAST CUT BACK（FCB）］。

三、电动给水泵单元顺序控制

（一）电动给水泵单元顺控主控器

电动给水泵单元顺控主控器，如图 9-4 所示。

1. 电动给水泵单元启动

（1）单元自动控制指令（AUTOMATIC COMMAND）。APS 控制方式下，电动给水泵在机组启动和停机过程中，两次启动，两次停泵。

1）APS 机组启动，第一阶段“机炉辅助系统启动（UNIT START PREPARATION）”，APS 分布式主控器 BP-01 节点步序逻辑第 4 步，向锅炉顺序控制系统发出指令，启动锅炉给水系统（FEED WATER GR “ON”）。

2）APS 机组停止，第一阶段机组降负荷（LOAD DOWN），APS 分布式主控器 BP-51 节点步序逻辑第 1 步，发出指令，启动锅炉给水系统（FEED WATER GR “ON”）。

3）FEED WATER GR ON 指令，两次分别从不同的 APS 分布式主控器发出，但从 APS 的同一个通道输出，发送到给水顺序控制系统主控器，经过电/汽动给水泵运行控制逻辑后发出指令：电动给水泵单元顺控启动（SG M-BFP AUTO “ON”）。发送到电动给水泵单元顺控主控器自动指令（AUTOMATIC

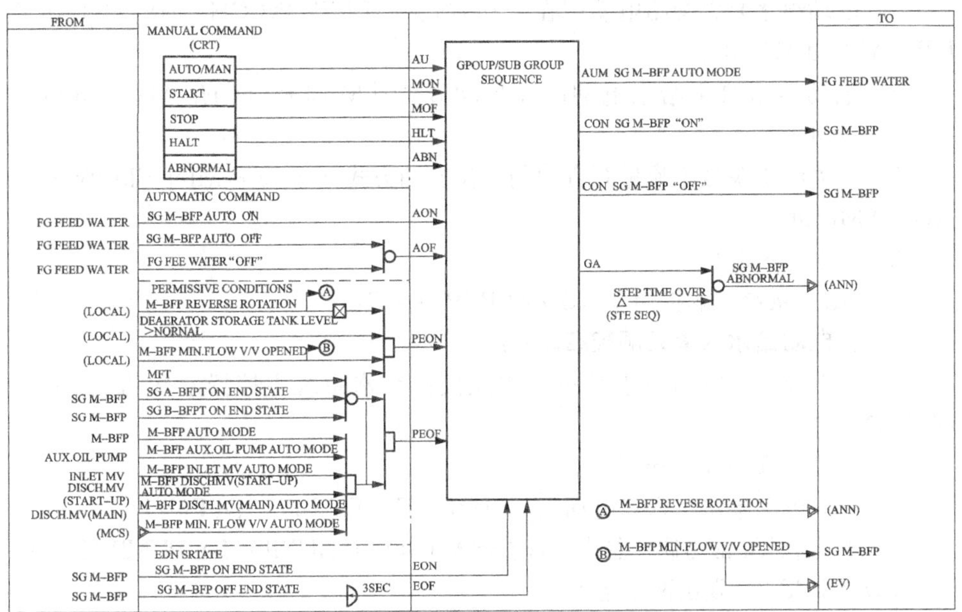

图 9-4　电动给水泵单元顺控主控器

COMMAND）输入端。

4）机组启动过程中，电动给水泵的停止指令由给水系统顺控逻辑的电/汽动给水泵运行控制逻辑发出，输入电动给水泵单元顺序控制主控器的指令就是 SG M-BFP AUTO OFF。机组停止过程中，电动给水泵停泵指令（FG FEED WATER“OFF”）是在 APS 停机的第六阶段“锅炉停炉 & 汽轮机切真空（VAC. BREAK & BLR SH-DN）”，分布式主控器 BP-56 节点步序逻辑的第 2 步发出指令 FEED WATER GR “OFF”，通过给水系统顺序控制主控器分发到电动给水泵单元顺控主控器，在 AUTOMATIC COMMAND 端输入 FG FEED WATER GR “OFF”。

（2）顺控系统启动许可条件（PERMISSIVE CONDITIONS），同时满足以下 9 个条件。

1）电动给水泵未反转（not，M-BFP REVERSE ROTATON）。

2）除氧器水箱水位正常（DEAERATOR STORAGE TANK LEVEL>NORMAL）。

3）电动给水泵最小流量阀已开启（M-BFP MIN. FLOW V/V OPENED）。

4）电动给水泵在自动方式（M-BFP AUTO MODE）。

5）电动给水泵入口电动门在自动方式（M-BFP INLET MV AUTO MODE）。

6）电动给水泵辅助油泵在自动方式（M-BFP AUX. OIL PUMP AUTO MODE）。

7）电动给水泵大旁路电动门在自动方式［M-BFP DICCH. MV（START-UP）AUTO MODE］。

8）电动给水泵主给水电动门在自动方式［M-BFP DICH. MV（MAIN）AUTO MODE］。

9）电动给水泵最小流量阀自动调节在自动方式（M-BFP MIN. FLOW V/V AUTO MODE）。

2. 启动指令输出

电动给水泵单元顺控启动（SG M-BFP "ON"）。

（二）电动给水泵单元顺控启动步序

（1）STEP 0：电动给水泵单元顺控接到给水系统主控器发来的"SG M-BFP ON"指令。

（2）STEP 1 发出两条指令。

1）开启电动给水泵入口电动门（M-BFP INLET MW "OPEN"）。

2）电动给水泵液力偶合器辅助油泵合闸（M-BFP AUXILIARY PUMP "ON"）。

（3）STEP 2：发出两条指令。

1）关闭电动给水泵给水调节阀出口电动门［M-BFP DISCHARGE MV（START-UP）"CLOSE"］。

2）关闭电动给水泵出口主给水电动门［M-BFP DISCHARGE MW（MANIN）"CLOSE"］。

（4）STEP 3：同时满足以下 5 个条件。

1）电动给水泵液力偶合器辅助油泵已合闸（M-BFP AUXILIARY PUMP ON）。

2）电动给水泵入口电动门已开启（M-BFP INLET MV OPENED）。

3）电动给水泵给水调节阀出口电动门已关闭［M-BFP DISCHARGE MV（START-UP）CLOSED］。

4）电动给水泵出口主给水电动门已关闭［M-BFP DISCHARGE MW（MANIN）CLOSED］。

5）电动给水泵润滑油压大于 80kPa（M-BFP LUB. OIL PRESS. ＞80kPa）。

发出最后一条指令：电动给水泵合闸（M-BFP "ON"）。

跳步触发：如果电动给水泵已启动（M-BFP ON）出现在第 2 步或第 3 步，"M-BFP ON" 将代替该步序的许可条件直接执行输出指令。

（三）电动给水泵给水调节阀出口电动门控制

1. 电动门开启

锅炉主控器目标负荷（BM MW）小于 75MW，且超过 10s，电动给水泵给水调节阀调节回路就会向调节阀出口电动门发出"开启电动给水泵给水调节阀出口电动门［M-BFP MV（START-UPOPEN COMMAND）］"命令，如果出现以下 3 个条件之一，则电动门开启。前两条指令用于机组启动，后一个指令用于机组停止。

(1) 电动给水泵已合闸（M-BFP ON）发出20s脉冲。

(2) 电动给水泵已合闸，延时60s。

(3) A或B汽动给水泵完成启动，电动给水泵也已合闸。

2. 电动门关闭

锅炉目标负荷超过77MW，并且给水调节阀已关闭（FEED WATER CV CLOSED）超过2s，又接到开启电动给水泵出口主给水电动门的命令（M-BFP DISCHARGE MV OPEN COMMAND），则给水调节阀出口电动门关闭。由此看出，开、关给水调节阀出口电动门是由锅炉主控器目标负荷（BM MW）确定的。

（四）电动给水泵出口主给水电动门控制

开启电动给水泵出口主给水电动门指令（M-BFP DISCHARGE MV OPEN COMMAND）来自模拟量调节锅炉给水液力偶合器调速回路，电动给水泵主给水电动门开、关由液力偶合器调速和调节阀两个自动调节回路的工作状态来决定，基本逻辑条件就是电动给水泵液力偶合器调速工作方式在自动（M-BFP H/C AUTO），而电动给水泵给水调节阀工作方式非自动（not，FWCV AUTO）。开启和关闭电动给水泵主给水电动门源于同一个指令，取反后作为主给水电动门关闭指令。指令为逻辑“1”时，打开主给水电动门，指令为逻辑“0”时，关闭主给水电动门，电动门开关控制逻辑在锅炉顺序控制系统电动给水泵单元顺序控制中。自动关闭（AUTO CLOSE）指令来自电动给水泵启动步序逻辑第二步“关闭电泵主给水出口电动门［M-BFP DISCHARGE MV（MAIN）CLOSE］”。机组启动电动给水泵单元设备状态，见表9-1。

表9-1　机组启动电动给水泵单元设备状态

序号	机组启动电动给水泵给水控制	电动给水泵调节阀调节		电动给水泵液力偶合器调速		电动给水泵调节自动切换	
		伺服	自动	伺服	自动	调节阀→液力偶合器	液力偶合器→调节阀
1	锅炉主控器目标负荷（MW）		<75		98～140	>98	<75
2	电动给水泵调节阀开度（%）	超驰控制	0～90	—	0	>90	>90→0
3	电动给水泵调节阀出口电动门	关	开	—	关	开→关	关→开
4	电动给水泵主给水电动门	关	关	关	开	关→开	开→关
5	液力偶合器勺管（%）	20	定速	20	调速	定速→调速	调速→定速
6	电动给水泵	ON	ON	ON	ON	ON	ON

（五）电动给水泵单元顺控停止步序

（1）STEP 0：收到电动给水泵单元顺控发来的停止命令（SG M-BFP SHUT DOWN）。

（2）STEP 1：启动电动给水泵辅助润滑油泵（M-BFP AUX. OIL PUMP）。

（3）STPP 2：电动给水泵分闸（M-BFP “OFF”）。

四、锅炉三冲量给水自动主调回路

锅炉三冲量给水自动主调回路原理，如图 9-5 所示。

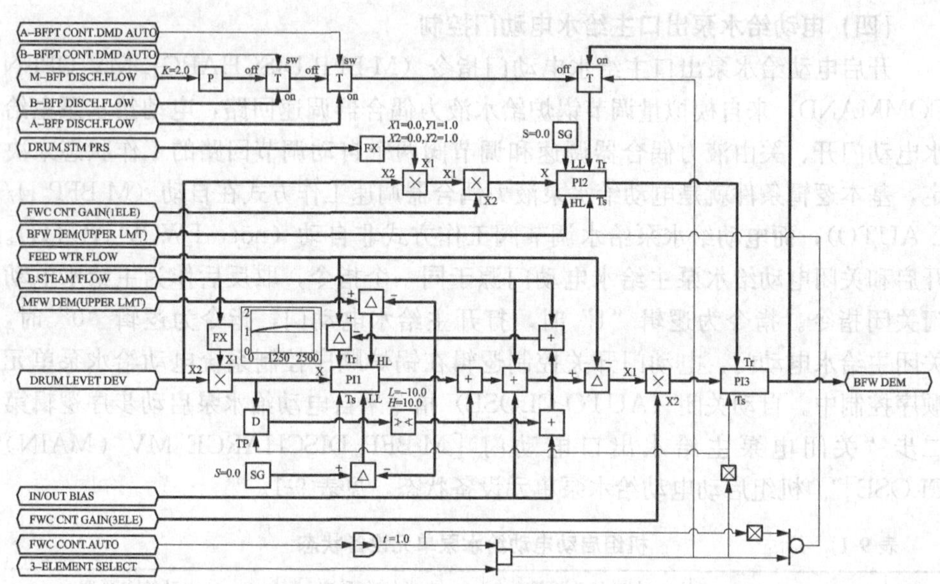

图 9-5 锅炉三冲量给水自动主调回路原理

（一）原理概述

锅炉三冲量给水自动主调回路是一个串级调节系统，PI1 为串级调节校正调节器，汽包水位偏差信号（DRUM LEVEL DEV）经过主蒸汽流量（B. STEAM FLOW）函数修正后输入三冲量锅炉汽包水位调节器 PI1，同时，在调节回路自动工作方式下，经函数修正过的汽动给水泵水位偏差又通过微分器 D 形成水位动态超前信号与 PI1 的输出相加，再与主蒸汽流量信号汇合，两者之和与给水流量（FEED WTR FLOW）相减，其偏差乘以三冲量增益［FWC CONT GAIN (3ELE)］后作为给水主调节器（MASTER）PI3 的给水调节大环校正输入，锅炉给水目标流量（BFW DEM）是 PI3 的调节输出。PI2 是单冲量调节器，单冲量工作方式下，PI2 输出从 PI3 跟踪端 Tr 输入，通过 PI3 输出 BFW DEM。锅炉汽包水位偏差信号先经过锅炉汽包压力（DRUM STM PRS）函数校正，再与单冲量增益

(FWC CNT GAIN (1ELE)) 相乘后作为PI2输入。

(二) 同步跟踪

三台给水泵的转速调节，任一台在自动调节方式，当机组主蒸汽流量超过430t/h，锅炉给水调节回路工作方式就切换至三冲量调节。单冲量锅炉水位调节器（PI2）在三冲量工作方式时，跟踪BFW DEW。单冲量工作方式，三冲量锅炉水位调节器（PI1）跟踪给水流量与动态超前信号的偏差。动态超前信号由给水泵并列/解列（IN/OUT BIAS）纠偏水位补偿信号、锅炉汽包水位动态信号和锅炉主蒸汽流量三者相加得出，但在单冲量工作方式下，IN/OUT BIAS等于零，锅炉汽包水位动态微分信号也相对较小，因此，三冲量锅炉水位调节器主要跟踪的还是锅炉给水流量和主蒸汽流量的偏差。

(三) 冲量切换

1. 单冲量调节方式

虽然锅炉给水调节在自动（FWC CONT. AUTO），也就是一台电动给水泵或两台汽动给水泵中的任一台已投入自动，但三冲量调节方式（3-ELELMET SELECT）不满足要求，如主蒸汽流量（MAIN STEAM FLOW）没有超过450t/h。

2. 三冲量调节方式

锅炉给水调节满足条件，已转入自动工作方式（FWC CONT. AUTO），时间超过1s。而且，主蒸汽流量高于450t/h。给水自动调节投入三冲量工作方式。

3. 退出三冲量调节

出现以下任一状态，锅炉给水将自动退出三冲量调节。

(1) 虽然发电机RB没有动作（no，GEN RB OPERATED），但主蒸汽流量已低于380t/h（MAIN STEAM FLOW＜380t/h）。

(2) 锅炉给水调节阀在自动工作方式（FWCV AUTO）。

(3) 锅炉快速减出力已动作（FCB OPERATED）。

五、电动给水泵给水调节阀自动调节

(一) 电动给水泵给水调节阀自动伺服与调节

同时满足以下4个条件，电动给水泵给水调节阀自动调节回路即转入自动伺服工作方式（FWCV AUTO STBY）。

(1) 锅炉汽包水位信号正常（DRUM LEVL NORMAL）。

(2) 电动给水泵给水调节阀控制正常（MFW DRV NOR）。

(3) 电动给水泵给水调节阀自动按键（FEEDWATER CV AUTO PB）已触发。

(4) 电动给水泵给水调节阀手动按键（FEEDWATER CV MANUAL PB）未触发。

电动给水泵给水阀调节自动伺服与调节，如图 9-6 所示。

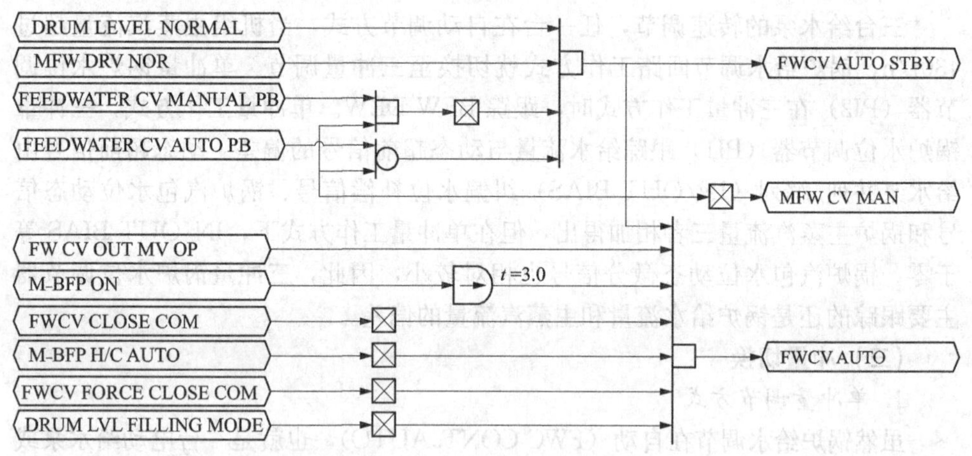

图 9-6　电动给水泵给水阀调节自动伺服与调节

电动给水泵给水调节阀自动调节工作方式（FWCV AUTO）要同时满足以下 7 个条件。

（1）电动给水泵给水调节阀调节回路已在自动伺服状态（FWCV AUTO STBY）。

（2）电动给水泵给水调节阀出口电动门已开启（FW CV OUT MV OP）。

（3）电动给水泵合闸（M-BFP ON）已超过 2s。

（4）无给水调节阀关闭命令（no，FWCV CLOSE COM）。

（5）电动给水泵液力偶合器调速非自动（no，M-BFP H/C AUTO）。

（6）无强制关闭给水调节阀命令（not，FWCV FORCE CLOSE COM.）。

（7）非锅炉上水方式（not，DRUM LVL FILLING MODE）。

（二）电动给水泵定速调节阀调节

电动给水泵定速（M-BFP CONST SPD MODE）给水大旁路调节阀自动为单回路调节，设计有多个超驰控制是给水大旁路调节阀自动调节回路的特点，输入的汽包水位偏差（DRUM LEVEL DEV）经汽包压力补偿后进入大旁路给水调节器（PIQ），调节器跟踪开关（FWCV PI TRACK）为逻辑“1”时，调节器退出自动调节转为“手动/自动同步跟踪”，跟踪值是电动给水泵大旁路调节阀的阀位反馈（MFW CV RB）。

电动给水泵定速调节阀自动调节原理，如图 9-7 所示。

（三）锅炉汽包水位定值与锅炉上水

APS 导引机组启动直接给定锅炉汽包水位定值。锅炉“汽包水位定值一

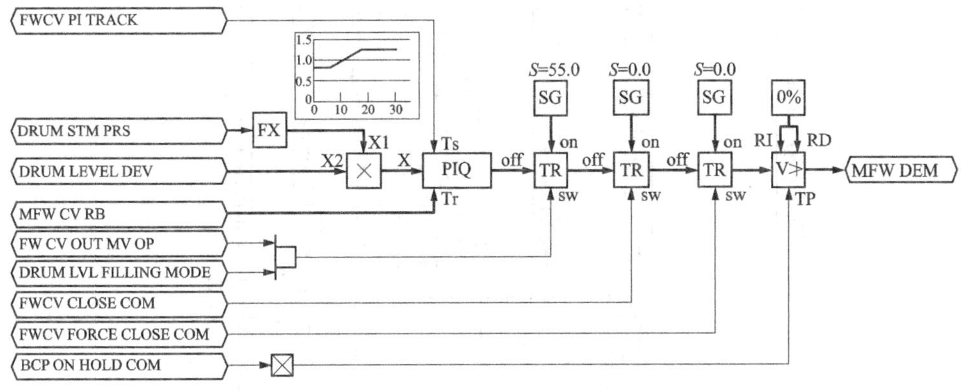

图 9-7　电动给水泵定速调节阀自动调节原理

100mm（DRUM LVL SET－100mm）”设定来自 APS 启动机组第三阶段（FURNA. PG & LIGHT-OFF）BP03 节点分布式主控器步序逻辑第二步发出的指令，当锅炉汽包压力高于 2MPa 后，汽包水位定值－100mm 被撤销，超驰设定汽包水位等于 0mm，同时允许手动设定汽包水位。

电动给水泵给水大旁路自动调节工作在自动伺服（FWCV AUTO STBY）方式，电动给水泵已合闸（M-BFP ON），则发出 60s 脉冲，锅炉给水调节即进入锅炉“1min 上水（DRUM LVL FILING)”。确认电动给水泵给水大旁路出口电动已开启，DRUM LVL FILING MODE 信号超驰控制设定电动给水泵给水大旁路调节阀开度在 55%为锅炉上水。

如果出现以下 4 个条件之一，给水自动调节将退出锅炉上水（DRUM LVL FILING）方式。

（1）给水调节阀自动调节未在自动伺服工作方式（not，FWCV AUTO ST-BY）。

（2）电动给水泵未在合闸状态（not，M-BFP ON）。

（3）锅炉非主燃料跳闸状态（not，MFT）。

（4）汽包水位与定值（－100mm）偏差小于 120mm。

（四）电动给水泵液力偶合器定速

电动给水泵定速液力偶合器转速给定：

电动给水泵液力偶合器调速给水自动调节原理（如图 9-8 所示中的）信号 CSPD，同时满足以下 3 个条件。

（1）液力偶合器调速未被许可（not，M-BFP H/C CONTRO）。

（2）电动给水泵已合闸（M-BFP ON）超过 1s。

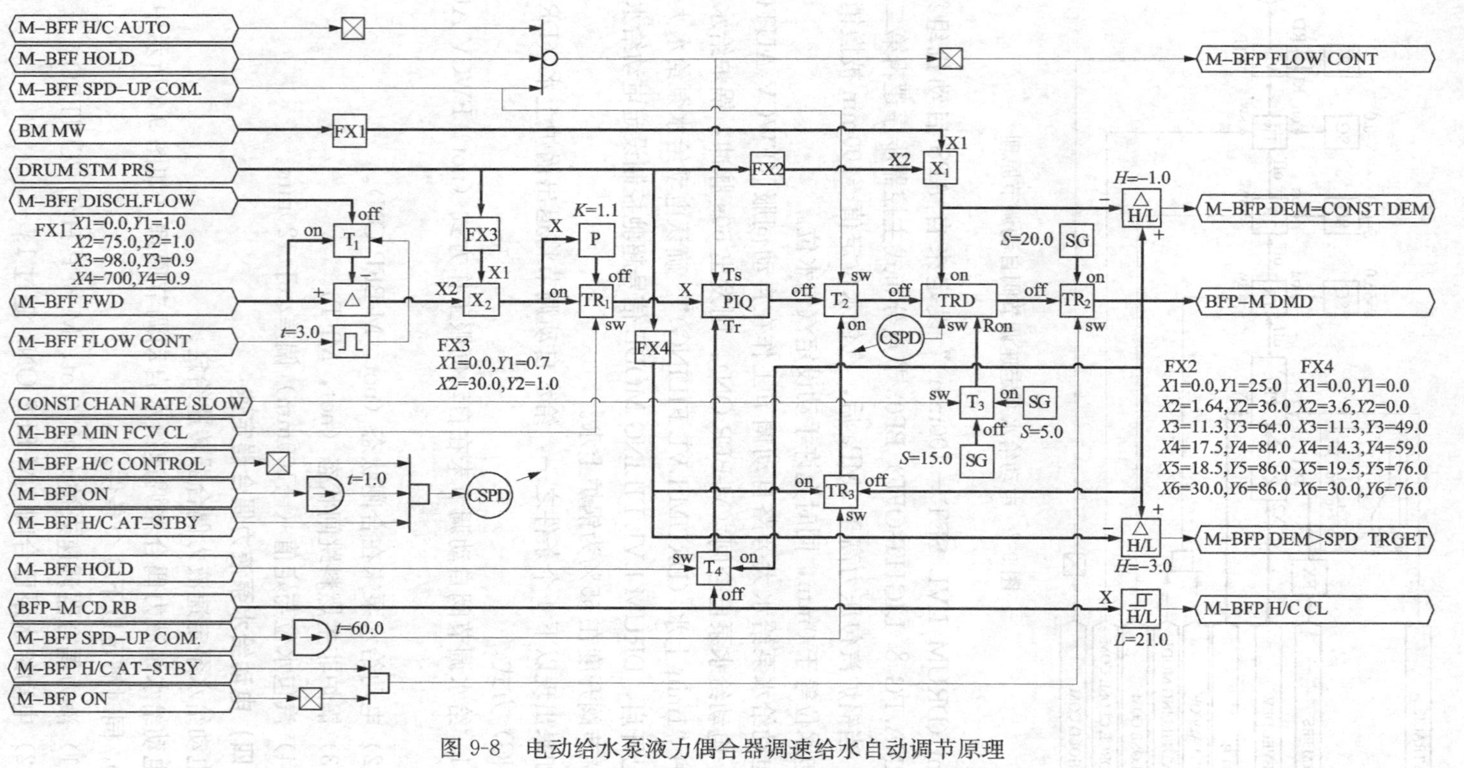

图 9-8 电动给水泵液力偶合器调速给水自动调节原理

（3）电动给水泵液力偶合器调速在自动伺服（M-BFP H/C AT-STBY）。

微分切换开关（TRD）断开 off 输入端，接通 on 端输入，乘法器$\times_1$的乘积输出即为电动给水泵液力偶合器控制指令（BFP-M DMD），给定电动给水泵转速。参与乘法器$\times_1$运算的两个函数，FX2 把锅炉汽包压力转换成液力偶合器开度，FX1 把锅炉目标负荷转换成修正系数，FX1 修正 FX2。机组未带负荷或负荷很低时，如 75MW 以下，液力偶合器几乎没有调节空间，只能定速运行，由给水调节阀调节给水流量。给水调节阀在某一开度下，阀门前后压差会影响给水流量。例如，给水泵出口压力为某一定值，此时汽包压力升高而减小了给水调节阀前后压差，即便开大调节阀，给水流量也无法维持，这时就要适当的开大液力偶合器勺管开度增加给水泵转速，提升给水泵出口压力以补偿锅炉汽包压力的升高，这就是 FX2 的作用。因此，所谓的电动给水泵定速（M-BFP CONST SPD MODE），其实更确切的说法应该是“液力偶合器随动定速”，是按图 9-8 逻辑中的函数 FX2 对应汽包压力给定液力偶合器勺管开度，并非固定不变。机组负荷 75～98MW 是给水调节阀自动调节转向液力偶合器调速的过渡过程，为了加快转换过程，利用 BM MW 的函数 FX1 对液力偶合器开度给定进行修正，相同给水流量下关小液力偶合器勺管开度，给水调节阀势必自动开大，加快了给水调节阀超过 90％阀位开度的进程，有利于液力偶合器自动调速从自动伺服转向自动调节，以及电动给水泵主给水电动门和给水大旁路出口电动门的切换。

六、电动给水泵液力偶合器调速自动伺服与调节

电动给水泵液力偶合器调速 STAND-BY 与 AUTO 逻辑，如图 9-9 所示。

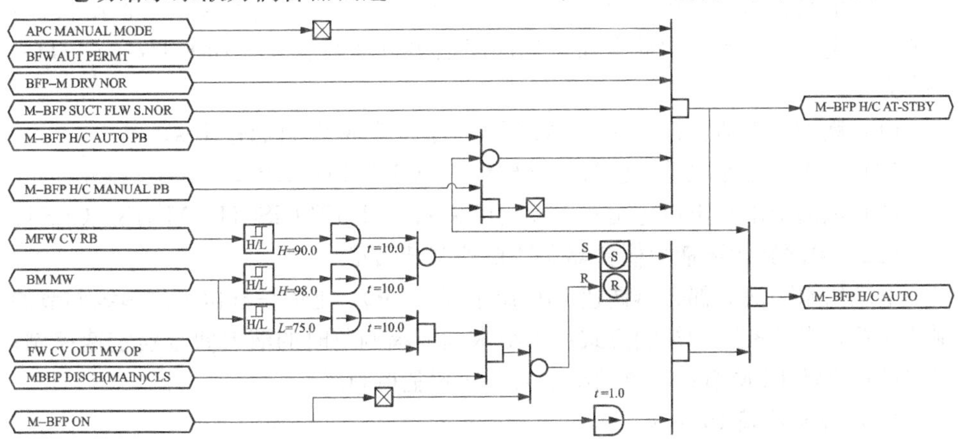

图 9-9　电动给水泵液力偶合器调速 STAND-BY 与 AUTO 逻辑

（一）电动给水泵液力偶合器伺服工作状态

电动给水泵液力偶合器调速自动伺服（M-BFP H/C AT-STBY）要同时满足以下 6 个条件。

（1）模拟量系统调节非手动（not MCS MANUAL MODE）。

（2）锅炉给水自动许可（BFW AUTO PERMIT）。

（3）电动给水泵调节回路控制正常（BFP-M DRV NOR）。

（4）电动给水泵入口流量信号正常（M-BFP SUCT FLW S. NOR）。

（5）电动给水泵液力偶合器调速自动按键（M-BFP H/C AUTO PB）已触发。

（6）电动给水泵液力偶合器调速手动按键（M-BFP H/C MANUAL PB）未触发。

电动给水泵液力偶合器自动调速（M-BFP H/C AUTO）工作方式应同时满足以下 3 个条件。

（1）电动给水泵液力偶合器调速工作方式已在伺服（M-BFP H/C AT-STBY）。

（2）电动给水泵合闸（M-BFP ON）已超过 1s。

（3）电动给水泵液力偶合器调速（M-BFP H/C CONTROL）。

（二）电动给水泵液力偶合器控制

电动给水泵液力偶合器调速回路已工作在自动伺服（STAND-BY）方式，在电动给水泵合闸（M-BFP ON）超过 1s 的情况下，锅炉给水大旁路调节阀开度（MFW CV RB）大于 90%且超过 10s，或者锅炉目标功率大于 98MW 也超过 10s，电动给水泵液力偶合器调速回路投入自动调节（M-BFP H/C AUTO），电动给水泵转速由液力偶合器控制（M-BFP H/C CONTROL）。

锅炉电动给水泵不在合闸状态（not，M-BFP ON），或者以下 3 个条件同时出现，则电动给水泵液力偶合器调速回路退出自动调节（M-BFP H/C AUTO）工作方式。

（1）锅炉主控器目标负荷（BM MW）小于 75MW 已超过 10s。

（2）给水大旁路电动门已打开（FW CV OUT MV OP）。

（3）电动给水泵出口主给水电动门已关闭［MBFP DISCH（MAIN）CLS］。

（三）电动给水泵液力偶合器调速自动调节回路

电动给水泵液力偶合器调速 PID 调节器（PIQ）是锅炉汽包水位串级调节的副调回路，设计有三种控制方式：①给水调节阀调节时的液力偶合器定速控制；②闭环负反馈 PI 调节；③电动给水泵升速超驰控制。

1. 闭环负反馈 PI 调节

电动给水泵调节器（PIQ）的输入为电动给水泵目标给水流量（M-BFP FWD）减去电动给水泵排出流量（M-BFP DISCH. FLOW）形成的偏差 Δ，经锅炉汽包压

力（DRUM SEM PRS）函数校正，再利用电动给水泵最小流量阀（M-BFP MIN FCV）的投/退状态系数对偏差Δ的幅值进行增益校正，最小流量阀打开时，偏差增益 $K=1.1$，关闭（M-BFP MIN FCV CL）后，增益 $K=1$。但实际运用中，电动给水泵通常都是在机组启动和停止过程中应用，机组停止过程投入电动给水泵，锅炉处在滑压运行方式，主蒸汽压力已偏离额定值，所以压力校正的范围有限。

2. 电动给水泵升速超驰控制

电动给水泵液力偶合器给水调节器输出 M-BFP DEM，控制液力偶合器勺管开度，DRUM STM PRS 函数转换出来的也是液力偶合器开度，如果 M-BFP DEM 低于 DRUM STM PRS 函数超过3%，逻辑将发出超驰升速指令（M-BFP SPD-UP COM.）代替 M BFP DEM，提升给水泵转速。液力偶合器转速偏差消除后，重新开始液力偶合器调速给水闭环负反馈调节。超驰提升液力偶合器勺管开度有助于加快给水泵转速用以提高给水泵出口压力平衡汽包压力对给水流量的影响。这是因为在 APS 停止机组过程中，锅炉热力参数较高，而给水泵从20%勺管开度启动，转速相对较低，利用超驰控制能直接提升电动给水泵转速，减小因 PI 调节超调而引起的水位波动。

七、电动给水泵自动解列、并列纠偏

机组启动时，电动给水泵首先投入，所以电动给水泵只有解列而无并列。机组停止时，电动给水泵最后退出，所以电动给水泵只有并列而无解列。机组启动过程中电动给水泵的解列，机组停止过程中电动给水泵的并列都是与电/汽动给水泵同时发生的。

（一）电动给水泵自动并列纠偏指令

APS 停止机组过程中电动给水泵自动并列（M BFP IN SERVICE）触发指令来自 APS 停止机组第一阶段（LOAD DOWN）第9步序，直接送达 MCS 的给水调节电动给水泵并列逻辑，触发指令为“M-BFP SERV IN CMD”，处在液力偶合器自动调速（M-BFP H/C AUTO）工作方式下的电动给水泵若已完成升速（M-BFP SPD-UP COMP），逻辑输出指令：电动给水泵并列开始（M-BFP IN SERVICE）。如果此时电动给水泵自举纠偏回路偏差值不等于0（>±1%），电动给水泵自举纠偏（M-BFP SERVICE IN）指令将发送到电动给水泵自举纠偏回路，开始执行并列纠偏控制。电动给水泵自举纠偏回路原理，如图9-10所示。

电动给水泵并列指令原理，如图9-11所示。

出现以下3种工作状态之一，电动给水泵就无法自动并列。

（1）电动给水泵液力偶合器非自动调速（not，M-BFP H/C AUTO）。

（2）电动给水泵进入解列方式（M-BFP SERV OUT MODE）。

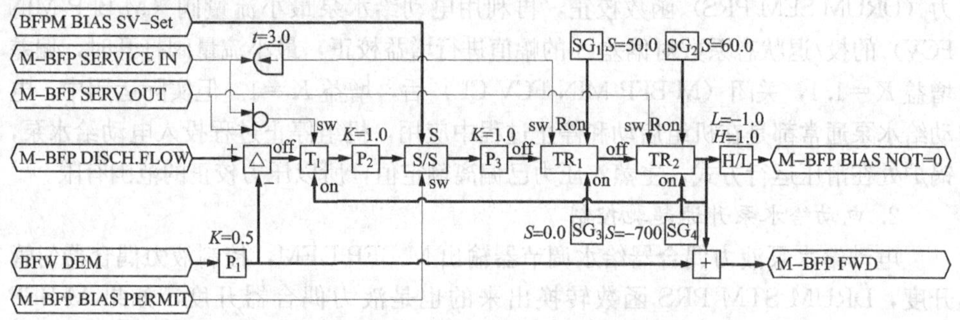

图 9-10　电动给水泵自举纠偏回路原理

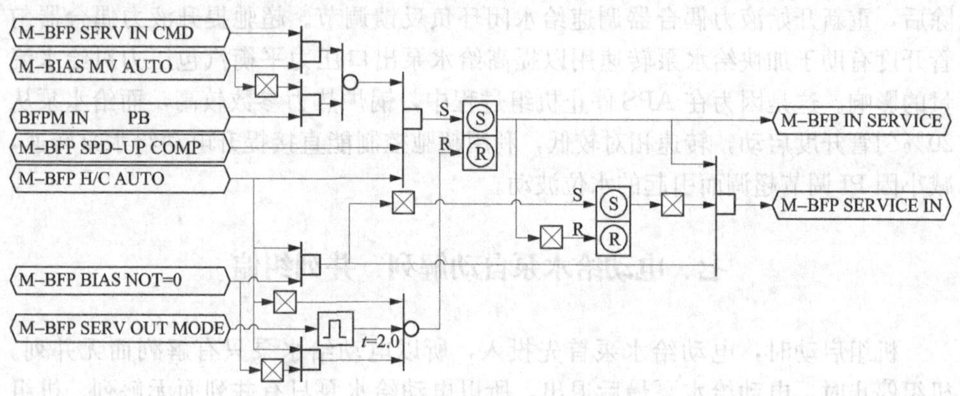

图 9-11　电动给水泵并列指令原理

（3）电动给水泵液力偶合器在自动调速（M-BFP H/C AUTO），但纠偏 $\Delta=0$。

（二）电动给水泵自动解列纠偏指令

APS 启动机组过程中，实发负荷升至 140MW(20%ECR)，汽/电动给水泵切换，第一台汽动给水泵并列，电动给水泵解列。电动给水泵解列（M-BFP OUT SERVICE）指令由 APS 启动机组第 6 阶段第 4 步序发出，在 MCS 锅炉给水调节回路中形成电动给水泵解列（M-BFP SERV OUT COM）信号，触发电动给水泵解列开始（M-BFP SERV OUT MODE）指令，确认电动给水泵液力偶合器勺管开度不低于 21%（M-BFP H/C CL），电动给水泵解列纠偏（M-BFP SERV OUT）指令将控制电动给水泵自举纠偏回路（如图 9-10 所示），自动解列电动给水泵。

出现以下 5 种工作状态之一，电动给水泵就无法自动解列。

（1）电动给水泵液力偶合器调速非自动（not，M-BFP H/C AUTO）。

（2）电动给水泵并列已开始（M-BFP IN SERVICE）。

（3）B汽动给水泵解列开始（B-BFPT SERV. OUT MODE）。

（4）A汽动给水泵解列开始（A-BFPT SERV. OUT MODE）。

（5）锅炉目标出力给定虽然高于50%ECR，但A或B汽动给水泵只有其中一台转速调节在自动，或者锅炉目标出力给定低于50%ECR，可是A或B汽动给水泵转速调节都不在自动。

电动给水泵解列指令原理，如图9-12所示。

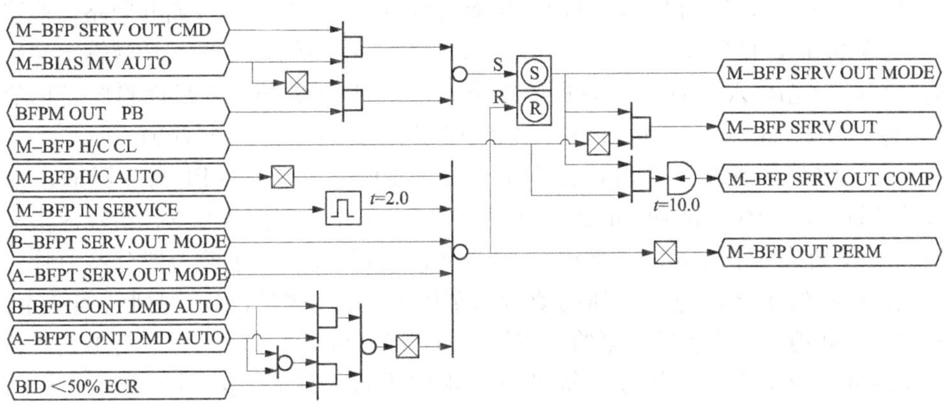

图9-12　电动给水泵解列指令原理

（三）电动给水泵自举纠偏

电动给水泵给水调节和汽动给水泵给水调节都设计有自举纠偏回路，给水调节自举纠偏回路设计在给水主控器（MASTER）和单泵（电、汽动给水泵）给水PI调节器之间。以图9-10为例，介绍电动给水泵给水自举纠偏原理。电动给水泵并列，应用于APS停机阶段，电动给水泵解列，应用于APS启动阶段。

1. 自举纠偏回路

自举纠偏回路包括输入偏差、目标给水输出、纠偏斜率给定和纠偏偏差监测等四部分。

（1）输入偏差Δ。Δ=［电动给水泵给水流量（M-BFP DISCH. FLOW）］－［给水主控器给水目标值（BFW DEM）×P1］

（2）目标给水输出。目标给水输出（M-BFP FWD）=（BFW DEM）×P1＋纠偏斜率给定

（3）纠偏斜率给定。经逻辑回路运算得出，这个回路包括回路切换器（T1）、传递系数（P2）、偏置给定器（S/S）、传递系数（P3）、并列切换器（TR1）、解列切换器（TR2）等。

（4）纠偏偏差监测。由一个高/低限报警监视器完成，当纠偏Δ>±1%时，则电动给水泵纠偏偏差不等于0（M-BFP BIAS NOT=0）。

2. 解列纠偏

（1）解列前回路状态。电动给水泵自动调节解列前处于正常 PI 自动调节，纠偏回路输入偏差 Δ≈0.0，直通 T1、P2、S/S、P3、TR1、TR2，输入加法器（+）作为加数，另一个加数就是给水主控器给水目标值（BFW DEM）×P1，因此，目标给水输出（M-BFP FWD）=（BFW DEM）×P1。

（2）解列纠偏斜波给定。纠偏回路收到电动给水泵解列指令（M-BFP SERV OUT），对 T1 和 TR2 这两个切换器进行输入转换，其一断开回路切换器 T1 输入端 off，接通 on 端输入。其二，TR2 输入由 off 转为 on，off 端输入原始值为零，on 端接入 SG4 纠偏目标给定值－700，从初始值 0.0 线性趋向目标值－700，TR2 将以 60%/min 的斜率输出纠偏斜波给定（0.0～－700）。

（3）解列纠偏过程。目标给水输出 Δ（M-BFP FWD）＝PI 调节器输出 Δ（BFW DEM）×P1＋纠偏给定 Δ（0.0～－700）。纠偏给定值从 0.0 按给定速率降至－700，在负值持续增大的作用下，M-BFP FWD 逐步关小液力偶合器勺管开度调低电动给水泵转速，直到电动给水泵解列退出锅炉给水，解列纠偏结束。同时，不断地减少电动给水泵给水流量（M-BFP DISCH. FLOW），将引发汽包水位降低，给水主调节器要对锅炉汽包水位进行大环校正，增加给水目标值（BFW DEM）的输出，调节其他给水泵的出力来补充锅炉给水，维持汽包水位在允许范围内。

3. 并列纠偏

（1）电动给水泵升速。机组停止过程中，APS 在 LOAD DOWN 阶段第 1 步即导引电动给水泵启动，机组当时的负荷高于 98MW，所以电动给水泵启动后便自举至液力偶合器调速自动方式，电动给水泵液力偶合器的勺管起始位置在 20%，也就是电动给水泵的目标转速（BFP-M DMD），而此时锅炉汽包压力（DRUM STM PRS）相对较高，经函数转换的液力偶合器目标开度（SPD TARGET）远大于 BFP-M DMD，触发了电动给水泵升速指令（M-BFP SPD-UP COM.），电动给水泵转速调节回路开始超驰升速，当 BFP-M DMD 转速低于液力偶合器目标开度 3%时，电动给水泵转速调节回路回归 PI 负反馈闭合调节。

（2）并列前回路状态。电动给水泵并列前，纠偏回路输入偏差 Δ=-BFW DEM×0.5，直通 T1、P2、S/S、P3、TR1、TR2，输入加法器运算，加法器的和 M-BFP FWD=0。

（3）并列斜波给定。纠偏回路接到电动给水泵并列纠偏指令（M-BFP SERVICE IN）后，切换开关 T1 断开 off，接通输入 on，并列纠偏指令同时接通切换器 TR1 输入 on，给定器 SG3 给定目标值 $S=0.0$，TR1 输出从 off 输入端的-BFW DEM×0.5 向给定值 0.0 线性升高，斜波速率 50%/min。

（4）并列纠偏过程。并列纠偏回路输出从-BFW DEM×0.5 向设定值 0.0 上

升，TR1输出负值不断减小，目标给水输出（M-BFP FWD）相应增大。ΔTR1输出小于±1时，电动给水泵并列纠偏指令复位，并列纠偏完成，电动给水泵给水流量（M-BFP DISCH. FLOW）与BFW DEM×0.5相平衡，M-BFP FWD=BFW DEM×0.5。锅炉给水调节大环校正原理与电动给水泵解列纠偏相同，仅水位变化方向相反。

（四）给水泵切换汽包水位补偿

汽动给水泵并列、电动给水泵解列的切换过程中，汽动给水泵增加的给水流量与电动给水泵减少的给水流量尽可能保持一致，在机组负荷稳定工况下，两台给水泵切换中如果不发生给水流量偏差就不会影响锅炉汽包水位变化。但是，毕竟给水泵切换、并列和解列动态调节过程机组参数复杂多变，电动给水泵（25%MCR出力）、汽动给水泵（50%MCR出力）的运行特性不可能完全相同，所以在给水泵并列、解列开始之前预先对汽包水位信号进行补偿，汽动给水泵并列时将汽包水位定值降低20mm，解列时增加40mm，用以减少给水自动调节回路大环校正时间和汽包水位波动幅度以确保切换过程的安全运行。

八、A汽动给水泵单元顺序控制

（一）A汽动给水泵单元顺序控制许可条件

A汽动给水泵单元顺控主控器，如图9-13所示。

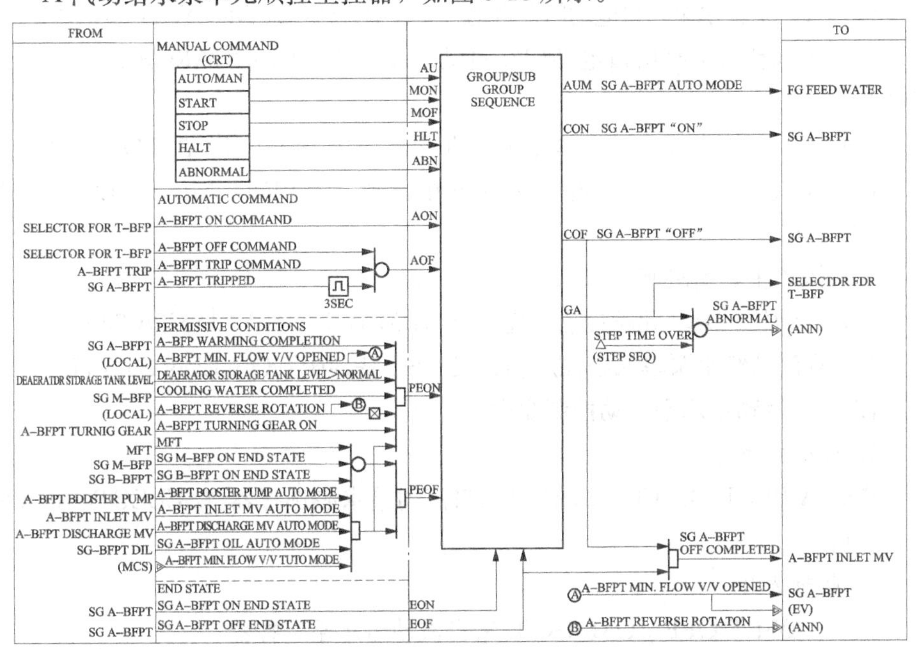

图9-13　A汽动给水泵单元顺控主控器

同时满足以下 11 个条件，允许启动。

（1）A 汽动给水泵暖泵已完成（A-BFP WARMIN COMPLETION）。

（2）A 汽动给水泵最小流量阀已开启（A-BFPT MIN. FLOW V/V OPENED）。

（3）除氧器水箱水位正常（DEAERATOR STORAGE TANK LEVEL>NORMAL）。

（4）冷却水已投入（COOLING WATER COMPLETED）。

（5）A 汽动给水泵未倒转（not，A-BFPT REVERSE ROTATION）。

（6）A 汽动给水泵盘车已经投入（A-BFPT TURNING GEAR ON）。

（7）A 汽动给水泵前置泵在自动（A-BFPT BOOSTER PUMP AUTO MODE）。

（8）A 汽动给水泵入口电动门在自动（A-BFPT INLET MV AUTO MODE）。

（9）A 汽动给水泵出口电动门在自动（A-BFPT DISCHARGE MV AUTO MODE）。

（10）A 汽动给水泵润滑油单元顺控在自动（SG A-BFPT OIL AUTO MODE）。

（11）A 汽动给水泵最小流量阀调节在自动（A-BFPT MIN. FLOW V/V AUTO MODE）。

同时满足以下（1）～（5）5 个条件，且出现（6）～（8）任一工况时，允许退出。

（1）A 汽动给水泵前置泵在自动（A-BFPT BOOSTER PUMP AUTO MODE）。

（2）A 汽动给水泵入口电动门在自动（A-BFPT INLET MV AUTO MODE）。

（3）A 汽动给水泵出口电动门在自动（A-BFPT DISCHARGE MV AUTO MODE）。

（4）A 汽动给水泵润滑油单元在自动（SG A-BFPT OIL AUTO MODE）。

（5）A 汽动给水泵最小流量阀调节在自动（A-BFPT MIN. FLOW V/V AUTO MODE）。

（6）锅炉主燃料跳闸（MFT）。

（7）电动给水泵单元顺控启动完成（SG M-BFP ON END STATE）。

（8）B 汽动给水泵单元顺控启动完成（SG B-BFPT ON EDN STATE）。

（二）A 汽动给水泵自动控制命令

1. 自动启动

指令 A-BFPT ON COMMAND 来自汽动给水泵选择器（SELECTOR FOR T-BFP）。

2. 自动退出

（1）A-BFPT OFF COMMAND 来自汽动给水泵选择器。

（2）A-BFPT TRIP COMMAND 来自 MFT 信号。

（3）A-BFPT TRIPPED 来自 A 汽动给水泵汽轮机跳闸状态信号。

（三）A 汽动给水泵单元顺控主控器指令输出

（1）SG A-BFPT“ON”，去 A 汽动给水泵单元顺控启动步序逻辑，启动 A 汽动给水泵。

（2）SG A-BFPT“OFF”，去 A 汽动给水泵单元顺控停止步序逻辑，停止 A 汽动给水泵。

（四）A 汽动给水泵单元顺控启、停完成设备状态

（1）启动完成状态（SG A-BFPT ON END STATE）。

（2）前置泵已合闸（A-BFPT BOOSTER PUMP ON）。

（3）入口电动门已开启（A-BFPT INLET MV OPENED）。

（4）出口电动门已开启（DISCHARGE MV OPENED）。

（5）A 汽动给水泵汽轮机已挂闸（A-BFP RESET）。

（6）升速已完成（A-BFPT SPEED UP COMPLETE）。

（7）停泵结束状态（SG A-BFPT OFF END STATE）。

（8）A 汽动给水泵汽轮机已跳闸（A-BFPT TRIPPED）。

（9）A 汽动给水泵出口电动门已关闭（A-BFPT DISCHARGE MV CLOSED）。

（10）A 汽动给水泵前置泵未合闸（not，A-BFPT BOOSTER PUMP ON）。

（五）A 汽动给水泵启动步序

（1）STEP 1：接到 A 汽动给水泵单元顺控主控器发来指令 SG A-BFPT“ON”，则发出指令启动 2 个顺控单元。

1）投入 A 汽动给水泵汽轮机蒸汽单元（SG A-BFPT STEAM“ON”）。

2）投入 A 汽动给水泵润滑油单元（SG A-BFPT OIL“ON”）。

（2）STEP 2：确认以下 2 个单元。

1）A 汽动给水泵汽轮机蒸汽单元已投入（SG A-BFPT STEAM ON END STATE）。

2）A 汽动给水泵润滑油单元已投入（SG A-BFPT OIL ON END STATE）。

发出第二条指令，开启入口电动门（A-BFPT INLET MV“OPEN”）。

（3）STEP ：3 确认以下 2 个设备。

1）入口电动门已开启（A-BFPT INLET MV OPENED）。

2）最小流量阀已开启（A-BFPT MIN. FLOW V/V OPENED）。

发出第三条指令，关闭出口电动门（A-PFPT DISCHARGE MV“CLOSE”）。

（4）STEP 4：同时满足以下 4 个条件。

1）出口电动门已关闭（A-PFPT DISCHARGE MV CLOSED）。

2）目标功率大于 18%ECR（MW DEMAND>18%）。

3）汽动给水泵汽轮机两个调节阀都已关闭（BOTH A-BFPT GV CLOSED）。

4）A 汽动给水泵启动准备就绪（A-BFPT READY）。

发出第四条指令，前置泵合闸（A-BFPT BOOSTER PUMP “ON”）。

如果此时汽动给水泵汽轮机转速大于 100r/min，则直接跳过上述 4 个条件，发出第四条指令。

（5）STEP 5：确认前置泵已合闸（A-BFPT BOOSTER PUMP ON），发出第五条指令，汽动给水泵汽轮机挂闸（A-BFPT RESET）。若此时汽动给水泵汽轮机的两个主汽门都已开启（BOTH A-BFPT MSV OPENED），则给定汽动给水泵汽轮机目标转速 2200r/min（A-BFPT SPEED SET 2200r/min）。

（6）STEP 6：确认 A 汽动给水泵组暖机已完成且汽动给水泵汽轮机也已挂闸，发出第六条指令，汽动给水泵汽轮机最高转速设定在 5950r/min（A-BFPT SPEED SET 5950r/min），开始升速。

（7）STEP 7：确认 A 汽动给水泵升速已完成（A-BFPT SPEED UP COMPLETE），发出第七条指令，开启出口电动门（A-BFPT DISCHARGE MV “OPEN”）。

（六）A 汽动给水泵汽轮机蒸汽单元

APS 自动工作方式下，APS 直接控制汽动给水泵汽轮机蒸汽单元启动和停止，汽动给水泵汽轮机蒸汽单元包括 5 台设备，但由蒸汽单元主控器控制的设备只有高压蒸汽电动门和低压蒸汽电动门，其余暖泵阀、排气电动蝶阀和轴封蒸汽电磁阀都有各自的控制方式，启动后状态则作为汽动给水泵汽轮机蒸汽单元顺控已完成的必要条件。

接到 APS 启动第二阶段汽轮机抽真空（VACUUM UP）节点 BP02 发来指令：投 A 汽动给水泵汽轮机蒸汽单元（A-BFPT STEAM SG “ON”）。

（1）A 汽动给水泵汽轮机蒸汽单元主控器发出指令：

1）开启 A 汽动给水泵汽轮机高压蒸汽电动门（A-BFPT HP STEAM MV “OPEN”）。

2）开启 A 汽动给水泵汽轮机低压蒸汽电动门（A-BFPT LP STEAM MV “OPEN”）。

（2）协同设备状态。

1）排气电动蝶阀（A-BFPT EXHAUST MD）。汽动给水泵汽轮机排气电动蝶阀控制是在汽轮机顺控抽真空系统中，但在设备归属上却划归在汽动给水泵汽轮机蒸汽系统里。由抽真空系统顺控主控器发布指令（A-GLAND STM. DAMP “OPEN”）打开汽动给水泵汽轮机排气电动蝶阀。汽轮机凝汽器真空（CONDENSER VACUUM）高于汽动给水泵汽轮机排汽真空（A-BFPT

EXHAUST VACUUM）－15kPa作为打开汽动给水泵汽轮机排气电动蝶阀的许可条件。

2）轴封蒸汽电磁阀（A-BFPT GLAND SEAL STEAM V/V）。接受汽动给水泵汽轮机排气电动蝶阀开、关控制指令，与汽动给水泵汽轮机排气电动蝶阀联动。

3）汽动给水泵汽轮机预暖阀（A-BFPT WARMING MV）。汽动给水泵汽轮机预暖阀虽然纳入汽动给水泵汽轮机蒸汽单元，但采用手动远方控制，设计有联动功能，汽动给水泵汽轮机排气电动蝶阀（A-BFPT EXHAUST MD）一旦关闭，预暖阀随之关闭。排气电动蝶阀已打开作为预暖阀开启的许可条件。

（七）A汽动给水泵润滑油单元

APS自动控制方式下，汽动给水泵润滑油单元同样由APS直接启动。作为安全措施，汽动给水泵汽轮机润滑油单元没有设计任何远方停止功能，汽动给水泵汽轮机停机后，分闸（OFF）润滑油泵只能到就地控制盘上手动操作。

（1）STEP 0：接到APS启动第二阶段汽轮机抽真空（VACUUM UP）节点BP02发来指令：投A汽动给水泵汽轮机油单元（A-BFPT OIL SG“ON”）。

（2）STEP 1：启动油箱排烟风机（A-BFPT OIL TANK VAPOUR EXTRACTOR“ON”）。

（3）STEP 2：启动1号或2号润滑油泵（OIL PUMP“ON”）。

（4）STEP 3：投汽动给水泵汽轮机盘车（TURNING GEAR“ON”）。

汽动给水泵汽轮机盘车投入后，状态反馈到APS启动第4阶段作为汽轮机冲转准备条件（TURBINE ROLLING PRE-OPE CONDITION）。

（八）A汽动给水泵停止步序

（1）STEP 0：A汽动给水泵单元顺控步序逻辑接到单元主控器发来“单元顺控停止A汽动给水泵（SG A-BFPT SHUT-DOWN）”命令，或者主蒸汽流量低于16%，即开始单元顺控停A汽动给水泵。

（2）STEP 1：发出指令关闭A汽动给水泵出口电动门（A-BFPT DISCH. MV“CLOSE”）。此时，汽动给水泵汽轮机MEH已退出自动伺服方式（T-BFP“NOT STAND-BY MODE”）。

（3）STEP 2：单元顺控启动润滑油泵（SG A-BFPT OIL START-UP）。

（4）STEP 3：停A汽动给水泵前置泵（A-BFPT BOOSTER PUMP“OFF”）、A汽动给水泵汽轮机打闸（A-BFPT TRIP）。

（九）A汽动给水泵升速已完成

汽动给水泵启动后，未见出现“汽动给水泵汽轮机超速试验投入辅助蒸汽（AUX STEAM MOST IN）”“A汽动给水泵跳闸（A BFP-T TRIP）”和“A汽动给水泵汽轮机在降速（A BFP-T SPEED-DOWN IN）”等三种工况，同时满足以下 3 个逻辑条件。

（1）A 汽动给水泵出口压力（A BFP-T OUTLET PRESS.）接近给水母管压力（BFP-T OUTLET FEEDWATER PRESS.）相差小于 1MPa，且超过 2s。

（2）A 汽动给水泵汽轮机实际转速（A BFP-T SPEED）大于 2200r/min。

（3）A 汽动给水泵出口压力正常（A BFP-T OUTLET PRESS. NORMAL）或给水母管压力正常（BFP-T OUTLET FEEDWATER PRESS. NORMAL）。

可确认汽动给水泵升速已完成（A-BFPT SPEED UP COMPLETE）。

汽动给水泵正常启动过程中，主要根据汽动给水泵汽轮机运行转速、给水泵出口压力与给水母管压力差值综合判断汽动给水泵汽轮机升速是否完成。设定汽动给水泵转速不低于 2200r/min 是汽动给水泵汽轮机暖机转速，而给水压力参数则与锅炉给水系统运行实际工况密切相关。因为锅炉给水系统运行要先启动电动给水泵，汽动给水泵启动时锅炉给水母管已经升压，给水母管压力会随着锅炉运行工况变化，汽动给水泵启动后，还要并入锅炉给水母管才能向锅炉给水，这就需要给水泵出口与给水母管维持一个合适的压差，本逻辑设定给水泵出口压力低于给水母管小于 1MPa，这样既保证了汽动给水泵出口逆止门正常关闭，又降低了汽动给水泵并泵时转速提升的空间。待并泵条件符合要求时执行汽动给水泵的并泵操作，开始并泵的指令可以是全自动的，也可以人工在操作员站上按键触发。

（4）汽动给水泵给水自动调节。汽动给水泵自动调节原理，如图 9-14 所示。

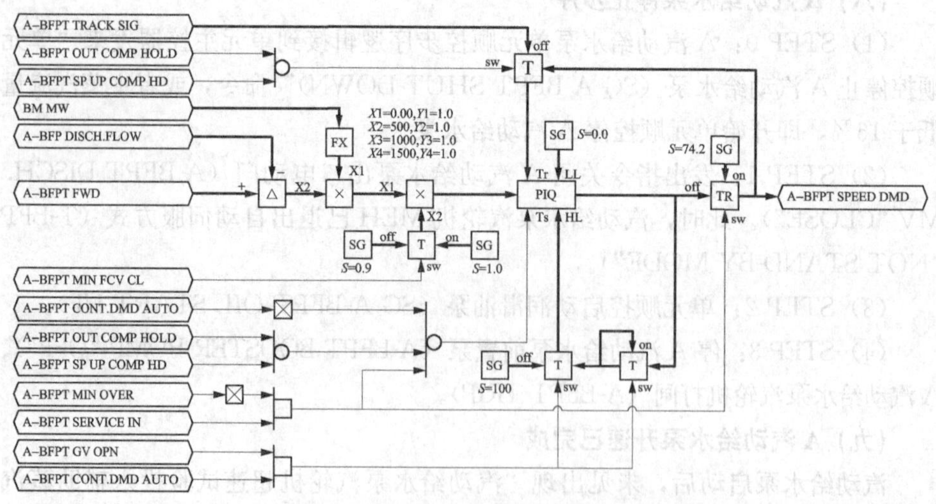

图 9-14　汽动给水泵自动调节原理

1. 自动调节

汽动给水泵给水调节设计有一个单回路PI转速调节器，是锅炉给水自动调节系统的副回路，调节定值（A-FPT FWD）来自A汽动给水泵给水调节“自动纠偏”回路输出，过程测量值为给水泵给水流量（A-BFPT DISCH FLOW），形成的偏差（Δ）先经过锅炉目标功率函数修正，再通过最小流量阀开关状态增益校正，最小流量阀全关时（A-BFPT MIN FCV CL），增益等于1，打开时增益为0.9，然后输入PID调节器。输出有一超驰控制，在汽动给水泵已并列运行后，如果给水泵入口流量低于最低流量（A-BFPT MIN OVER），给水泵转速将被强制在额定转速的74.2%，快速增加A-BFPT的给水流量。

2. 同步跟踪

为应对多种运行工况，汽动给水泵给水调节同步跟踪设计有三种工作方式。

（1）汽动给水泵给水调节退出自动工作方式时，跟踪信号（A-BFPT TRAKC SIG）来自汽动给水泵汽轮机MEH转速给定。

（2）汽动给水泵解列完成（A-BFPT OUT COMP. HOLD）或汽动给水泵升速已完成（A-BFPT SP UP COMP HD.），调节器跟踪汽动给水泵转速输出指令（A-BFPT SPEED DMD.）。

（3）汽动给水泵已并列，给水泵入口流量因为某种原因低于65t/h（A-BFPT MIN OVER），调节器跟踪来自汽动给水泵汽轮机MEH转速给定信号[A BFP-T FWC SPEED SET（%）ANSWER]。

（十）汽动给水泵给水自动伺服与调节

汽动给水泵STAND-BY与AUTO原理逻辑，如图9-15所示。

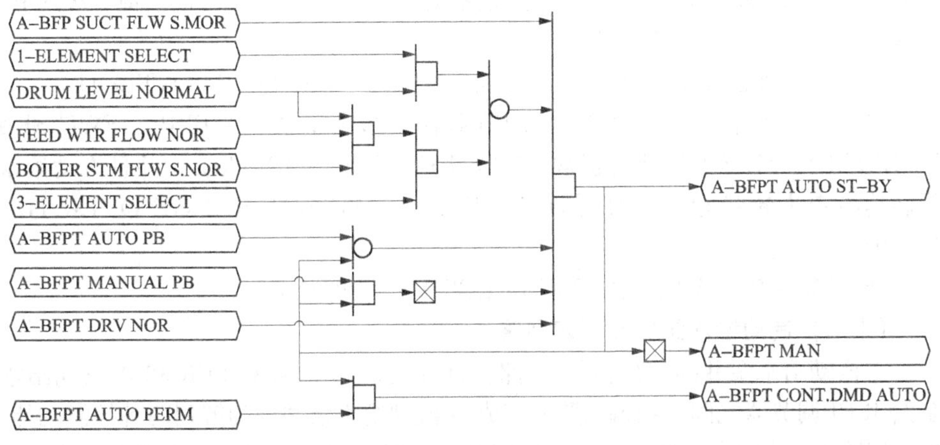

图9-15　汽动给水泵STAND-BY与AUTO原理逻辑

1. 自动伺服（STAND-BY）

同时满足以下5个条件。

（1）A汽动给水泵入口流量信号正常（A-BFP SUCT FLW S.NOR）。

（2）锅炉给水自动许可（BFW AUTO PERMIT）。单冲量调节时（1-ELEMENT SELECT），锅炉汽包水位信号正常（DRUM LEVEL NORMAL）或三冲量调节时（3-ELEMENT SELECT）锅炉汽包水位信号正常、给水流量信号正常（FEED WTR. FOLW. NOR），以及主蒸汽流量信号正常（BOILER STM. FLW. S. NOR.）。

（3）A汽动给水泵调节自动按键（A-BFPT AUTO PB）已触发。

（4）A汽动给水泵调节手动按键（A-BFPT MANUAL PB）未触发。

（5）A汽动给水泵汽轮机转速控制输出正常（A-BFPT DRV NOR）。

2. 自动调节（A-BFPT CONT. DMD AUTO）

同时满足以下2个条件。

（1）A汽动给水泵给水流量调节已在自动伺服（A-BFPT AUTO ST-BY）。

（2）A汽动给水泵汽轮机转速自动许可（A-BFPT AUTO PERM）。

（3）汽动给水泵转速控制自动许可（A-BFPT AUTO PERM）。

来自汽动给水泵汽轮机电液控制装置MEH（A BFP-T MCS AUTO PERMIT），同时满足以下5个条件。

（1）A汽动给水泵汽轮机调门电液转换器已在AUTO（A BFP-T EH AUTO）。低压调门控制在自动（A-LP-GV CONTROL AUTO MODE），高压调门控制也在自动（A-HP-GV CONTROL AUTO MODE）。

（2）A汽动给水泵MEH转速控制自动许可（A-BFP MAST AUTO PER.）。在汽动给水泵汽轮机MEH初始化正常（A-BFPT TRK SIG S.NOR）情况下，FCB/RB动作或A-BFPT转速PI调节器输出指令与转速反馈信号的差值（A-BFPT DEV. HI）不大于±5%且不超过60s。

（3）A汽动给水泵汽轮机升速已完成（A BFP-T SPEED-UP COMPLETE）。

（4）A汽动给水泵转速MCS调节器转速指令正常（A BFP-T FWC SET NORMAL）。MCS系统状态正常（MCS RECEIVE NORMAL），并且汽动给水泵转速给定未超量程（＞120%）（A BFP-T FWC SET RANGE OVER H＝120.0）。

（5）MCS系统状态正常（MCS RECEIVE NORMAL）。

（十一）汽动给水泵自举纠偏回路

A汽动给水泵并列/解列纠偏回路设计在锅炉给水MASTER和A汽动给水泵给水PI调节器之间，纠偏回路能完成A汽动给水泵并列和解列两种控制功能。纠偏回路主要由输入偏差（Δ）、纠偏回路切换器（T）、A汽动给水泵偏置给定器（S/S）、并/解列切换器（TR）等组成。输入偏差Δ＝(A-BFP DISCH. FLOW)－(BFW DEM)，由A汽动给水泵给水流量减去给水调节MASER目标流量得出，作为纠偏控制起始基准。纠偏回路切换器在A汽动给水泵汽轮机并列和解列过程中

闭合纠偏给定回路。A汽动给水泵偏置给定器在给水调节回路正常控制时设定A汽动给水泵给水调节的偏置。并/解列切换器在接到并列/解列指令后，给定并列/解列纠偏目标值和变化速率，并按变化速率从输入偏差Δ开始变化至纠偏目标值，产生给定斜率的纠偏偏差A-BFPT BIAS。给水调节MASER目标流量BFW DFW和纠偏偏差A-BFPT BIAS代数和形成纠偏回路输出A-BFPT FWD，作为后续A汽动给水泵给水PI调节回路的给定值。

A汽动给水泵自举纠偏回路逻辑原理，如图9-16所示。

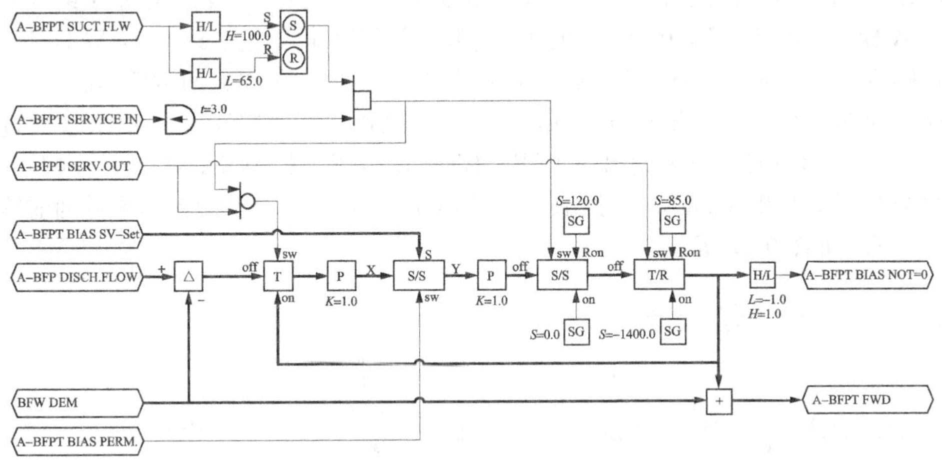

图9-16 A汽动给水泵自举纠偏回路逻辑原理

（十二）汽动给水泵并列与解列

汽动给水泵并列有两种不同工况。一种是机组启动时给水泵的切换，即第一台汽动给水泵并泵，同时已运行的电动给水泵解列，另一种情况是第一台汽动给水泵已运行，第二台汽动给水泵并列。在第一种运行情况下，给水调节MASER输出的BFW DEM在汽动给水泵和电动给水泵并列/解列切换过程中基本保持不变。第二种情况，在第二台汽动给水泵并泵时，BFW DEM会降低，减少第一台汽动给水泵给水流量，平衡第二台泵的给水流量，来保持锅炉总给水流量不变。

汽动给水泵解列同样也有两种不同工况。第一，是APS机组停运第一阶段降负荷步序逻辑第一步启动电动给水泵，随着机组负荷降至25%ECR，APS指令电动给水泵并列，锅炉顺控（B-SCS）指令解列第一台汽动给水泵，MCS对电/汽动给水泵进行切换，锅炉给水流量基本不变，给水调节MASER也同样维持原有输出。第二，是在APS机组停运第一阶段降负荷步序逻辑第十步，指令解列最后一台汽动给水泵（LAST T BFP“OUT SERVICE”），给水调节MA-

SER 要把解列汽动给水泵的流量转移到电动给水泵上，相应增加 BFW DEM 输出，维持锅炉汽包水位在正常值。

九、自举纠偏的工作原理

（一）给水泵并列纠偏过程

并泵过程开始之前，给水调节 MASER 和 A 汽动给水泵给水 PI 调节回路都已在 AUTO 状态。此时，因 A 汽动给水泵尚未并列运行，A 汽动给水泵给水流量 A-BFP DISCH. FLOW＝0，因此，并列纠偏回路输入偏差 Δ＝－BFW DEM，切换器（T、TR）与偏置给定器（S/S）切换开关指令 A-BFP SERV. OUT、A-BFP SERV. IN、A-BFPT BIAS PERM. 均为逻辑“0”状态，输入偏差 Δ 通过 T、S/S、TR 输出，TR 输出 A-BFPT BIAS 就等于－BFW DEM，与给水调节 MASER 输出 BFW DEM 代数相加，A-BFPT FWD＝0，A 汽动给水泵并列前等效逻辑，如图 9-17 所示。

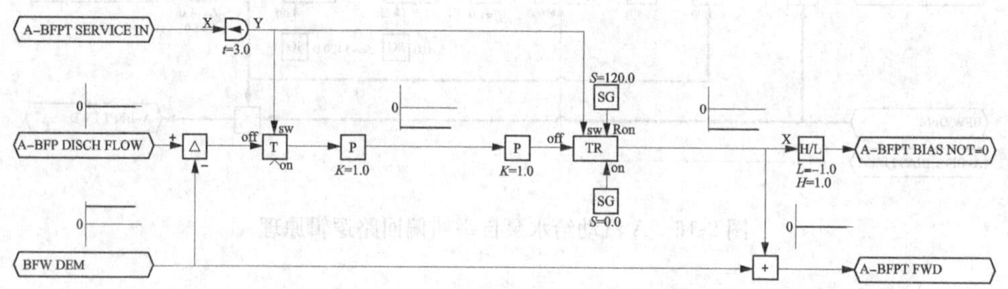

图 9-17　A 汽动给水泵并列前等效逻辑

当 A-BFPT SERVICE IN＝“1”，A 汽动给水泵入口流量 A-BFPT SUCT FLW 又大于 100t/h 时，形成有效的并列指令，分别作用在切换器 T 和 TR 上，令两个切换器的开关 SW 接通各自的输入 on，A 汽动给水泵并列过程等效逻辑，如图 9-18 所示。同时，接通切换器 TR 并列纠偏目标值（S＝0.0）和并列斜率（S＝120.0）。TR 为外部给定斜率切换器，off 端输入初始值“－BFW DEM”，on 端输入目标给定值 S＝0.0，输出 A-BFPT BIAS 将按 S＝120t/min 的速率从“－BFW DEM”开始趋向目标值设定值 S＝0.0，纠偏回路输出 A-BFPT FWD＝(BFW DEM)＋Δ(A-BFPT BIAS)，从并列前的零输出按 120t/min 的速率持续增加，A 汽动给水泵相应提高转速，增大给水流量（A-BFPT DISCH. FLOW），汽包水位瞬时升高，经过锅炉汽包水位调节器大环校正，给水调节 MASER 输出 BFW DEM 随之降低，减少在运泵的排出流量，维持锅炉给水总流量，调节汽包水位在正常范围，直至纠偏偏差 A-BFPT BIAS＜±1%，逻辑认定 A-BFPT BIAS＝“0”，

纠偏并泵过程结束。作为实例，图 9-19 为 B 汽动给水泵自举纠偏并列趋势，A 汽动给水泵为在运泵。

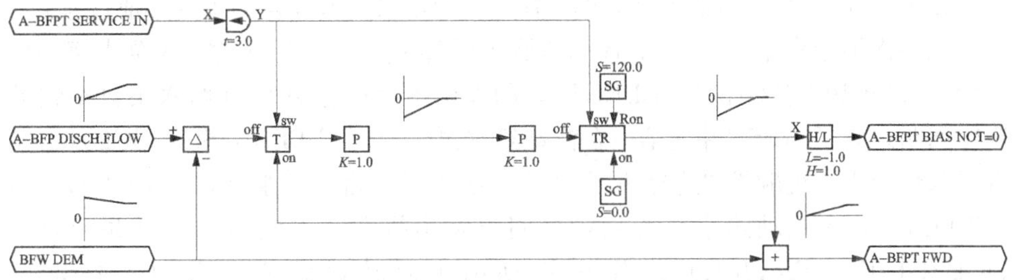

图 9-18 A 汽动给水泵并列过程等效逻辑

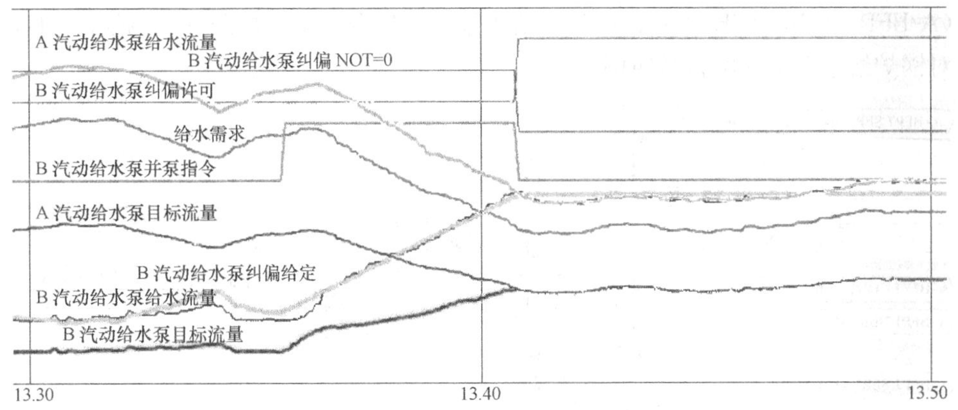

图 9-19 B 汽动给水泵自举纠偏并列趋势

（二）汽动给水泵并列指令

汽动给水泵并列指令（A-BFPT SERVICE IN）触发方式有两种，自动（A-T BIAS MV AUTO）和手动（not，A-T BIAS MV AUTO）。需要明确的是，汽动给水泵并列全程自主自动完成。手动并列方式，并列指令在 DCS 操作员站的“BFPT IN/OUT”操作面板上人工输入。自动并列方式，自动触发指令由控制逻辑发出。汽动给水泵有 A、B 两台泵，并列投入锅炉给水系统运行需要按先后次序进行，就有了第一台并列泵和第二台并列泵的区分。并列第一台汽动给水泵的指令（1st T-BFP IN SERVICE），从 APS 启动第六阶段（LOAD UP）步序逻辑第 3 步发到 MCS 系统 A 或 B 汽动给水泵自举纠偏逻辑回路。至于 A 或 B 泵哪台为第一台并列泵（1st T-BFP IN SERVICE），在锅炉顺控 SCS 中决定。锅炉 SCS 给水系统顺控设计有“A/B 汽动给水泵选择器”（A/B-BFP SELECTOR），可手动选择，人工在 DCS 操作员站“A/B-BFP SELECTOR”操作面板上选定。也可由逻辑自动选择，初次启动默认 A 汽动给水泵为第一台并列泵（1st T-BFP IN SERVICE），或者首选并列选择器记忆的前一次最后退出的汽动给水泵。

以下论述以A汽动给水泵为例（B汽动给水泵遵循同样的指令形成过程）。

如果锅炉给水系统顺控A/B汽动给水泵选择器选定A汽动给水泵为第一台并列泵（1st BFPT Grp A SELECT），即发出指令送达A汽动给水泵自举纠偏逻辑回路。有了APS“并列第一台汽动给水泵（1st T-BFP IN SERVICE）”，又有了锅炉给水系统顺控“选择A汽动给水泵为第一台并列泵（1st BFPT Grp A SELECT）”，A汽动给水泵并列指令回路发出指令“A汽动给水泵并列开始（A-BFPT IN SERVICE）”。当A汽动给水泵转速调节在自动（A-BFPT CONT. DMD AUTO），并且A汽动给水泵纠偏偏差不等于零（A-BFPT BAIS NOT=0），A汽动给水泵并列指令回路继而发出指令“A汽动给水泵并列纠偏（A-BFPT SERVICE IN）”，A汽动给水泵并列指令逻辑（如图9-20所示）开始对锅炉给水调节回路自举纠偏。

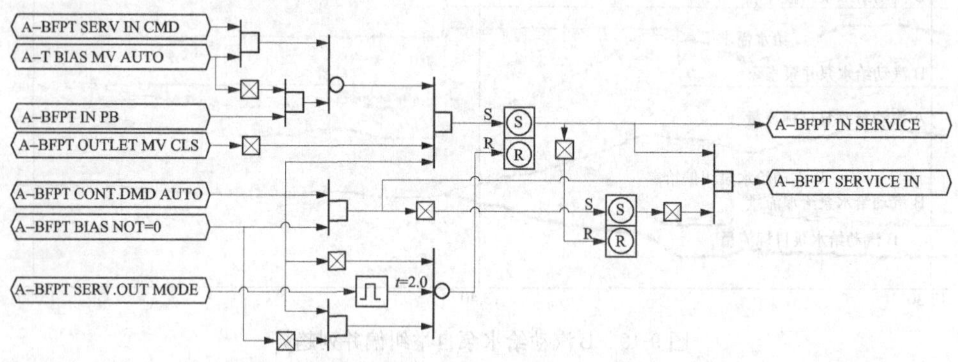

图9-20　A汽动给水泵并列指令逻辑

以下任一运行状态出现时，将退出A-BFPT IN SERVICE。

（1）A汽动给水泵转速调节回路未在自动方式（not，A-BFPT CONT. DED AUTO）。

（2）A汽动给水泵在解列方式（A BFPT SERV. OUT MODE），2s脉冲。

（3）虽然A汽动给水泵转速调节回路在自动方式，但A汽动给水泵纠偏偏差等于零（not，A-BFPT BIAS NOT=0）。

所以，启动锅炉给水调节回路的自举纠偏、自动并列，可手动选择给水泵，再手动触发自动并列，也可全部由APS＋SCS＋MCS三个控制系统协同自动完成。

如果A汽动给水泵是第二台并列泵，触发指令源自锅炉SCS给水系统顺序控制逻辑，当机组目标负荷大于21%ECR，锅炉SCS向MCS发出指令“A-BFPT SERV IN CMD”，A汽动给水泵开始自动并列纠偏。

（三）给水泵解列纠偏过程

当解列纠偏指令“A-BFPT SERV. OUT”有效时，切换器（T）闭合纠偏回路，解列切换器（TR）接通解列目标值（S＝-1400）和解列速率给定值（S＝85），A-BFPT BIAS将按照S＝85t/min的斜率从输入偏差Δ＝0开始，向给定的目标值“－1400t/h”变化，（A汽动给水泵解列前等效逻辑，如图9-21所示）A-BFPT FWD的输出值反斜率变化，A汽动给水泵逐渐减少给水流量（A-BFPT DISCH. FLOW），直至流量为零。两台泵并列运行时，在运泵就要同步担负起解列泵减少的给水流量，锅炉给水目标流量（BFW DEM）自然要相应增加，维持锅炉给水流量基本不变。电/汽动给水泵切换则控制BFW DEM维持电动给水泵给水流量与汽动给水泵解列前基本相同。

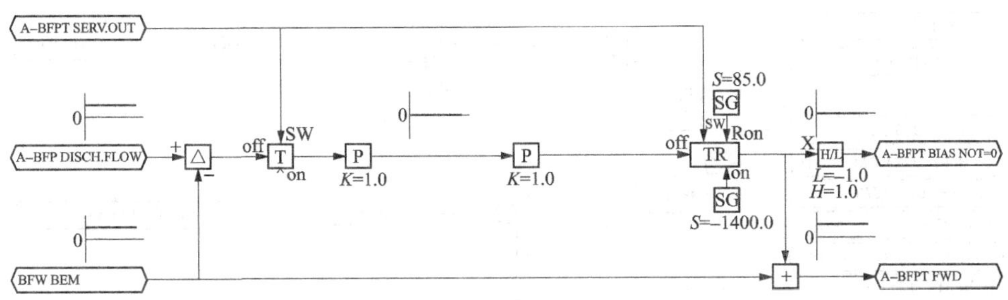

图9-21 A汽动给水泵解列前等效逻辑

A汽动冷水泵解列过程等效逻辑如图9-22所示。

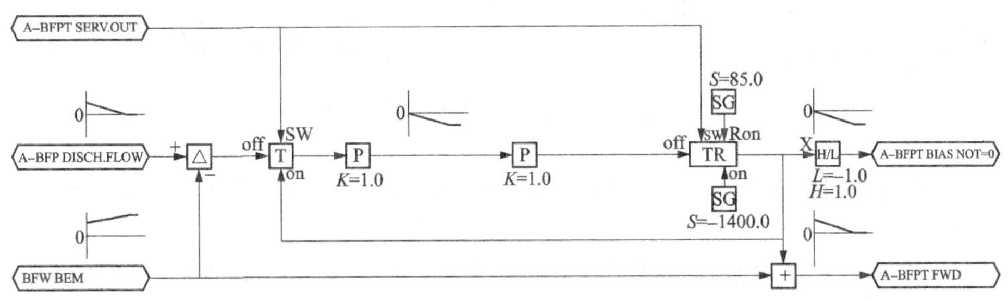

图9-22 A汽动给水泵解列过程等效逻辑

（四）汽动给水泵解列指令

仍然以A汽动给水泵为例进行说明。A汽动给水泵解列指令原理，如图9-23所示。与汽动给水泵并列指令形成方式相同，触发A汽动给水泵解列开始指令（A-BFPT SERV. OUT MODE），同样有手动和自动两种方式，手动操作是在锅炉给水SCS中手动选择给水泵，在MCS给水调节中手动（not，A-T BIAS MV AUTO）按键触发给水泵解列。自动触发A汽动给水泵的“解列开始指令（A-BFPT SERV OUT CMD）”源于锅炉给水SCS，当机组目标负荷小于25％

ECR时，锅炉给水SCS向MCS给水调节回路发出指令“解列第一台汽动给水泵（1st-BFPT SER OUT CMD）”，汽动给水泵自动解列时，是按照“后并先解”的规则进行给水泵解列操作，如果给水泵并列时B汽动给水泵为第一台并列泵，A就是第二台并列泵，A汽动给水泵首先被解列，而B汽动给水泵就是最后一台（第二台）解列泵（LST-BFPT SER OUT CMD）。解列第二台汽动给水泵的指令（LAST T BFP OUT SERVICE）发自APS，停止机组第一阶段（LOAD DOWN）第10步序，指令送达MCS锅炉给水调节回路，触发“B汽动给水泵解列开始（B-BFPT SER OUT CMD）”，如果B汽动给水泵此时并未在解列状态（not，MCS SERVICE OUT CONDITION），即发出“B汽动给水泵解列纠偏（B-BFPT SERV. OUT）”指令。

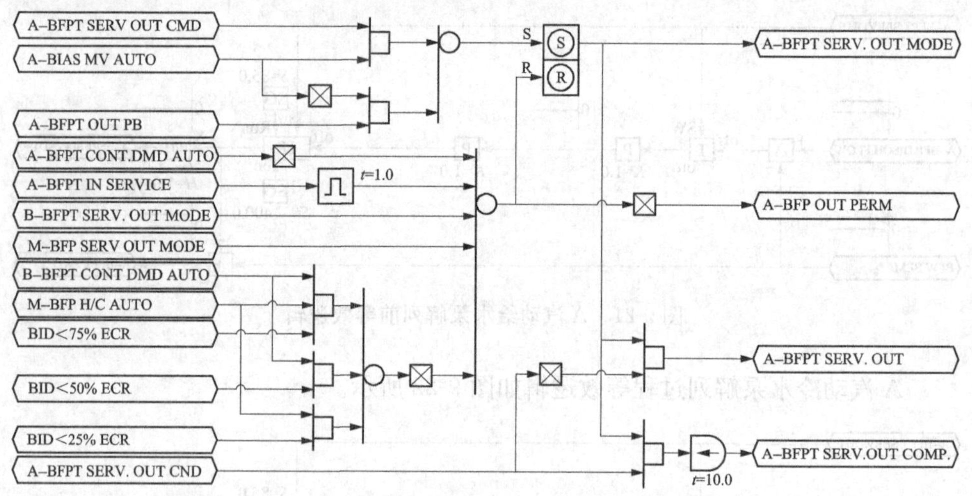

图9-23　A汽动给水泵解列指令原理

出现以下任一状态，A汽动给水泵将退出解列方式（A-BFPT SERV. OUT MODE）。

（1）A汽动给水泵转速调节器未投“自动（not，A-BFPT CONT DMD AUTO)”。

（2）A汽动给水泵并列开始（A-BFPT IN SERVICE）发出1s脉冲。

（3）B汽动给水泵解列方式（B-BFPT SERV. OUT MODE）。

（4）电动给水泵解列开始（M-BFP SERV OUT MODE）。

（5）以下3个条件全不满足。

1）锅炉目标负荷小于75%ECR（BID＜75% ECR），B汽动给水泵转速调节器在AUTO（B-BFPT CONT. DMD AUTO），并且电动给水泵液力偶合器调速已投“自动（M-BFP H/C AUTO）”。

2）锅炉目标负荷小于50%ECR（BID＜50% ECR），A汽动给水泵转速调

节器在 AUTO（A-BFPT CONT. DMD AUTO）。

3）锅炉目标负荷小于 25%ECR（BID<25% ECR），电动给水泵液力偶合器调速已投 AUTO（M-BFP H/C AUTO）。

十、锅炉给水调节与 MEH 的互联

汽动给水泵由可调速汽轮机驱动，站在自动控制原理的角度看，汽动给水泵汽轮机和电动给水泵的液力偶合器，都可抽象成锅炉给水自动调节回路的“执行机构”。但汽动给水泵汽轮机的控制还是相对复杂的，尽管驱动给水泵的调速汽轮机功率较小，汽轮机所具备的蒸汽、润滑油、EH 油、疏水、真空等系统，监测的温度、压力、振动、轴窜、转速等参数一样也不少，汽动给水泵汽轮机同样配备有 DEH 装置，亦即 MEH。锅炉给水自动调节回路向汽动给水泵汽轮机 MHE 发出转速给定信号调节给水泵转速控制给水流量。

锅炉给水调节与 MEH 交互控制原理，如图 9-24 所示。

不在 APS 导引下的热工自动控制，MEH 控制汽动给水泵汽轮机从启动到并入锅炉给水系统基本上都是手动操作，汽动给水泵汽轮机暖机完成后，转速固定在某一设计值（转速因机组而定），把 MEH 对汽动给水泵汽轮机转速的控制转交给 DCS 锅炉给水调节回路，操作人员根据锅炉给水母管压力手动调节汽动给水泵汽轮机转速，完成与电动给水泵的并泵/切换，待锅炉汽包水位稳定在规定偏差以内时，投锅炉给水调节到自动工作方式。

锅炉给水调节回路和 MEH 两者之间的控制连接在非 APS 系统中完全依靠运行人员手动完成，而 APS 要求锅炉给水调节系统必须是全自动的。因此，APS 导引的锅炉给水调节和汽动给水泵 MEH 之间的连接必然也是全自动的，那么，就要把给水调节回路与 MEH 连接的手动操作和调节过程，以及安全方面的关注用逻辑表述出来且全部自动执行。逻辑设计主要从以下几个方面来确保汽动给水泵的运行安全、调节可靠（A、B 汽动给水泵设计相同，以下以 A 汽动给水泵为例）。

（一）DPU 品质安全举证

由于汽动给水泵汽轮机控制的复杂性，为确保给水调节系统在全自动工况下长期安全可靠运行，汽动给水泵汽轮机 MEH 和汽动给水泵给水调节回路之间必须建立一套实时安全状态相互识别功能，来保障相互之间传输的信号时刻都是可信和安全的。通常情况下，汽动给水泵汽轮机 MEH 和汽动给水泵给水自动调节逻辑组态在 DCS 不同的分布过程控制站（DPU）中，两个自动控制系统连接在一起时，两个 DPU 都应设计有发往对方报告本站工作状态的安全标志信号，随时监测、查证 DPU 工作是否发生异常，这是汽动给水泵给水调节回路正常工作的基本保证。所以，MEH 和汽动给水泵给水调节回路将各自所在DPU

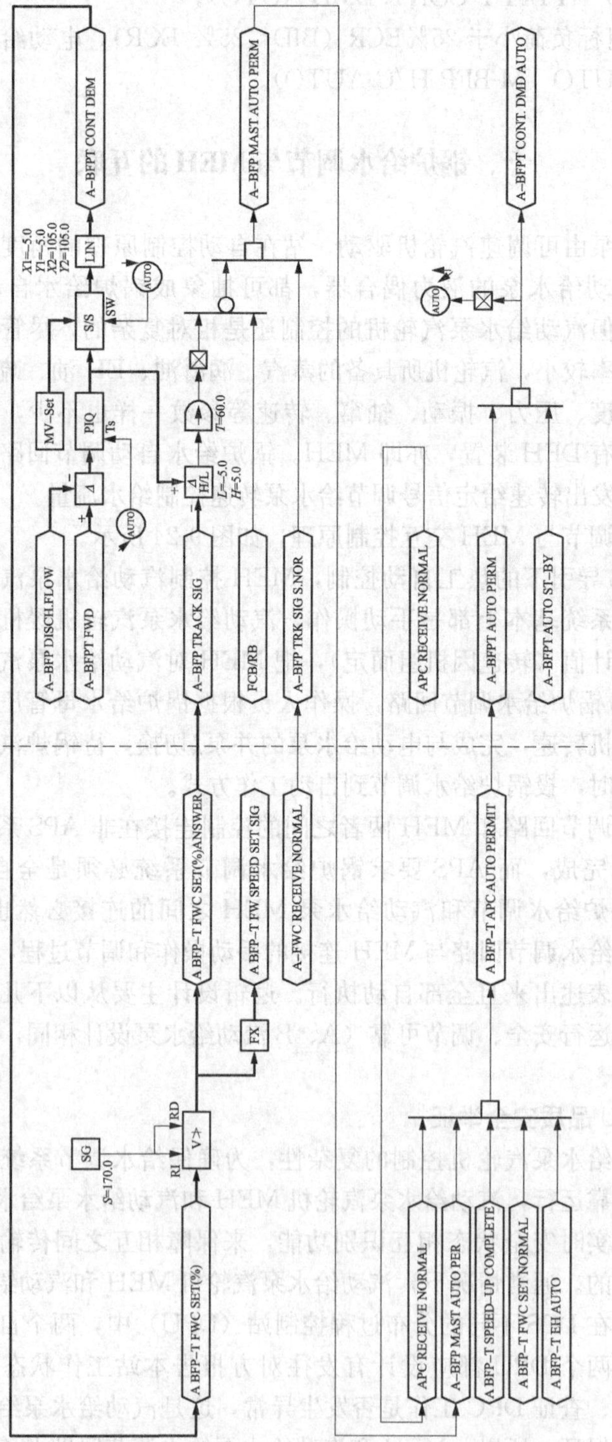

图 9-24 锅炉给水调节与MEH交互控制原理

的品质状态信号互送对方，MEH 把反应 DPU 工作状态的“A-FWC RECEIVE NORMAL”发送给锅炉给水调节，同时也接收来自汽动给水泵给水调节回路 DPU 的“MCS RECEIVE NORMAL”。这两个信号分别是 MEH 主控器自动许可（A-BFP MAST AUTO PERM）和汽动给水泵给水调节回路自动许可（A BFP-T MCS AUTO PERMIT）的条件逻辑，最终都汇集在汽动给水泵给水调节回路“工作在自动（A-BFPT CONT. DMD AUTO)”逻辑中，任何一个环节出现异常，汽动给水泵给水自动调节回路立即退出，“自动”避免次生事故。

（二）转速控制交互验证

汽动给水泵自动调节采用“三态式”逻辑设计，锅炉给水系统的设备没有启动之前，汽动给水泵调节回路已工作在自动伺服方式（A-BFPT AUTO ST-BY），处于等待给水系统启动的状态。

A 汽动给水泵给水调节进入 AUTO 工作方式是通过汽动给水泵汽轮机 MEH 上传的 A 汽动给水泵汽轮机转速自动许可（A-BFPT AUTO PERM）确定的，A-BFPT AUTO PERM 信号中又含有 MCS 发给 MEH 的“工作正常”信号，分别是 DPU 工作正常（APS RECEIVE NORMAL）和 A 汽动给水泵转速 PI 调节器输出正常。

（三）控制指令比较监测

调节回路这一级，则形成一个闭合的信号品质识别环路，从汽动给水泵给水调节回路 M/A 站发出的给水泵转速指令（A-BFPT SPEED DMD），作为调节给定值进入 MEH，MEH 接受外部给定值（A-BFPT CONT DEM）控制汽动给水泵转速的同时，将执行后的给定值（A-BFPT TRACK SIG）作为应答信号同步反馈回到给水调节回路，与汽动给水泵给水转速指令（A-BFPT SPEED DMD）进行实时比较，如果误差在设定的允许范围（±5%）内，汽动给水泵给水调节回路和 MEH 控制回路则被认为“信号传递正确”。否则，会立即中断两个系统的联系，各自降低自动控制水平，分别单独调节，升高安全等级来保证运行安全。

第十章 APS的机炉协调控制

一、结 构 原 理

燃煤机组的锅炉和汽轮机在发电功率或主蒸汽压力调节反应速率方面，汽轮机调节相对锅炉要快很多。汽轮机对负荷变化的响应时间在1～5s，锅炉以煤为燃料，燃烧调节相对于机组负荷的变化要迟延大约2～3min，所以锅炉燃烧、过热和再热蒸汽温度调节，都被定义为大滞后调节对象。汽轮机的转速不等率基本上都设定在5%，而燃煤锅炉在不采取加速措施的情况下，负荷变化率也就在2%左右。如果机组负荷变化较小，锅炉还可利用热量蓄放小幅应对汽轮机相对快速的动作，若要应对机组大幅度负荷变化，就要设法加快锅炉燃烧速率，与汽轮机调节相配合，于是就有了燃煤发电机组的机炉协调控制（Coordinated Control System，CCS）。

常规CCS都要在锅炉超过不投油稳燃负荷后才能投入运行，而APS工作区间是在锅炉不投油稳燃负荷之前，特别在机组较低负荷时，煤油混烧燃烧工况复杂，锅炉燃烧非线性表现突出，这就等于说通常的CCS如果在控制策略方面不做出新的改进，就没有能力参与APS。APS导引的CCS控制利用一种新型的“汽轮机旁路跟随（BER FLW MODE）”功能扩展了应用范围，甚至把锅炉跟随（BF）方式延伸到了机组并网带负荷之前。同时，锅炉超前加速（BIR）控制也应用在APS控制中，改善了CCS的调节品质。适用于APS的机炉协调控制系统主要由目标负荷给定回路、锅炉主控器、汽轮机主控器和汽轮机旁路控制回路构成。

（一）APS的功率给定

实际应用在APS中的机炉协调控制功率目标给定（MW SET）有两种信号源。AGC方式（AGC IN）信号来自电网AGC负荷给定［LOAD SET（AGC）］，本机方式信号来自功率给定器（S/S）输出。功率给定器有自动和手动两种输入信号。机炉协调控制功率目标给定（MW SET），如图10-1所示。

（1）APS控制方式，可直接设定机组目标负荷：

1）APS启动升负荷阶段（BP-06，LOAD UP），步序逻辑第2步指令去切

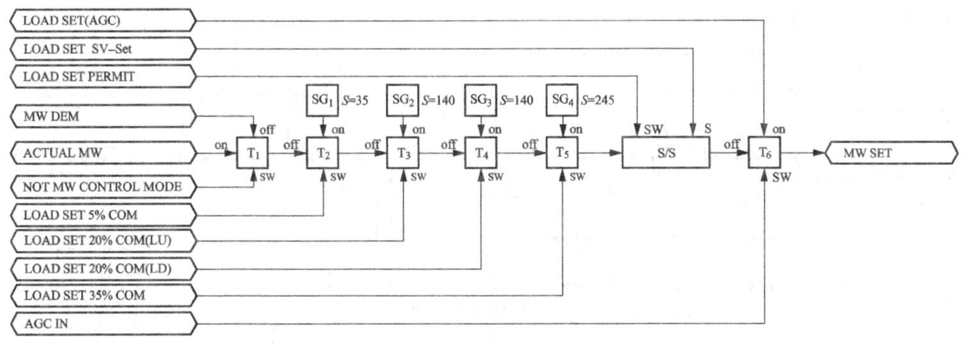

图 10-1　机炉协调控制功率目标给定（MW SET）

换器 T_3：给定机组目标 20% [LOAD SET 20% COM（LU)]。

2）APS 启动升负荷阶段（BP-06，LOAD UP)，步序逻辑第 5 步指令去切换器 T_5：给定机组目标负荷 35%（LOAD SET 35%)。

3）APS 停机降负荷阶段（BP-51，LOAD DOWN)，步序逻辑第 3 步指令去切换器 T_4：给定机组目标负荷 20% [LOAD SET 20% COM（LD)]。

4）APS 停机最低负荷阶段（BP-52，MINIMUM LOAD)，步序逻辑第 2 步指令去切换器 T_3：给定机组目标负 5%（LOAD SET 5% COM)。

(2）汽轮机高压旁路跟随功率控制（BER FLW MODE MW CONT）或机炉协调控制（COORDINATE CONT MODE）被定义为机组的功率控制（MW CONTROL MODE)，给定值（MW SET）等于锅炉主控器目标功率（MW DEM)。

(3）手动输入许可（LOAD SET PERMIT）时，功率给定由人工在 DCS 操作面板上手动输入。已经退出 AGC 及没有 APS 负荷给定即允许手动负荷给定（LOAD SET SV-Set)。

（二）机炉协调控制目标功率给定

机炉协调控制目标功率给定（MW SET）除人工给定外，APS 给定功率都是阶跃信号，并不适合直接应用于自动调节，因此，还要经过控制逻辑运算处理后才能形成自动调节需要的目标功率给定信号。目标功率信号有两个，一个是汽轮机主控器目标功率需要 [MW DEM（TM)]，另一个是锅炉主控器目标功率需求（MW DEM)，根据机炉对负荷变化的要求，机炉协调控制功率目标给定（MW SET）首先通过斜波发生器（V≯)，目标功率变化率由外部给定，分别为升负荷变化率（LDR R）和降负荷变化率（LDR L)。机炉协调控制目标功率需求，如图 10-2 所示。机、炉主控器的目标功率给定中加入了电网频差信号（Δ＝FREQUENCY-50Hz)，来实现汽轮发电机组的一次调频功能。

(1）斜波发生器（V≯）输出函数 FX01、FX02 与频差函数 FX03 经过大、

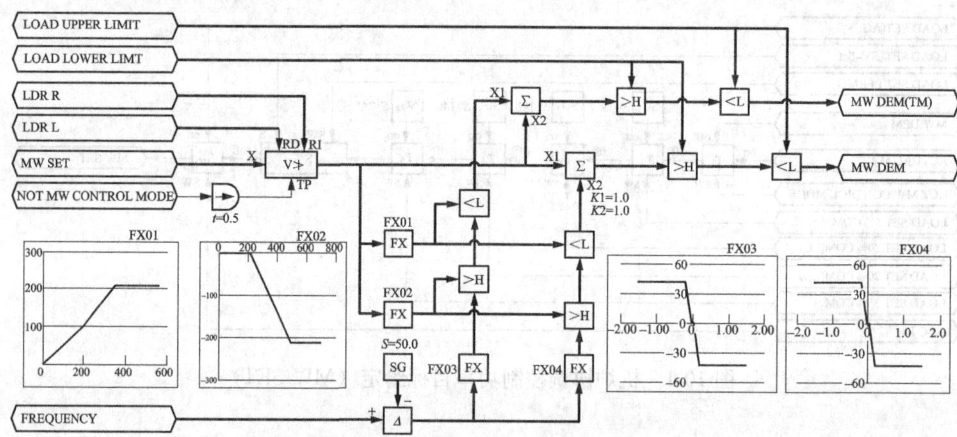

图 10-2　机炉协调控制目标功率需求

小值比较后，与斜波发生器（V≯）输出相加，再经过负荷高（LOAD UPPER LLIMIT）低（LOAD LOWER LIMIT）限比较后，输出汽轮机主控器目标功率[MW DEM（TM）]。

（2）斜波发生器（V≯）输出函数 FX01、FX02 与频差函数 FX04 经过大、小值比较后，与斜波发生器（V≯）输出相加，再经过负荷高（LOAD UPPER LLIMIT）低（LOAD LOWER LIMIT）限比较后输出锅炉主控器目标功概率（MW DEM）。

（三）旁路跟随汽轮机主控器

1. 单回路 PID 调节

汽轮机主控器设计两个 PID 调节回路，一个用于机炉协调控制汽轮机跟随方式（TF MODE GV DEMAND），调节器（PIQ2）输入为经过比例放大器（P）提高增益 10 倍后的锅炉主蒸汽压力偏差（MSP DEV-1）信号。另一个调节器（PIQ1）回路用于机炉协调控制（CC MODE GV DEMAND），这是功能已扩展至低负荷区间的汽轮机主控器，能工作在汽轮机旁路跟随功率控制方式（BER FLW MODE MW CONT），汽轮发电机组带上 5%ECR 初负荷后即可投入功率控制，是 APS 全程自动控制的有力支撑。调节器（PIQ1）输入信号中既有目标功率[MW DEM（TM）]与机组实发功率（ACTUAL MW）偏差，也包含了经电网频差偏置（FREQ DEV BIAS-1）校正后的锅炉主蒸汽压力偏差（MSP DEV-1）函数（FX），有利于提高汽轮机主控器对电网频率和锅炉主蒸汽压力的实时快速反应。

汽轮机主控器逻辑原理，如图 10-3 所示。

2. 汽轮机主控器自动伺服与调节

汽轮机主控器进入自动伺服工作方式（TURBIN MASTER STBY），需要

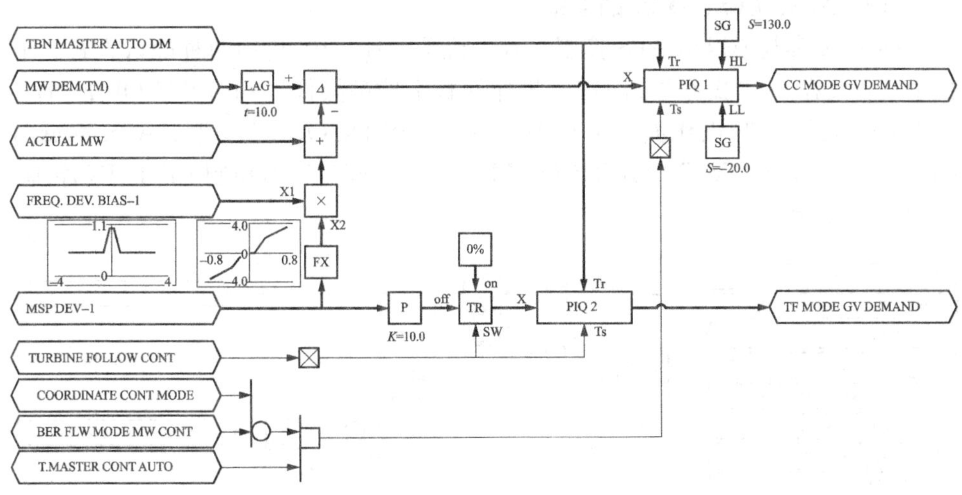

图 10-3　汽轮机主控器逻辑原理

同时满足以下条件。

(1) 主蒸汽压力信号正常（M. STM PRS NOR）。

(2) DEH 接收信号正常（DEH RECEIVE NORMAL）。

(3) MCS 系统非手动方式（not，APC MANUAL MODE）。

(4) 频差信号正常（FREQ. DEV. S. NOR）。

(5) 汽轮机主控器自动按键（TURBINE MASTER AUTO PB）已触发，或者已选择机炉协调控制 CC 方式（CC CONT SELECT），或者 DEH 与 CCS 已连接（MCS LINK ON SIGNAL）。

(6) 汽轮机主控器手动按键（TURBINE MASTER MAN PB）未触发或 CCS 与 DEH 尚未连接（not，MCS LINK ON SIGNAL）。

汽轮机主控器伺服与自动，如图 10-4 所示。

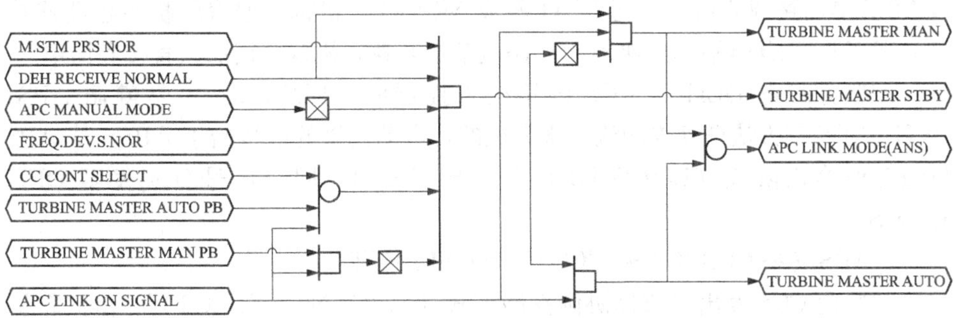

图 10-4　汽轮机主控器伺服与自动

（四）APS、CCS、DEH 的连接

DEH 要参与或退出 APS 控制，有本机手动和 APS 自动两种确认方式。本机手动直接在 DCS 操作员站 DEH 操作面板上按键操作（APS IN/ OUT PB）。自动方式是在 APS 操作面板上选择按键“APS IN/OUT”，通过 APS 逻辑向 DEH 发出指令（APS IN/OUT COMMAND）。DEH/CCS 控制 LINK IN 原理，如图 10-5 所示。

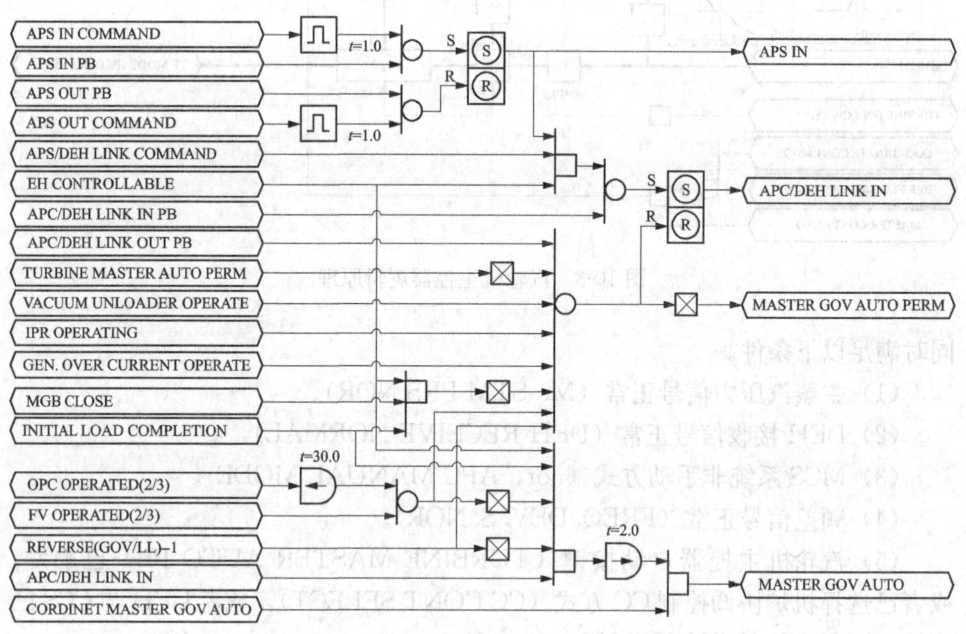

图 10-5　DEH/CCS 控制 LINK IN 原理

DEH 和 CCS 分属两个重要的功能控制系统，两者有机结合在一起才能完成机炉协调控制，从 PID 自动调节原理方面抽象地讲，可将 CCS 汽轮机主控器看成 MCS 单回路调节器，而把 DEH 看成 MCS 执行机构，但汽轮机主控器连接（LINK IN）DEH 就不像 MCS 单回路调节器与执行机构连接那么直接和简单。

APS 方式下 DEH 与 CCS 汽轮机主控器的“LINK IN”，是遵循 APS、DEH、CCS 三方认证互连的流程来完成的，启动连接的信号始于 APS，从 APS 机组启动第六阶段（LOAD UP）第一步序发出，同一信号分别发至 DEH 和 CCS。

1. APS 发给 CCS 的信号“CC CONT SELECT”

APS 向 CCS 发出“选择协调控制方式（CC CONT SELECT）”，由汽轮机主控器伺服（TURBINE MASTER STBY）逻辑回路接收。当汽轮机主控器满足 STAND-BY 条件时，就转为自动伺服工作方式，进入汽轮机主控器自动工作

方式的准备状态。

2. APS 发给 DEH 的信号“LOAD CONT IN MCS”

APS 把信号“模拟量调节控制机组负荷（LOAD CONT IN MCS）”发给 DEH，形成 CCS 与 DEH 的连接指令（MCS/DEH LINK COMMAND），当与“APS 已投入（APS IN）”和“EH 在可控状态（EH CONTROLLABLE）”同时满足条件时，DEH 就向 CCS 发出连接指令“CCS/DEH LINK IN”。

3. CCS 接收 DEH 发来的指令“CCS/DEH LINK IN”

模拟量调节系统接到“CCS/DEH LINK IN”信号后，经转换后形成汽轮机主控器逻辑输入“MCS LINK ON SIGNAL”，汽轮机主控器 AUTO 逻辑输入的另一信号 TURBINE MASTER STBY 已满足要求，则自举汽轮机主控器投入“自动（TURBINE MASTER AUTO）”。经过 APS 的协同，DEH 和 CCS 自动连接成功。

4. DEH 反馈给 APS 的信号

DEH 在向 CCS 发出 LINK IN 信号的同时，也向 APS 反馈“CCS/DEH LINK IN”，告知汽轮机主控器已投自动。APS 启动第六阶段第一步序执行完成。

（五）并联式 P、I、D 锅炉主控器

自动调节离不开 PID，PID 不是万能的。的确，至少在燃煤火力发电厂中，凡定值闭环负反馈自动调节全部应用的是 PID 算法。对于不可建模的控制对象，PID 调节是必备的自动控制手段。但 PID 调节运用在参数变化范围大、特性复杂的被控对象系统中，传统 PID 调节也暴露出无法在调节范围内保持调节品质的一致性，比例、积分、微分参数调整相互影响，积分过饱和等问题。有些问题在 DCS 中已获得解决，如出现了能抗积分过饱和的新型 PID 调节器。但是，还有一些问题是 PID 算法固有特性带来的，例如，PID 调节器运算采用的是串行传递函数算法，函数串行传递运算是乘法关系，所以才有在实际自动调节回路整定过程中调整 PID 中一个参数会改变其他参数定值，调整比例带会影响积分、微分作用强度，反之也一样。因此，在实践中，大多数情况下采用“经验法”来整定 PID 参数，这给 PID 调节在生产中的调试整定带来很大不便，最重要的还是 PID 调节无法在较宽范围内维持相同的调节品质。以锅炉燃烧调节为例，燃煤锅炉启动和停止阶段，燃料就有从燃油到油/煤混烧再到全部煤粉的过程，入炉燃料是燃烧调节回路的主要被控对象，显然，燃油和煤粉在不同燃烧阶段特性差异较大，传统 PID 是无法应付这种复杂控制的。因此，通常燃煤电厂燃烧调节只能待机组带上较高负荷（例如，＞30％ECR）以后，才能投入自动调节。而我们讨论的 APS，工作在锅炉不投油稳燃负荷之前机组低负荷区间（＜35％ECR），而且要求参与 APS 的控制系统要全自动投入，无论对于开关量的顺序自动控制还是模拟量的定值负反馈自动调节回路，都是一样的标准。否则，无法实现真正意义上的 APS。

锅炉主控器并联式 PID 调节原理，如图 10-6 所示。

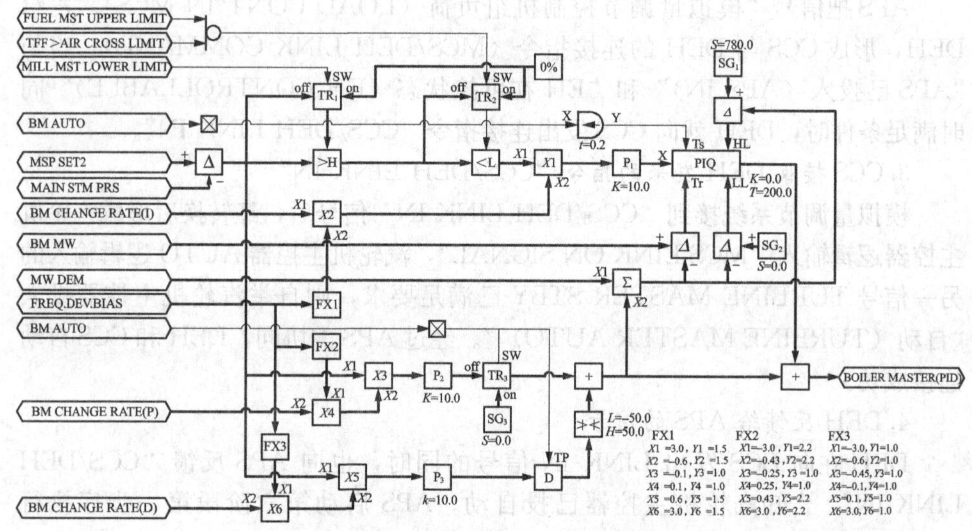

图 10-6　锅炉主控器并联式 PID 调节原理

APS 导引的模拟量自动调节中，采用了一种并联式 PID 调节方案，克服了上述技术难点，实际运用中确保了全程燃烧控制的自动调节品质，完全满足 APS 控制要求。

1. 并联 PID 调节回路

锅炉主控器是一个并联式 PID 调节回路，由三个独立的比例、积分和微分回路并联组成，三个回路独立完成 PID 运算，然后在加法器中求和后输出锅炉主控器控制指令［BOLILER MASTER（PID）］。主蒸汽压力给定（MSP SET2）减去主蒸汽压力测量信号（MAIN STM PRS）得到锅炉主控器偏差（Δ）。锅炉主控器偏差信号分别进入积分、比例、微分运算回路。

（1）积分回路。积分斜率［BM CHANG RATE（I）］经过电网频差偏置（FREQ. DEV. BIAS）函数 FX1 校正，再与偏差的乘积利用 P_1 提高 10 倍增益形成积分调节器（PIQ）输入信号。

（2）比例回路。比例斜率［BM CHANG RATE（P）］也经过电网频差偏置（FREQ. DEV. BIAS）函数 FX2 校正，乘积被 P_2 放大 10 倍形成比例回路的输出。

（3）微分回路。微分斜率［BM CHANG RATE（D）］同样经过电网频差偏置（FREQ. DEV. BIAS）函数 FX3 校正，数值经 P_3 扩大 10 倍后，再通过微分器（D），经双向限幅后与比例回路输出相加。

2. 并列PID调节的优点

(1) 方便参数整定。并联PID输出是锅炉主控器控制指令[BOLILER MASTER (PID)]，由P、I、D三个独立回路运算后相加而成。调整P、I、D参数不会对其他回路的运算结果产生影响，只对锅炉主控器控制指令输出发生作用，这样在自动调节回路进行参数整定时，调整的因果关系明确、直接，现场自动投入试验过程减少了重复。

锅炉主控器P、I、D函数原理，如图10-7所示。

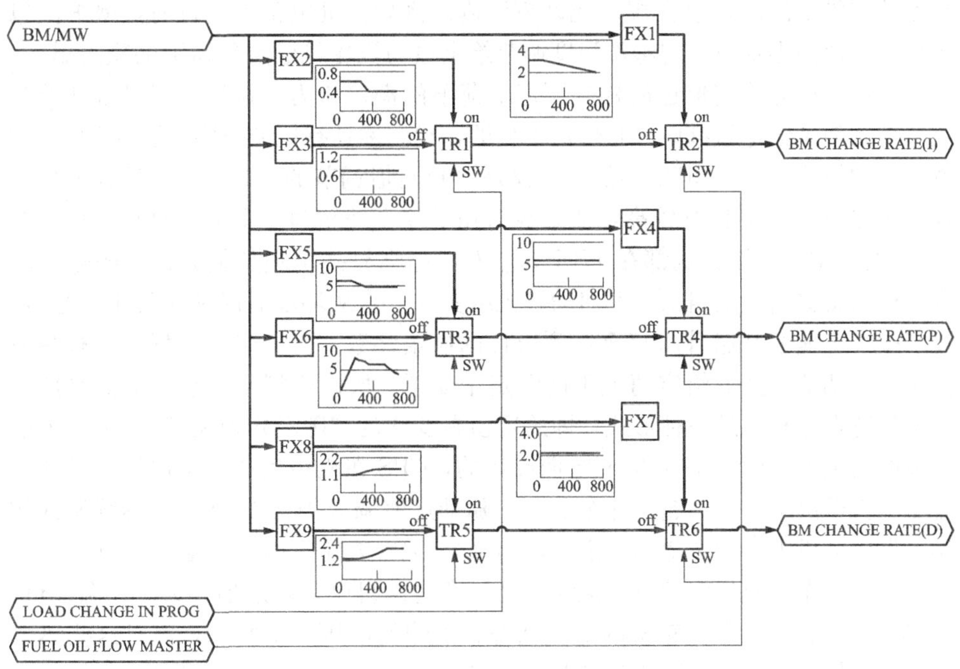

图10-7 锅炉主控器P、I、D函数原理

(2) 自动调节品质得到提高。增强了处理复杂工况的能力，可根据不同调节工况、调节对象，利用函数拟合有针对性的特性曲线构成最适宜的控制策略，从而能在整个调节范围内提高自动调节品质。

(3) 工况适应性强。从图10-7中可看到，由函数生成的P、I、D斜率给定，参与了燃油、煤油混烧到燃煤，从锅炉启动到机组额定负荷的全程燃料控制。锅炉主控器自动调节涵盖了锅炉负荷整个变化区间，尤其是锅炉启动阶段和机组低负荷阶段，都在自动控制方式下工作，因此，APS才能全自动运行。

3. 比例、积分、微分变化斜率

锅炉主控器比例、积分、微分回路的输入斜率[BM CHANGE RATE (I)、(P)、(D)]，来自机炉协调控制的负荷给定斜波输出BM/MW，经过函数运算

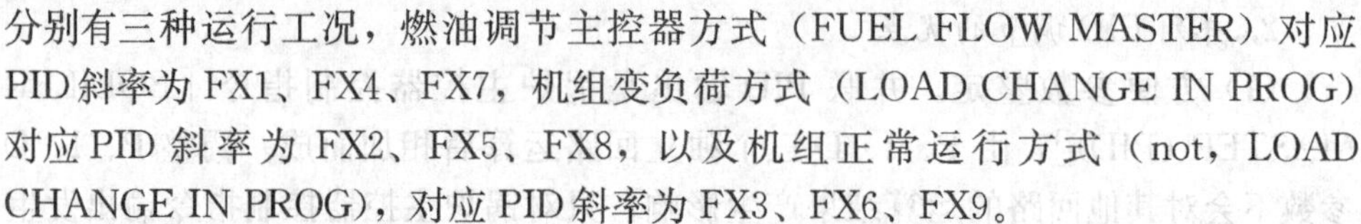

分别有三种运行工况，燃油调节主控器方式（FUEL FLOW MASTER）对应PID斜率为FX1、FX4、FX7，机组变负荷方式（LOAD CHANGE IN PROG）对应PID斜率为FX2、FX5、FX8，以及机组正常运行方式（not，LOAD CHANGE IN PROG），对应PID斜率为FX3、FX6、FX9。

（六）锅炉调节多工况压力给定

1. 模拟量定值随动调节

模拟量自动调节必定要有给定值，自动调节回路调节最终目标就是维持过程参数与给定值的偏差在规定允许范围内。例如，机组正常运行时，锅炉汽包水位给定值为零水位，主蒸汽温度调节给定值为汽轮机额定负荷下的额定温度，锅炉主蒸汽压力给定值也同样是额定负荷下的额定压力。这种模拟量自动调节定值控制似乎给定值都应该是恒定不变的，我们称具有这种维持定值恒定的PID调节为“恒值调节”。其实不然，这仅是PID定值调节的形式之一。现代大型燃煤机组热力参数都相对较高，亚临界机组的主蒸汽温度设计在541℃，甚至有566℃的，主蒸汽压力也都在17MPa左右，超临界甚至超超临界机组的额定温度和压力就更高。机组从冷态启动，机组实际上是从环境温度和大气压力起步，逐步按一定速率升温升压直至达到设计的额定参数。机组启动过程中，有些模拟量自动调节回路的给定值就不能恒定不变了，所以模拟量自动调节回路按给定值的特点还有另外一种形式，即给定值是变化的“随动定值调节”。随动定值调节的给定方式倒不是专为APS而设计的，APS在机组负荷升至锅炉不投油稳燃工况就退出工作了，超过这个负荷，随动定值调节仍会在CCS中继续发挥作用。但启动机组过程中随动给定逻辑的确是APS全工况自动的必要条件。依据机组热力状态，根据汽轮机复速级金属温度把机组启动状态划分为冷、温、热、极热四种状态，还有汽轮机的试验状态、锅炉的滑压启动状态，面对这些热力状态，模拟量自动调节回路都需要有对应的给定值，这些给定值利用函数产生，而且定值都是随着热力状态需求而变化的。

机组冷、温、热态启动目标压力给定逻辑原理，如图10-8所示。

2. 滑参数函数定值

主蒸汽压力给定1（MSP SET1）由函数转换形成，输入为机组目标功率（MW DEM）。目标功率通过机炉协调控制系统的工作方式来确定，机炉协调控制选择CC或BF方式时选择目标功率“MW DEM”，MW DEM在机炉协调功率给定器上手动设定或由电网AGC自动给定，通过FX01函数转换为主蒸汽压力给定1。机炉协调控制汽轮机跟随方式（TF）时，MSP SET1取自锅炉的目标功率“BM MW”，同样经过FX01函数转换。如果锅炉在启动方式，BM MW就是入炉燃料量的函数。机组正常运行时，BM MW就等于“锅炉主控器输出＋机组功率”给定。

（1）主蒸汽压力给定1（MSP SET1）有5种给定方式。

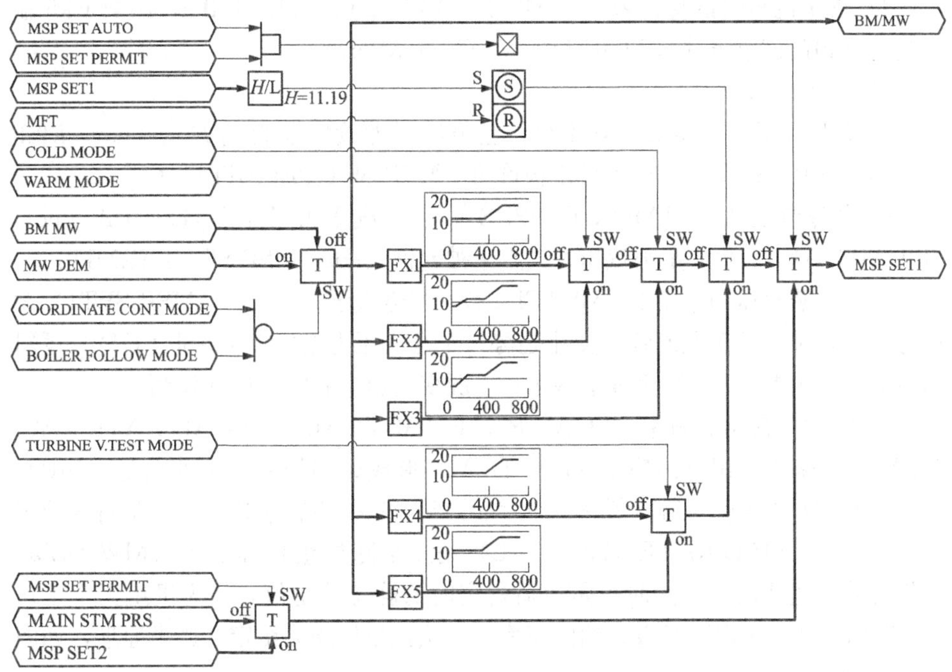

图 10-8 机组冷、温、热态启动目标压力给定逻辑原理

1）主蒸汽压力设定非自动方式（not，MSP SET AUTO）或主蒸汽压力设定不被允许（not，MSP SET PERMIT）。

2）锅炉未发生 MFT，MSP SET1>11.19MPa。

3）机组冷态启动方式（COLD MODE）。

4）机组温态启动方式（WARM MODE）。

5）机炉协调控制系统在机炉协调（COORDINATE CONT MODE）方式或锅炉跟随方式（BOILER FOLLOW MODE）。

(2) 机炉协调（COORDINATE CONT MODE）方式或锅炉跟随方式（BOILER FOLLOW MODE）下，主蒸汽压力给定 1（MSP SET1）输出 7 组给定参数。

1）机组启动。

a. 函数 FX1 输出热态或极热态启动（HOT MODE、VERY HOT MODE）方式。

b. 函数 FX2 输出机组温态启动方式（WARM MODE）。

c. 函数 FX3 输出机组冷态启动方式（COLD MODE）。

2）正常工作。未发生 MFT，MSP SET1>11.19MPa，函数 FX4 输出机组正常工作方式。

3）汽轮机阀门试验。未发生 MFT，MSP SET1＞11.19MPa，函数 FX5 输出汽轮机阀门试验方式（TURBINE V. TEST MODE）。

4）同步跟踪。

a. 主蒸汽压力给定 2（MSP2）。主蒸汽压力设定非自动方式（not，MSP SET AUTO），但主蒸汽压力设定被许可（MSP SET PERMIT）时。

b. 主蒸汽压力（MAIN STM PRS）。主蒸汽压力设定非自动方式（not，MSP SET AUTO）或主蒸汽压力设定未被允许（not，MSP SET PERMIT）。

（3）主蒸汽压力给定 2（MSP SET2）。主蒸汽压力给定 1（MSP SET1）逻辑完成了各种运行工况曲线的变化趋势，主蒸汽压力给定 2（MSP SET2）逻辑利用斜波发生器（V≯）生成这些运行工况变化速率和安全超驰控制。

1）实发负荷给定斜率［LOAD RATE（ACTUAL）］。LOAD RATE（ACTUAL）是来自机组目标功率（MW DEM）形成的锅炉超前加速信号（BIR），经函数 FX01 转换后与给定斜率（SG＝0.45）的乘积作为斜波发生器斜率给定（RI、RD）。LOAD RATE（ACTUAL）是一个随机组目标功率（MW DEM）变化的动态超前信号，同时也是负荷稳定时的静态给定值，作为机组正常工作时主蒸汽压力（MSP SET2）给定斜率。主蒸汽目标压力给定 2 逻辑原理，如图 10-9 所示。

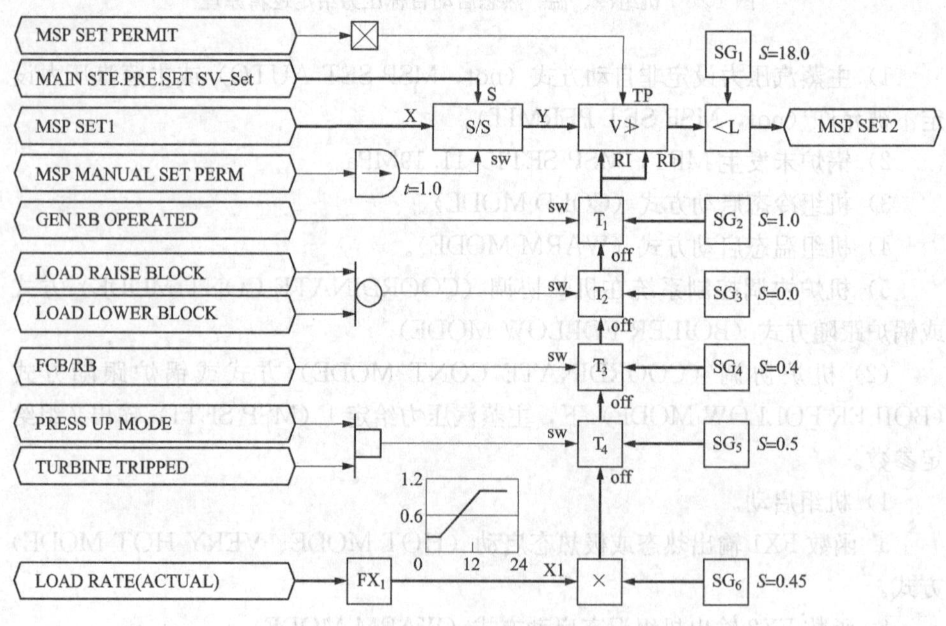

图 10-9　主蒸汽目标压力给定 2 逻辑原理

2）超驰控制给定斜率。

a. 发电机 RB 动作（GEN RB OPERATED），给定斜率为 1.0。

b. 负荷升、降斜率锁定（LOAD RAISE BLOCK or LOAD LOWER BOLCK），给定斜率为0.0。

c. “锅炉快速减出力”及“机炉辅机故障快减负荷（FCB/RB）”，给定斜率为0.4。

d. 锅炉升压（PRESS UP MODE）过程中汽轮机跳闸（TURBINE TRIPPED），给定斜率为0.5。

3）手动给定值。主蒸汽压力给定手动许可（MSP MANUAL SET PERM.），可在DCS操作员站锅炉主控器压力给定器（S/S）操作面板上（MANIN SET. PRE. SET SV-Set）人工设定主蒸汽压力给定（MSP SET2）。

4）自动给定值。自动给定方式下（not，MSP MANUAL SET PERM.），斜波发生器输入即为主蒸汽压力给定1（MSP SET1）。

5）主蒸汽压力给定方式许可。同时满足以下4个条件，允许自动给定主蒸汽压力（MAIN STEAM PRESS SET AUTO）。

a. 主蒸汽目标压力（PMS TRG）不低于11.1MPa或发电机RB没有动作[not，GEN RB OPERATED（TM）]。

b. 主蒸汽压力自动给定按键（MAIN STEAM PRESS SET AUTO PB）已触发或锅炉快速减出力已动作（FCB OPERATED）发出5s脉冲。

c. 主蒸汽压力手动给定按键（MAIN STEAM PRESS SET MAN PB）未触发。

d. 锅炉主控器工作在自动伺服（BM AUTO ST-BY MODE），或汽轮机主控器工作在自动调节（TURBINE MASTER AUTO），或高压旁路在压力控制（HP TBP PRS CONT）。

符合以下任一条件，允许主蒸汽压力给定（MSP SET PERMIT）。

a. 锅炉主控器工作在自动调节（BM AUTO）。

b. 机炉协调控制汽轮机跟随（TURBINE FOLLOW MODE）。

c. 高压旁路在压力控制（HP TBP PRS CONT）。

同时满足以下2个条件，允许手动给定主蒸汽压力（MSP MANUAL SET PERM）。

a. 允许主蒸汽压力给定（MSP SET PERMIT）。

b. 自动给定主蒸汽压力未被许可（not，MAIN STEAM PRESS SET AUTO）

（七）锅炉主控器自动伺服

锅炉主控器自动伺服与调节逻辑，如图10-10所示。

锅炉主控器自动伺服（BM AUTO ST-BY MODE）同时满足以下9个条件。

（1）汽轮机非复速级压力控制（not，IPR OPERATING）。

（2）模拟量系统调节非手动（nor，MCS MANUAL MODE ）。

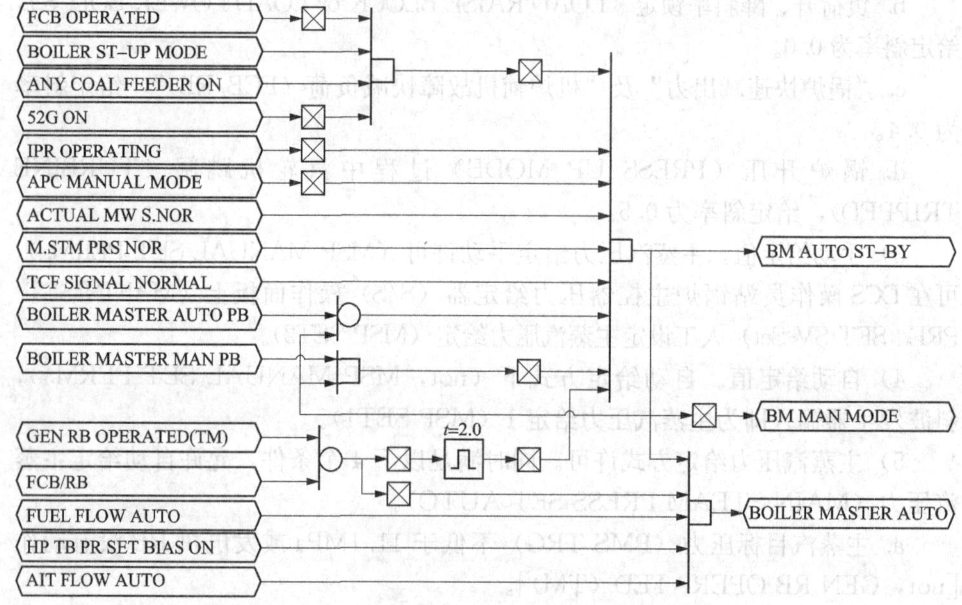

图 10-10　锅炉主控器自动伺服与调节逻辑

（3）实发功率信号正常（ACTUAL MW S.NOR）。

（4）主蒸汽压力信号正常（M. STM PRS NOR）。

（5）给煤量信号正常（TCF SIGNAL NORMAL）。

（6）锅炉主控器 M/A 站自动按键（BOILER MASTER AUTO PB）已触发。

（7）锅炉主控器 M/A 站手动按键（BOILER MASTER MAN PB）未触发。

（8）符合以下 4 个条件之一，即支持锅炉主控器在自动伺服。

1）FCB 已动作（FCB OPERATED）。

2）锅炉非启动方式（not，BOILER ST-UP MODE）。

3）给煤机均未合闸（not，ANY COAL FEEDER ON）。

4）发电机-变压器组出口开关 52G 已合闸（52G ON）。

（9）除 FCB、RB 或发电机 RB 动作复原暂停 STAND-BY 状态 2s 外，其余时间均为 STAND-BY 条件之一。

（八）锅炉主控器自动

锅炉主控器自动（BOILER MASTER AUTO）同时满足以下 5 个条件。

（1）锅炉主控器已在自动伺服（BM AUTO ST-BY MODE）。

（2）FCB、RB（FCB/RB）和发电机 RB［GEN RB OPERATED（TM）］都没有动作。

（3）燃料调节已在自动（FUEL FLOW AUTO）。

（4）高压旁路器压力调节给定已加偏置（HP TB PR SET BIAS ON）。

（5）送风调节在自动（AIR FLOW AUTO）。

二、工　作　方　式

通常，CCS设计有4种工作方式，即机炉协调（CC）、锅炉跟随（BF）、汽轮机跟随（TF）和手动（MAN）。

常规CCS，机组并网后到不投油稳燃负荷之前，这段负荷区间只可能有TF方式，汽轮机主控器在自动，锅炉主控器非自动。那么，机组运行参数主要还是依靠人工手动调节，这不单是降低了调节品质的问题，而在于这段时间也是APS的导引范围，手动操作直接影响APS的实现，更何况在机组并网之前，还有“炉膛吹扫&点火”“汽轮机冲转&带初负荷”两个APS控制阶段，锅炉点火、升温升压，如果缺失了锅炉主蒸汽压力自动调节，APS也就无从谈起。而APS的机炉协调，引入汽轮机旁路控制，设计了三种BF方式，除原有的锅炉主控器自动跟随BF外，APS的CCS还增加了两种独有的“汽轮机高压旁路自动跟随”控制方式。一种是“高压旁路跟随压力控制（BER FLW MODE）”，在机组并网带负荷之前利用高压旁路自动代替锅炉主控器调压，相当于机组启动初始阶段的BF，第二种是“高压旁路跟随功率控制（BER FLW MODE MW CONT）”，同样是利用高压旁路自动代替锅炉主控器在机组带负荷之后自动调压，与汽轮机主控器自动调功相配合，参与机组功率调节，相当于机组并网初负荷阶段的CC方式。高压旁路关闭与机组启动进程有关，高压旁路关闭前机组已带上负荷10%ECR左右，锅炉主控器具备了投自动的条件，锅炉自动调压、汽轮机调功，传统的BF方式。机组实发功率升到12%ECR，APS的机炉协调控制即可投入CC方式。采用汽轮机高压旁路自动跟随（BER FLW MODE），CCS向负荷低端扩展了机炉协调控制，实现了机炉协调控制对锅炉调节的全过程覆盖。机组启动，只要汽轮机高压旁路投入自动，机炉协调就能投上BF方式，机炉协调控制在机组启动伊始就参与了机组的调节。机组停运，CCS协调控制可以一直工作到发电机解列，BF方式控制锅炉油枪退出后锅炉主控器转为STAND-BY。CCS的APS与常规设计工作方式对比，见表10-1。

表10-1　　CCS的APS与常规设计工作方式对比

调节回路	CC		BF				TF	
	常规	APS	常规	APS			常规	APS
				1	2	3		
锅炉主控器	自动	自动	自动	非自动	-	自动	非自动	非自动
汽轮机高压旁路	-	-	-	自动	自动	关闭	-	非自动
汽轮机主控器	自动	自动	非自动	自动	非自动	非自动	自动	自动

（一）CC 方式

机炉协调（CC）方式（COORDINATE CONT MODE）：机自动调功、炉自动调压，炉跟机，机炉协调。同时满足以下 2 个条件。

（1）汽轮机主控器“自动（TURBINE MASTER AUTO）”。

（2）锅炉主控器“自动（BM AUTO）”。

（二）TF 方式

汽轮机跟随（TURBINE FOLLOW MODE）方式：炉调功、机调压，同时满足以下 3 个条件。

（1）汽轮机主控器“自动（TURBINE MASTER AUTO）”。

（2）锅炉主控器非“自动（not，BM AUTO）”。

（3）汽轮机高压旁路非自动调压（not，HP T-BYPASS PCV AUTO）。

（三）BF 方式

锅炉跟随（BOILER FOLLOW MODE）方式，设计有以下三种方式。

（1）BF-1 方式：高压旁路跟随功率控制方式（BER FLW MODE MW CONT）。汽轮机主控器自动调功，高压旁路压力调节自动调压。

同时满足以下 3 个条件。

1）汽轮机主控器在自动（TURBINE MASTER AUTO）。

2）锅炉主控器非自动（not，BM AUTO）。

3）高压旁路压力调节自动调压（HP T-BYPASS PCV AUTO）。

（2）BF-2 方式：高压旁路跟随汽轮机手动。高压旁路跟随压力控制方式，汽轮机主控器手动调功，高压旁路压力调节自动调压。

同时满足以下 2 个条件。

1）汽轮机主控器非自动（not，TURBINE MASTER AUTO）。

2）高压旁路压力调节自动调压（HP T-BYPASS PCV AUTO）。

（3）BF-3 方式：炉跟机。汽轮机手动调功，锅炉主控器自动调压。

同时满足以下 4 个条件。

1）汽轮机主控器非自动（not，TURBINE MASTER AUTO）。

2）锅炉主控器在自动（BM AUTO）。

3）高压旁路压力调节非自动调压（HP T-BYPASS PCV AUTO）。

4）高压旁路压力调节给定压力偏置 0.8MPa（HP TB PR SET BIAS ON）。

三、CCS 旁路扩展

（一）汽轮机旁路系统配置

汽轮机采用二级高、低压串联旁路，高压旁路压力调节为一只 40%MCR 容

量的液压阀，跨接在汽轮机主蒸汽管道和锅炉冷端再热器蒸汽管道之间，旁路了汽轮机的高压缸，高压旁路打开时把主蒸汽直接引向锅炉冷端再热器管道进入锅炉再热器。高压旁路减温水调节也是液压调节阀。

再热蒸汽分成两路进入汽轮机中压缸，低压旁路跨接在锅炉再热器出口至汽轮机中压主汽阀蒸汽管道和汽轮机凝汽器之间，旁路了汽轮机中压缸和低压缸。低压旁路总容量45%MCR容量，平均分配给两只安装在两路再热蒸汽管道上的液压调节阀，汽轮机低压旁路开启后连通锅炉再热器出口和汽轮机凝汽器。低压旁路减温水同样是液压调节阀。高、低压旁路均具有快开功能。

汽轮机高、低压旁路系统总共设计有以下6个模拟量自动调节回路。

(1) 高压旁路压力调节。

(2) 高压旁路减温喷水调节。

(3) 低压旁路A侧压力调节。

(4) 低压旁路B侧压力调节。

(5) 低压旁路A侧减温喷水调节。

(6) 低压旁路B侧减温喷水调节。

这些调节回路全部具备参与APS控制的功能，扩展了机炉协调控制机组并网前的主蒸汽压力调节和并网初期低负荷功率控制。

(二) 高压旁路压力调节

汽轮机高压旁路压力自动伺服与调节逻辑，如图10-11所示。

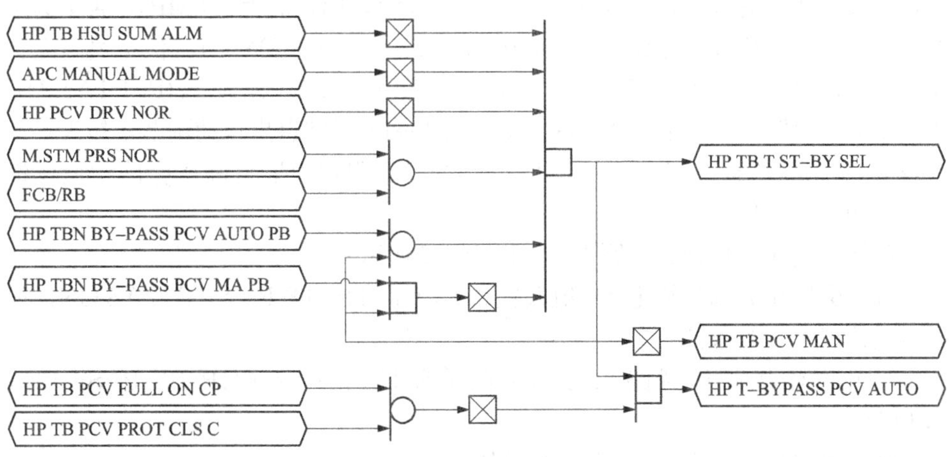

图10-11 汽轮机高压旁路压力自动伺服与调节逻辑

1. 高压旁路压力调节在伺服

同时满足以下6个条件。

(1) 高压旁路油站就地控制柜未报警（not，HP TB HSU SUM ALM）。

(2) 模拟量系统调节非手动方式（not，MCS MANUAL MODE）。

（3）高压旁路压力调节输出控制正常（HP PCV DRV NOR）。

（4）主蒸汽压力信号（M. STM PRS NOR）正常或 FCB/RB（FCB/RB）已动作。

（5）高压旁路压力调节 M/A 站自动按键（HP TURBINE BY-PASS CV DRIVE AUTO PB）已触发。

（6）高压旁路压力调节 M/A 站手动按键（HP TURBINE BY-PASS CV DRIVE MANUAL PB）未触发。

2. *高压旁路压力调节在自动*

高压旁路压力调节回路自动，同时满足以下 2 个条件。

（1）汽机高压旁路压力调节回路已在 STAND-BY 方式（HP TB AT ST-BY SEL）。

（2）既无汽轮机高压旁路“全开（HP TB PCV FULL OPN C）”，也无保护关高压旁路（HP TB PCV PROT CLS C）信号。

3. *高压旁路压力 PI 调节*

高压旁路压力控制采用比例积分调节，PI 调节器输入偏差Δ增益 10 倍后进入调节器 X 端，调节器输出（HP PCV DEM）去高压旁路压力调节 M/A 站。作为过程测量值（PV）的主蒸汽压力（MANI STM PRS.）减去给定值（SV），得出调节器输入偏差Δ。SV 值由锅炉主控器主蒸汽压力给定（MSP SET2）与高压旁路压力调节给定偏置（HP TB PR SET BAIS）相加得出。当高压旁路压力调节偏置指令有效（HP TB PR SE BAIS ON），偏置值为 0.8MPa，否则为零值。当出现汽轮机高压旁路全开（HP TB PCV FULL OPN C）、保护关高压旁路（HP TB PCV PROT CLS C）、高压旁路非“自动（not，HP T-BYPASS PCV AUTO）”等 3 个条件之一时，高压旁路调节器就退出自动调节，转入手动/自动同步跟踪状态（PI CONT TRACKING），跟踪值取自高压旁路阀位反馈（HP TBP CV RB）。

高压旁路压力自动调节原理，如图 10-12 所示。

高压旁路压力调节给定 SV 值偏置 0.8MPa（HP TB PR SET BIAS ON）要同时满足以下 3 个条件。

（1）汽轮机高压旁路压力调节阀关闭已超过 6s（HP BY-PASS PCV CLOSE）。

（2）机组目标功率大于 40MW（MWD>X%）。

（3）实发功率信号正常（ACTUAL MW S. NOR）。

机组初负荷为 5%ECR，40MW 比初负荷高出 5MW，也就是机组带上初负荷后，高压旁路压力调节阀关闭超过 6s，高压旁路压力调节器 SV 值就被偏置了 0.8MPa，增加高压旁路阀关闭的稳定性。

出现以下 4 个条件之一，高压旁路压力调节器 SV 值就会自动失去偏

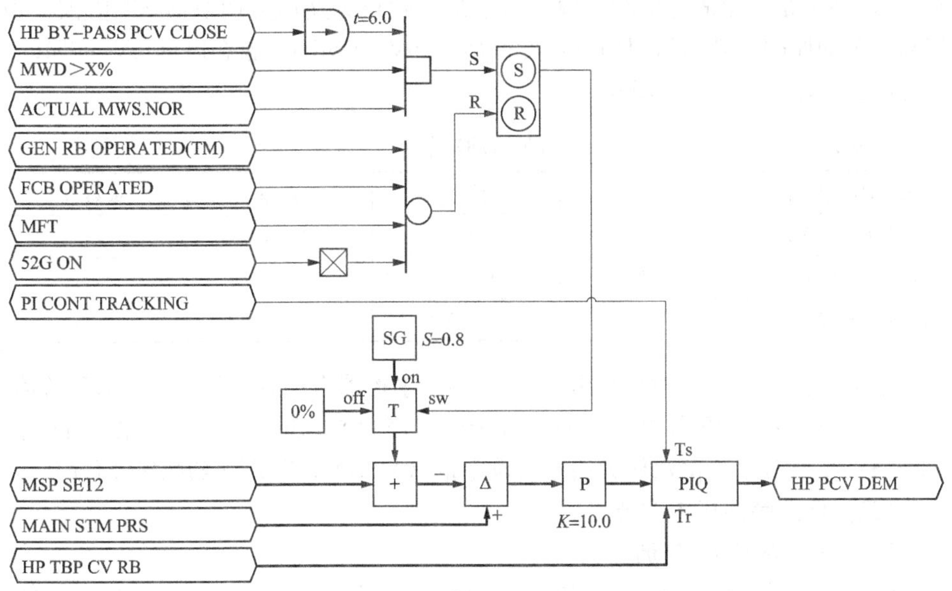

图 10-12 高压旁路压力自动调节原理

置 0.8MPa。

（1）发电机 RB 已动作（GEN RB OPERATED）。

（2）锅炉快速减出力（FCB）已动作（FCB OPERATED）。

（3）锅炉主燃料跳闸（MFT）。

（4）发电机-变压器组开关未合闸（not，52G ON）。

前三个状态都是机组热工控制和保护动作后高压旁路压力自动要参与调节，所以要取消 SV 值 0.8MPa 偏置；最后一个状态则是在机组启动过程中发电机没有并网前，高压旁路压力调节阀参与 CCS 调节，调节器 SV 值显然也不能偏置 0.8MPa。

4. 高压旁路压力调节给定

主蒸汽压力给定 1（MSP SET1）是锅炉主控器主蒸汽压力给定的自动随动给定信号。主蒸汽压力给定 1 有多种控制方式和对应的启动函数曲线，其中五种工作方式与汽轮机旁路控制有关，分别是机组冷态启动（COLD MODE）、温态启动（WARM MODE）、热态（HOT MODE）和极热态（VERY HOT MODE）启动，以及锅炉跟随（BOILER FOLLOW MODE）。汽轮机旁路控制扩展了 CCS 调节范围，被纳入了锅炉跟随方式中，机组启动前热力状态关系到锅炉不同升温升压曲线和汽轮机冲转热力参数，汽轮机冲转条件，见表 10-2。而在机组没有并网带负荷前，APS 控制下 CCS 调节主蒸汽压力主要依靠汽轮机旁路来完成，因此，针对机组不同热力状态，汽轮机旁路压力调节器有不同的

SV值，并不是一个固定的给定值。这也是汽轮机旁路压力调节器SV值被称为随动给定的原因。就本机组而言，冷态启动SV=6MPa，温态启动SV=8MPa，热态和极热态SV=11.2MPa。

表 10-2　　汽轮机冲转条件

机组启动前状态	冷态	温态	热态	极热态
主蒸汽压力（MPa）	>6	>8	>11.2	>11.2
主蒸汽温度（℃）	≤120	<120≤300	<300≤380	>380
主蒸汽过热度（℃）	>55	>55	>55	>55

主蒸汽压力给定2（MSP SET2）是锅炉主控器自动方式下MSP SET1的斜波输出。当主蒸汽压力给定手动（MSP MANUAL SET PERM）被允许时，MSP SET2就等于主蒸汽压力给定器设定值（MAIN STEAM PRESS SET）。

（三）低压旁路压力调节

1. 低压旁路压力PI调节

汽轮机低压旁路压力控制，单回路PI调节，输入偏差（Δ）等于再热器出口蒸汽压力（RH OUT STEAM PRESS.）减去低压旁路给定值（LP TURBINE SET）SV得出，经增益10倍输入PI调节器，PI调节器运算后输出低压旁路开度自动指令（LP TEP DEM）。

低压旁路压力PI调节原理，如图10-13所示。

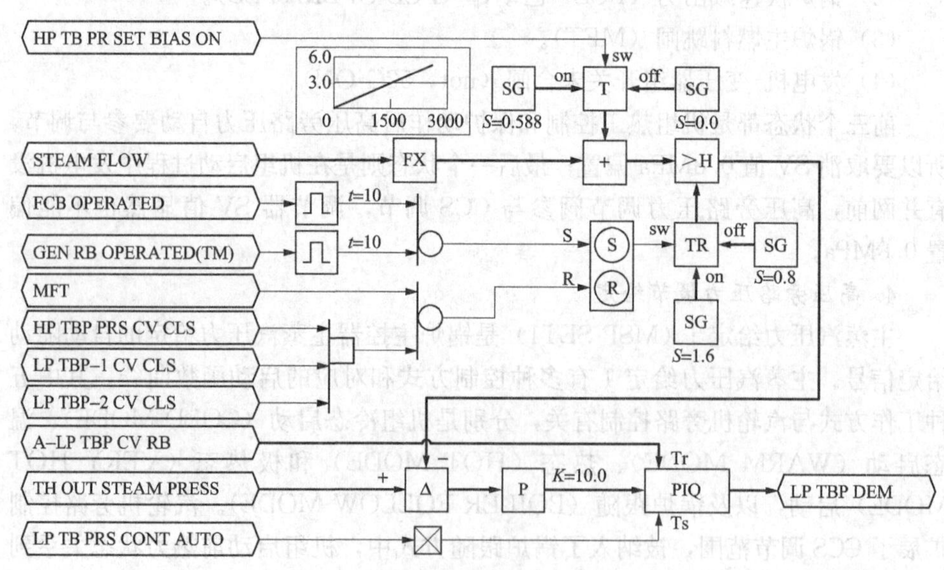

图 10-13　低压旁路压力PI调节原理

低压旁路给定值（LP TURBINE SET）由两路信号在大值选择器（>H）

中比较后输出，一路信号由机组主蒸汽流量（STEAM FLOW）函数（FX）与压力偏置（SG）相加得出，压力偏置选择受控“HP TB SET BIAS ON”，偏置被允许时，叠加压力0.588MPa，不被允许时，偏置压力为零。另一路信号从切换器（TR）输入，由FCB或GEN RB OPERATED（TM）选择比较值，在锅炉MFT或高、低压旁路全部关闭时，比较值为0.8MPa。否则，FCB或GEN RB OPERATED（TM）任一条件满足时，TR输出压力1.6MPa作为比较值，如果两个条件没有出现过，TR输出的比较值仍为0.8MPa。

2. 低压旁路压力调节在伺服

低压旁路压力自动伺服与调节逻辑，如图10-14所示。

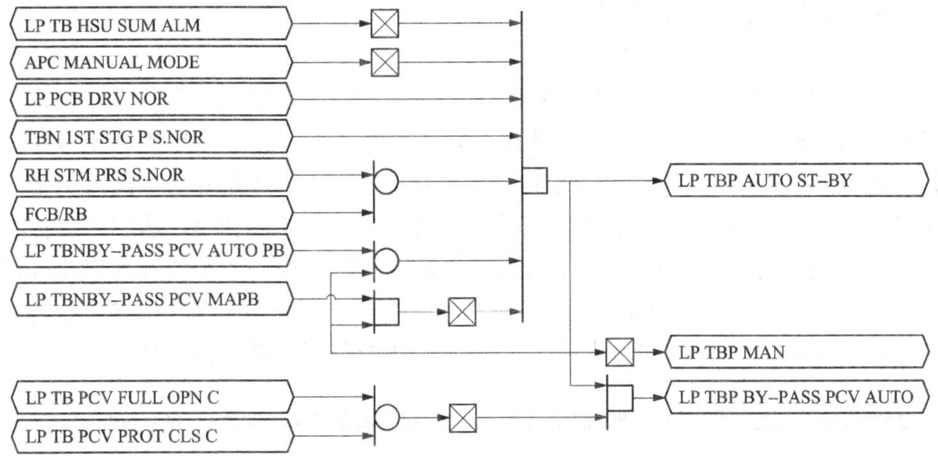

图10-14 低压旁路压力自动伺服与调节逻辑

同时满足以下6个条件，低压旁路压力调节即为伺服工作方式。

（1）低压旁路就地控制盘报警（LP HSU SUM ALM）未曾发生。

（2）低压旁路压力调节阀控制正常（LP PCV DRV NOR）。

（3）汽轮机复速级压力信号正常（TBN 1ST STG P S. NOR）。

（4）再热蒸汽压力信号正常（RH STM PRS S. NOR）或FCB/RB已动作。

（5）低压旁路压力调节自动按键（LP TURBINE BY-PASS PCV AUTO PB）已触发。

（6）低压旁路压力调节手动按键（LP TURBINE BY-PASS PCV MANUAL PB）未触发。

3. 低压旁路压力调节在自动

同时满足以下2个条件。

（1）低压旁路压力调节回路已在自动伺服。

（2）低压旁路压力调节阀没有全开，也没有出现保护关指令。

（四）高压旁路减温调节

高压旁路减温调节，PI 单回路控制，SV 值给定在 340℃，PV 值是高压旁路出口蒸汽温度（HP TURBINE BYPASS OUTLET STEAM TEMP.），主蒸汽压力通过函数转换作为高压旁路减温调节的超前信号与高压旁路减温调节器输出相加后经 M/A 站控制高压旁路减温调节阀。

（五）低压旁路减温调节

低压旁路减温调节，PI 单回路控制，SV 值设定 170℃。从两只低压旁路压力调节阀出口测量得出蒸汽温度，两侧的低压旁路压力调节阀出口温度测量值经大值比较器取温度高值作为 PV 值。低压旁路压力调节阀位修正后的再热器压力函数是低压旁路减温调节的超前信号。

（六）APS 启动旁路调压

APS 机组启动汽轮机高压旁路调节 210min 趋势，如图 10-15 所示，记录了机组启动过程中汽轮机高压旁路调节主蒸汽压力的全过程，汽轮机高压旁路从打开到关闭历时 210min。主蒸汽压力 5.4MPa 左右高压旁路开启，经过一个多小时升压至 8.4MPa（这是机组温态启动的主蒸汽压力给定值），然后一直保持 8.4MPa 直至关闭。从图 10-15 上看到，汽轮机高压旁路调节阀位开度变化幅度达 39%（17%～56%），阀门最大开度曾接近过 69%，但主蒸汽压力基本维持在给定的 8.4MPa，即便机组并网带负荷后，高压旁路压力调节仍然参与主蒸汽压

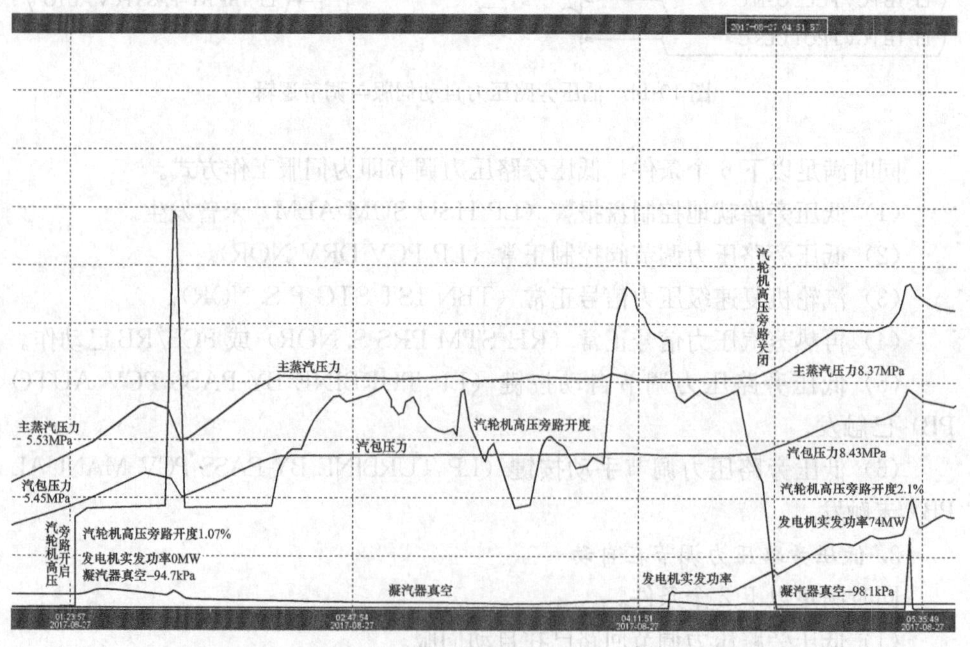

图 10-15　APS 机组启动汽轮机高压旁路调节 210min 趋势

力调节 30 多分钟，这 30 多分钟的主蒸汽压力控制就是 APS 下的 CCS 高压旁路跟随功率调节（BER FLW MODE MW CONT），而从高压旁路开启那一刻开始到机组并网带初负荷区间，则是 CCS 的高压旁路跟随压力调节（BER FLW MODE），两种调节工况都被归类在 APS 下 CCS 锅炉跟随（BF）方式中。高压旁路压力调节阀关闭后，CCS 就转为锅炉跟随方式，机组负荷升高到 8.4MW，CCS 转为 CC 方式。

这个过程中，运行人员仅仅在机组启动前利用 DCS 操作员站显示画面上调出汽轮机高压旁路压力调节回路、高压旁路喷水减温调节回路、低压旁路压力调节回路和低压旁路减温喷水调节回路等 6 个 M/A 站触发 AUTO 按键，剩下的事情都由 APS 来完成。图 10-15 显示的是高压旁路压力调节阀的变化趋势，实际上是高、低压旁路压力和温度等 6 个自动调节回路协同调节的结果。

第十一章 锅炉超前加速控制

锅炉超前加速（Boiler Input Rating，BIR）控制在锅炉设备硬件不做改变的前提下，利用热工控制策略动态加快锅炉适应不同运行工况，缩短锅炉出力、压力和温度反应时间，与汽轮机工作更加协调，有助于火力发电厂燃煤机组提高供电质量，是一种经济实用的技术策略。1989 年，BIR 控制应用在 DSS 的 700MW 直吹式制粉燃煤超临界直流锅炉上，参与电网 AGC 控制，35%ECR～100%ECR 负荷变化率能够稳定运行在 5%/min。

一、锅 炉 超 前 加 速

燃煤锅炉、汽轮机发电机组的热工自动控制对象具有非常强的非线性和扰动性，锅炉燃料、风量和给水作为系统输入，机组负荷、主蒸汽压力和主蒸汽温度作为系统输出，构成了多输入和多输出的复杂控制系统，模拟量调节回路用以平衡控制系统输入和输出之间的偏差。在电网和机组负荷变化动态过程中，锅炉和汽轮机各自对负荷变化的反应存在着差别，锅炉滞后于汽轮机，滞后时间以分钟计，锅炉制粉、燃烧和主蒸汽温度更为明显，被归类为“大滞后”被控对象。所以，应用了机炉协调控制（CCS），力图缩短锅炉的滞后时间，在控制方面也采取了“反馈＋前馈”的策略。可面对无法建模的非线性、随机发生的强扰动，传统 PID 调节的确应对乏术，CCS 也缺少全过程控制机炉运行工况的能力，并且随着机组容量增大，参数变高矛盾也越来越突出。多年来，国内外在燃煤电厂机炉燃烧和主蒸汽温度调节方面也见到过采用神经网络、自适应、模糊控制（fuzzy control）等方法尝试改进调节品质，但真正用于电厂商业运行，这些方案还有很长的路要走。而 BIR 控制仍以传统 PID 算法为主，采用了新的控制概念和实施技术，比较好的解决了锅炉反应滞后的难题，保障了 APS 的成功应用。

BIR 控制策略，简单来说就是在机组负荷开始变化，上升或下降的初始时刻给出适当的提前量，负荷变化过程中全面加速锅炉燃烧、减温和给水调节，稳定在新的负荷之前，适时降低调节强度，防止过调。BIR 只能在 CCS 控制的 CC 方式下应用，因此，BIR 也可定义为“机炉协调锅炉超前加速”。

图 11-1 为 BIR 原理，是 BIR 最基本的控制思路。假定处在负荷稳态运行状态下的机组，功率目标给定（MWD SET）突然阶跃上升到新的目标值，机组做出响应开始变负荷，机组目标功率（MWD）在变负荷区间，将按一定速率（MWD CHANGE RATE）从起点（CHANGE START）上升到终点（CHANGE FINISH）。机组目标功率的斜率（MWD CHANGE RATE）与负荷的幅度（LOAD LEVEL）经过特定的逻辑运算，得出动态过程调节的超前加速值（V≯ output）。

BIR 的作用虽然是加速锅炉出力变化，但最终调节的还是机组功率的反应速率，所以锅炉超前加速输出（V≯ output）是以机组目标功率（MWD）为信号源，通过逻辑运算得出 BIR 输出，作为前馈信号分别加到燃料、给水、风量、主蒸汽温度等回路的调节指令上，燃料送风给水减温调节回路 BIR，如图 11-2 所示。各回路的 BIR 信号可根据机组负荷上升和下降单独调节强度。由于要维持锅炉富氧燃烧，BIR 风量控制信号总是增加的方向。这些 BIR 参数以锅炉运行试验结果为依据，可实现既按各自特性又能整体协调动态加速锅炉燃料、风量、给水、减温水等参数的变化，提高锅炉对负荷变化速率的反应效能。

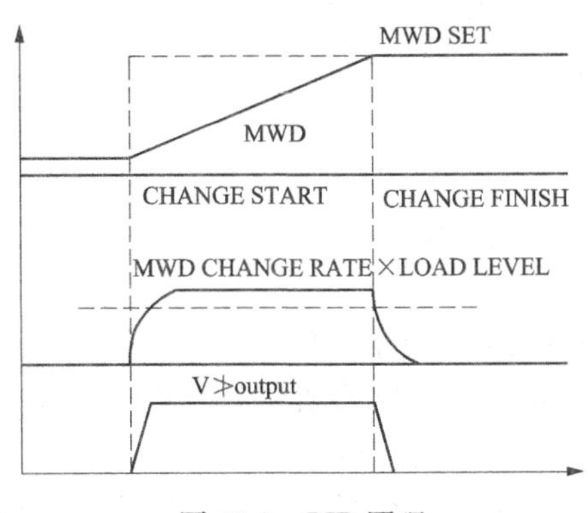

图 11-1 BIR 原理

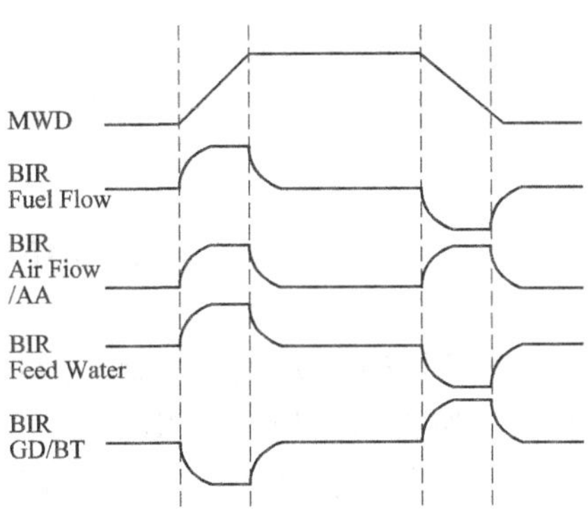

图 11-2 燃料送风给水减温调节回路 BIR

图 11-3 就是实现这种控制思路的 BIR 逻辑原理，虚线框内是 BIR 主控逻辑（Common logic for all BIR），微分器（D）的动态参数按机组目标功率（MWD）增、减变化方向前馈输出，机组负荷变化率（load change rate）经负荷变化增益（gain for load change width）函数修正运算得出超前加速 BIR 主控值。图 11-3 虚线框外是调节回路 BIR 信号生成逻辑，由升负荷（BIR for load increasing）和降负荷（BIR for load decreasing）两部分组成。BIR 主控值经双向限幅（≯≮）后再与 BIR 校正系数（BIR quantity）相乘输入斜波发生器（V≯）。斜波发生器（V≯）设有两种变化速率，BIR 投入（rate for BIR in）和 BIR 退出（rate for BIR out），都是机组目标功率（MWD）的函数。升负荷 BIR 与降负荷 BIR 代数相加输出调节回路 BIR，作为前馈信号分发至燃料（BIR fuel flow）、送风（BIR air flow/AA）、给水

(BIR feed water)、给煤/减温（GD/BT）等控制回路，实现锅炉调节的全面超前加速。

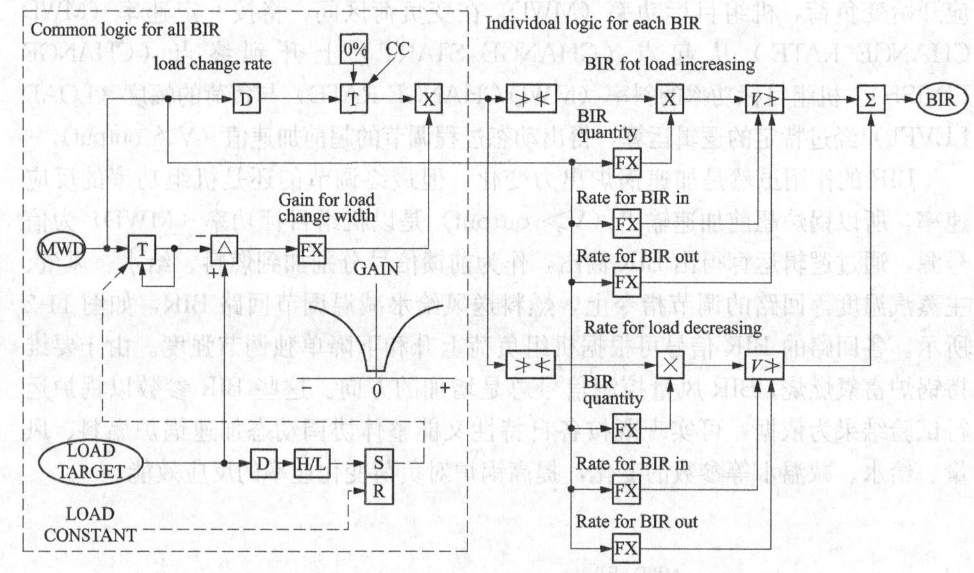

图 11-3　BIR 逻辑原理

二、BIR 主控逻辑

BIR 应用的首要条件是机炉协调控制系统必须工作在 CC 方式，BIR 主控逻辑原理，如图 11-4 所示。BIR 信号由两部分组成，一路是机组目标功率（MW DEM）经过微分器（D）形成“负荷动态超前”信号经切换器（TR）到乘法器的输入端 X1。微分器的特性是输出值反映输入值的变化量，持续宽度取决于微分器设定的微分时间，给定微分时间越长，微分作用越强，微分幅度由设定的微分增益确定。另一路由机炉协调主控器功率目标给定（MW SET）值减去经外给定斜波发生器（V≯）处理后的机组目标功率（MW DEM），其偏差值通过

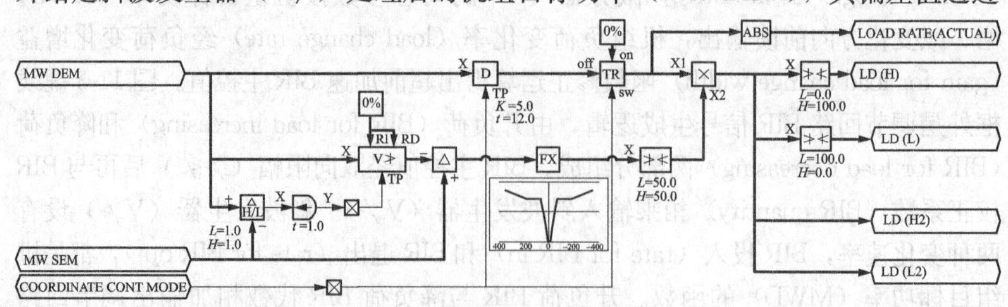

图 11-4　BIR 主控逻辑原理

BIR 校正函数（FX）转换成 MW DEM 的"动态校正系数"，再经±50 的双向限幅（≯≮）后输入乘法器（×）的 X2 端，是决定 BIR 最终作用宽度与幅度的重要因素。X1 与 X2 的乘积即为 BIR 的主控指令。

外给定斜波发生器带有外给定值投、切控制逻辑，外给定斜波发生器的通行字 TP=“0”时，输出等于输入 X（MW DEM）乘以外部给定斜率 RI（上升斜率）或 RD（下降斜率）。MW DEM 与 MW SET 的偏差小于±1 时，表示机组负荷稳定无变化，TP=“1”，斜波发生器转为跟踪状态，输出等于输入。机组负荷稳态下，MW SET 若发生变化且稳定到一个新的给定值，与 MW DEM 的偏差就会突然增大，因为 MW SET 新的设定值可阶跃变化，而 MW DEM（已经机炉协调控制目标功率给定逻辑斜波运算）是按照规定斜率变化的，在 MW SET 变化到新设定值的瞬间，MW DEM 仍基本保持在原值，斜波发生器的 TP=“0”，外部给定斜率开始起作用，这里的斜率无论上升还是下降都在 0%，等于说斜波发生器输出始终跟随着 MW DEM 变化。随着 MW DEM 按照斜率升降，MW SET 与 MW DEM 的偏差 Δ 也由最大趋近到零，函数按照图 11-4 的趋势变化。当 MW SET 与 MW DEM 的偏差 Δ＜±1 时，为防止 BIR 参数的临界波动，斜波发生器的通行字 TP 延迟 1s 后才从“0”变为“1”，BIR 功能也同时被终止。

BIR 针对不同控制对象特性采取不同的输出控制方式。

(1) 具有输出限幅的升 [LD (H) 0～100%]、降 [LD (L) 0～－100%] 输出指令分别向锅炉燃烧、风量、过热减温、再热减温、磨煤机一次风等调节回路发出控制信号。

(2) 输出不限幅的升 [LD (H2)] 和降 [LD (L2)] 控制指令发送给磨煤机旋风分离器、锅炉燃尽风（SOFA）、火下风等回路。

(3) 不做校正的变负荷前馈速率，发往锅炉主蒸汽压力给定 2 和 A～F 给煤机给煤控制。

三、BIR 趋势曲线分析

图 11-5 是机组负荷调节 BIR 实况趋势记录曲线，从中可以读出许多技术内涵。

(1) 功率给定信号或由人工手动给定或 AGC 给定，功率目标给定（MW SET）曲线，无论升、降，幅度大小基本上都是阶跃变化的波形。

(2) 目标功率（MW DEM）则是按照一定斜率升、降，目标功率的斜率是在机炉主控器中设定的。

(3) 仔细比较目标功率和实发负荷两条曲线的变化斜率，实发负荷的变化曲线几乎和目标功率信号同步，看不出有明显滞后现象。这表明，锅炉的反应已经足够快速。

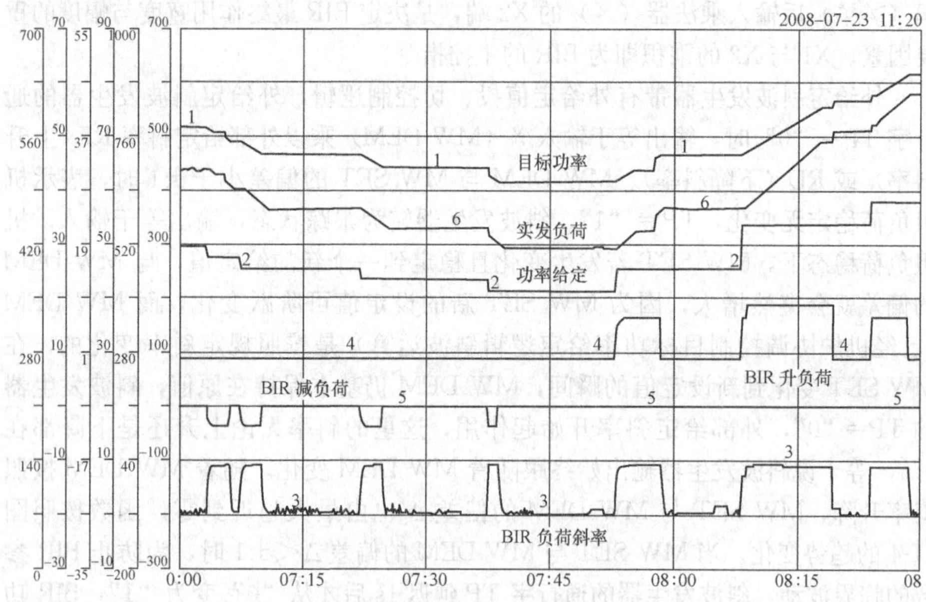

图 11-5　机组负荷调节 BIR 实况趋势记录曲线

（4）机组升、降负荷都有 BIR 信号产生，变化方向相反，升负荷时 BIR 信号为正值，降负荷时 BIR 信号为负值。BIR 幅度跟随功率给定的阶跃高度变化，功率给定的阶跃幅度高，BIR 的幅度随之变高，反之变低。

（5）功率给定的阶跃幅度越高，BIR 的作用时间（宽度）也越长，反之变短，BIR 持续宽度几乎与目标功率升降爬坡时间相同。不过，动态负荷下，BIR 波形接近于矩形波，而目标功率波形为斜波，实际作用在各个自动调节回路中的 BIR 信号应该是前强后弱，强化负荷变化初期的加速能力，体现在曲线上就是机组实发负荷与目标功率变化曲线几乎相同。

（6）目标功率与功率给定相等时，进入新的稳定负荷状态，BIR 信号归零。

（7）BIR 负荷斜率曲线是发往锅炉制粉系统的信号，给出的是 BIR 的绝对值，所以不管机组负荷升降，BIR 变化曲线都是正向的，只起调节速率的作用。

这段曲线虽然记录的是机组负荷中段以上的变化趋势，但在机组低负荷区间同样适用，这为 APS 的应用提供了有力支持，唯一的差别是机组低负荷时为确保锅炉燃烧稳定、符合锅炉升温升压的技术规范，机组目标功率变化率降至最低值。

第十二章

APS 的全自动锅炉燃料控制

火力发电厂燃煤机组的锅炉燃料系统包括油燃烧器（油枪）和煤粉燃烧器（制粉系统），机组启动与停止阶段锅炉燃料调节在机炉控制中最为复杂。一是设备多，一台锅炉有 6 层煤粉燃烧器，每层 4 只对角布置，共 24 只火嘴，额定负荷运行 5 层投入煤粉火嘴 20 只，1 层备用。三层油燃烧器 12 支油枪。采用碗式磨辊中速磨煤机的直吹式煤粉燃烧器，一层煤粉燃烧器等同一套制粉系统。一套锅炉制粉系统的热工控制包括 1 套顺序控制系统、5 套模拟量调节回路，分别是磨煤机给煤、风量、出口温度和磨煤机旋风分离器转速调节，以及磨辊压力油调节。二是控制方式复杂，APS 机组启动期间锅炉要经历投油、煤油混烧和纯煤燃烧三个阶段。机组停运同样要经历三种燃烧方式，只不过是机组启动的逆序过程。虽然设计有"锅炉燃烧器管理系统（BMS）"和独立的模拟量自动调节回路，但在 APS 机组启动过程中，APS 直接管理了一层油枪、启动了 3 套制粉系统，在 APS 机组停运过程中，APS 指令退出 2 套制粉系统及两对油枪的启停，APS 导引机组启、停，与锅炉燃料系统有较多互动。从自动控制水平的因果关系上讲，锅炉燃料系统的控制性能基本上决定了 APS 的品质。

一、APS 与锅炉油枪控制

（一）APS 对燃油系统的导引

APS 炉膛吹扫 & 点火（FURNA. PG & LIGHT-OFF）阶段，APS 主导了锅炉燃油系统的启动运行，从燃油系统的顺控启动，燃油压力和流量的调节，锅炉炉膛的吹扫，开启锅炉油枪顺序点火、投入，还有燃油系统各种不同出力定值的给定，都在 APS 掌控之下。APS 炉膛吹扫 & 点火阶段步序逻辑第 3 步，向 BMS 系统发出指令，启动锅炉燃油系统（LIGHT OIL GR "ON"）。第 5 步发出炉膛吹扫（FURN PURGE START）指令，完成燃油泄漏试验（L. O. LEAK TEST START COMMAND），MCS 系统接到 APS 指令，将燃油调节阀开至"一对油枪点火位（LO FCV 1PAIR L-OFF POS）"。第 6 步发出指令，投 AB 层 1、3 号油枪［AB-OIL（1、3）BNR START-UP］，燃油自动调节回路自举至"压力自动控制方式（LO FCV PRESS CONT AUTO）"。第 7 步投

AB层2、4号油枪［AB-OIL（2、4）BNR START-UP］。第8步指令BMS系统“油枪程序自动启动（OIL BNR LOAD PROGRAM AUTO）”。BMS的油枪控制和MCS的燃油调节则在后序的汽轮机冲转（TURBINE ROLLING）和发电机并网＆带初负荷（SYNCHRO. ＆ INIT. LOAD）阶段中发挥了接续控制的作用。到了APS机组升负荷（LOAD UP）阶段，机组实发功率15％ECR（105MW），油枪与煤粉燃烧器开始并列混烧。APS机组升负荷（UP LOAD）阶段步序逻辑第6步，确认机组目标负荷已设定在35％ECR、实发功率大于200MW、第三套制粉系统已启动，APS向MCS发出指令，燃油自动流量调节给定“最低流量（LIGHT OIL BNR. SHUT-DOWN）”。第7步发出指令，退出最后两对油枪（LAST 2P OIL BNR SH-DN）、燃油自动压力调节给定“最低压力”。第8步退出最后一对油枪（LAST OIL BNR SH-DN）、燃油自动压力调节再次给定“最低压力”，确认油枪全部角阀都已关闭（ALL OIL BURNER V/V CLOSED）、燃油速断阀也已关闭（LIGHT OIL SHUT-OFF VALVE CLOSED）。第9步向锅炉顺控系统（B-SCS）发出“停止燃油系统（LIGHT OIL GROUP OFF）”的指令。

APS机组降负荷（LOAD DOWN）阶段步序逻辑第1步向B-SCS发出指令“启动锅炉轻油系统（LIGHT OIL GROUP ON）”，再次开始由APS控制锅炉油枪。第4步，指令MCS置燃油调节阀在“一对油枪点火位（LO FCV 1PAIR L-OFF POS）”。第5步，油枪再次点火，投EF层1、3号油枪［EF-OIL（1、3）BNR START-UP］。第6步投EF层2、4号油枪［EF-OIL（2、4）BNR START-UP］。第7步指令BMS系统“油枪程序自动启动（OIL BNR LOAD PROGRAM AUTO）”。到了APS锅炉燃烧器切除（BURNER SHUT-DOWN）阶段，步序逻辑第1步向MCS指令：燃油自动流量调节给定“最低流量（STEP 1 L. O BNR SHUT DOWN）”。第2步，指令BMS切除最后两对轻油枪（LAST 2P OIL BNR SH-DN）、MCS燃油自动压力调节给定“最低压力（STEP 2 L. O BNR SHUT DOWN）”。第3步，切除最后一对轻油枪（LAST OIL BNR SH-DN）、MCS燃油自动压力调节给定“最低压力”。第4步发出指令：锅炉主燃料跳闸（MFT COMMAND），燃油系统阀门随之全部关闭。第5步向锅炉顺控系统发出指令，停止锅炉燃油系统（LIGHT OIL GR OFF）。

分析APS启、停机组控制锅炉油枪的过程会发现，无论从机组整体启停还是导引功能控制系统，APS只控制变化过程的开头和结尾，机组正常工作的顺序控制和自动调节仍然由相应的功能控制系统独立完成。

（二）燃油自动伺服与调节

燃油自动伺服与调节逻辑原理，如图12-1所示。

1. 自动伺服（STAND-BY）

燃油调节回路工作在“自动伺服”要同时满足以下6个条件。

(1) 燃油调节阀控制正常 (F. O. F DRV NOR)。

(2) 燃油流量信号正常 (FUEL OIL FLOW NOR)。

(3) 燃油压力信号正常 (FUEL OIL PRS S. NOR)。

(4) FCB未动作 (not, FCB OPERATED)。

(5) 燃油调节自动按键 (FUEL OIL FLOW CV AUTO PB) 已触发。

(6) 燃油调节手动按键 (FUEL OIL FLOW CV MANUAL PB) 未触发。

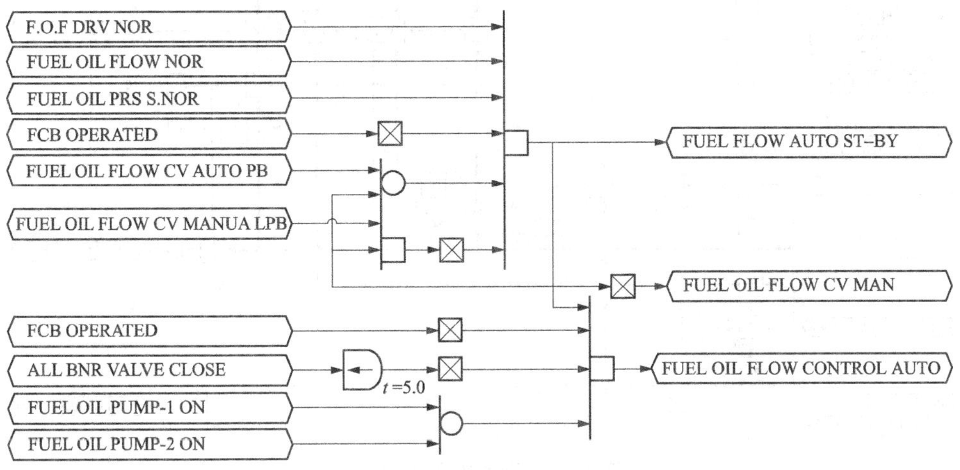

图 12-1 燃油自动伺服与调节逻辑原理

2. 自动调节 (AUTO)

同时满足以下4个条件。

(1) 燃油调节回路已工作在自动伺服 (FUEL FLOW AUTO ST-BY)。

(2) FCB未动作 (not, FCB OPERATED)。

(3) 油枪角阀未全部关闭 (not, ALL BNR VALVE CLOSE)。

(4) 1号或2号燃油泵已运行 (FUEL OIL PUMP-1 ON or FUEL OIL PUMP-2 ON)。

(三) 燃油自动调节

燃油自动调节设计有2个功能相对独立的PI调节回路，PIQ_1为燃油自动流量调节 (FUEL OIL FLOW AUTO) 器，PIQ_2是燃油自动流量调节回路的最低压力限制 (LO MINI. PRESS CONT) 调节器，作为燃油自动流量调节的压力低限给定。PIQ_3则为燃油自动压力 (FUEL OIL PRESS MODE) 调节器。

燃油自动调节原理，如图12-2所示。

投入运行的油枪等于或低于2对时，燃油压力由PIQ_3控制。当收到APS发来的油枪降压 (F-OIL BNR SHUT DOWN) 指令，油枪降压 (BNR PRESS SHUT DOWN) 给定在0.45MPa，否则，给定压力1.0 MPa。油枪超过2对以后的正常

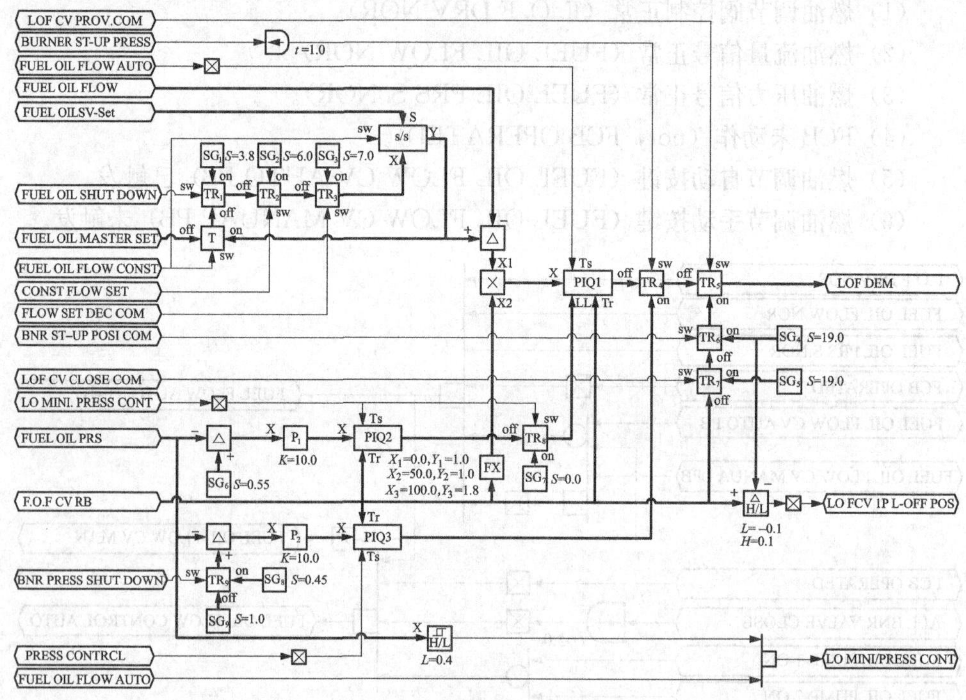

图 12-2　燃油自动调节原理

运行中，燃油自动转为流量调节。同时，为确保多支油枪运行时有足够的燃油压力，设计了 PIQ_2 低油压限制调节回路，给定压力 SV 值等于 0.55MPa，减去 PV 值燃油母管压力（FUEL OIL PRS）得到低油压限制调节回路偏差（Δ），经放大器 P_1 增大 10 倍后输入 PIQ_2，调节器的输出至 PIQ_1 燃油流量调节器作为低限（LL）给定。燃油自动流量调节回路的给定 SV，除手动给定方式（FUEL OIL FLOW CONST）外，还设计了 3 种工况给定。

1. 燃油流量主控方式（FUEL OIL MASTER SET）

给定信号来锅炉主控器目标负荷（BM MW）的函数与锅炉燃料超前加速增量（BIR FF）之和减去锅炉给煤量（TCF）的偏差。这其中已包含了锅炉燃油和煤/油混烧两种工况。

2. 燃油定量给定（CONST FLOW SET）

应用在机组降负荷投油枪过程中，磨煤机主控器在自动调节，燃油自动在流量调节，APS 没有发出油枪降压指令，从 1 对油枪增投到 2 对油枪超过 15s，发出燃油定量给定指令，设定 SV 值等于 6t/h。

3. 减流量给定（FLOW SET DEC COM）

燃油自动在流量调节、磨煤机主控器在自动、油枪没有 APS 降压指令，燃油调节退出主控方式，锅炉燃烧开始进入煤/油混烧阶段，SV 值给定 7t/h。

（四）超驰控制

1. 置燃油调节阀开度于"一对油枪启动"位（LO FCV 1P L-OFF POS）

同时满足以下3个条件。

（1）燃油调节在自动伺服（FUEL FLOW AUTO ST-BY）。

（2）1或2号燃油泵已合闸（FUEL OIL PUMP-1 ON or FUEL OIL PUMP-2 ON）。

（3）油枪角阀全部在关闭状态（ALL BNR VALVE CLOSE）。开启燃油调节阀在油枪启动位（BNR ST-UP POSI. COM），开度19%。

2. 关闭燃油调节阀（LOF CV CLOSE COM）

同时满足以下3个条件。

（1）燃油调节在自动伺服（FUEL FLOW AUTO ST-BY）。

（2）1或2号燃油泵都未合闸［（not，FUEL OIL PUMP-1 ON）&（not，FUEL OIL PUMP-2 ON）］。

（3）油枪角阀全部在关闭状态（ALL BNR VALVE CLOSE）。

（五）运行特点

锅炉燃油系统运行有着自身的特殊性，12支油枪在机组启动和停运阶段各要顺序投入和切除一次，油枪投入或切除要求必须对角成对操作，引发的油量脉动变化增加了维持燃油流量和压力平稳的难度。因此，在控制策略方面，燃油出力较低时采用了压力调节，较高出力时采用了燃油流量调节及确保燃油安全压力的措施。APS和BMS的顺序控制与燃油自动的模拟量调节之间交互控制是机组单一调节回路中数量最多的，燃油自动流量调节的SV给定也是模拟量调节回路中最为复杂的，应该算是设计方面的一个突出特点。

二、APS对锅炉煤粉燃烧器的控制

（一）制粉系统概述

磨煤机为碗式磨辊中速磨煤机，最大出力69.5t/h，电动机功率740kW，磨辊液压可调，每台磨煤机配置液压油泵和润滑油泵各1台，磨煤机出口装有变频调速旋风分离器，底部装有石子煤斗，皮带称重给煤机配备电子皮带秤（量程15.3～76.5t/h）。合格的煤粉在锅炉一次风夹带下通过磨煤机出口4根煤粉管经煤粉燃烧器对角喷入炉膛的同一层。煤粉燃烧器采用直吹式低温送粉，磨煤机入口通入的热风（HOT AIR）和冷风（COLD AIR）都来自一次风机，热风经过锅炉空气预热器加热，而冷风直接取自一次风机出口，冷、热风在磨煤机入口混合。磨煤机和给煤机都配有密封风，磨煤机密封风来自锅炉一次风机出口，经密封风机升压后供磨煤机密封，给煤机密封风从磨煤机冷风调节挡板前引出。磨煤机入口热风管上安装有热风调节挡板，控制进入磨煤机的风量，冷风管上同样装有调节挡板，用于调节磨煤机出口温度。冷风、热风调节挡板后都安装有风门截止闸板，用作磨煤机停运后的系统隔离。

（二）APS 导引锅炉煤粉燃烧器启停

机组额定运行工况，锅炉煤粉燃烧器最多投入 5 套。非 APS 控制时，BMS 能独立完成 5 套煤粉燃烧器的全过程自动投、退。锅炉煤粉燃烧器程序控制有两种触发方式，APS 导引和 BMS 自动。APS 启动机组时直接控制 B、C、D 三层煤粉燃烧器，APS 默认 B 煤粉燃烧器首套启动。机组负荷 35%ECR 以上，APS 把煤粉燃烧器的增、减控制权转交给 BMS 自动控制。机组停运由 BMS 系统先行自动退出煤粉燃烧器，余下两套“APS IN”接手退出。B 煤粉燃烧器的启动具有典型意义，下文举例介绍。

1. APS 机组启动投 B 煤粉燃烧器

APS 导引 BMS，首先要求 BMS 系统切换到“BMS IN APS MODE”。锅炉煤粉燃烧器第一套启动（1st-COAL BNR START）指令由 APS 发电机并网 & 初负荷（SYNCHRO. & INIT. LOAD）阶段步进逻辑第 4 步发出。此时，发电机已并网，投 B 磨煤机要求实发功率大于 10%ECR，锅炉一次风系统已运行，汽轮机 DEH 在负荷自动方式（ALR）。启动 B 制粉系统应同时满足以下 10 个条件。

（1）BMS 系统 DCS 卡件工作正常（B-MCM CARD OPERATE）。

（2）B 煤粉燃烧器在自动（B-COAL BNR AUTO MODE）。

（3）B 磨煤机在自动（B-MILL AUTO MODE）。

（4）B 磨煤机润滑油泵在自动（B-MILL LUB. OIL PUMP AUTO MODE）。

（5）B 磨辊压力油泵在自动（B-MILL HYDRO POWER OIL PUMP AUTO MODE）。

（6）B 磨煤机出口挡板在自动（B-MILL OUTLET DAMPER AUTO MODE）。

（7）B 磨煤机热风闸板在自动（B-MILL HOT AIR GATE DAMPER AUTO MODE）。

（8）B 磨煤机旋转分离器在自动（B-MILL ROTARY SEPARATOR AUTO MODE）。

（9）B 给煤机在自动（B-COAL FEEDER AUTO MODE）。

（10）B 给煤机已选择远方操作（B-COAL FEEDER REMOTE SELECTED）。

锅炉 BMS 系统把 B 煤粉燃烧器满足启动的状态信息（B COAL BNR START-UP AVAILABLE）上传给 APS，APS 确认以下 3 个条件同时满足，即向 BMS 发出 B 制粉系统启动指令。

(1) APS 发出了启动第一套煤粉燃烧器的指令。

(2) B 制粉系统具备启动条件（B-COAL BNR. START-UP AVAILARE)。

(3) B 制粉系统尚未启动（not，B COAL BNR START-UP COMPLETED)。

在接到 APS 发来的“B-COAL BNR START-UP COMMAND BY APS”指令，并通过了以下条件验证，BMS 则发出 B 煤粉燃烧器启动命令（B-COAL BURNER START-UP COMMAND)，B 制粉系统程序控制开始自动启动。

(1) B 制粉系统控制设备都在自动（B ALL DRIVE AUTO MODE)。

(2) B 磨煤机吹扫已完成（B-MILL PURGE COMLETED)。

(3) B 煤粉燃烧器点火许可（B-MILL C. BNR FIRING PERM)。

2. APS 升负荷投 C、D 煤粉燃烧器

APS 控制 C、D 煤粉燃烧器的启动没有采用如 B 煤粉燃烧器由 APS 分布式主控器步序逻辑发布指令的方式，而是在 APS 逻辑中独立设计了 C、D 煤粉燃烧器的“条件顺序控制”。APS 在第五阶段第 4 步序发出启动第一套煤粉燃烧器指令后，C、D 煤粉燃烧器就会以机组发电负荷为阈值作为启动条件顺序投入。机组负荷大于 110MW（15.7%ECR）启动 C 煤粉燃烧器，机组负荷大于 175MW（25%ECR）启动 D 煤粉燃烧器。

BMS 系统设计有“磨煤机出力”控制逻辑，根据机组负荷升、降和实发功率，能在 2～5 套自动增、减制粉系统。APS 机组升负荷过程中，管控了 B、C、D 三套煤粉燃烧器，待三套煤粉燃烧器投入后，APS 发出指令，把磨煤机出力逻辑控制权交还给 BMS 系统，锅炉煤粉燃烧器的自动增减就由 BMS 系统自主完成。机组实发负荷升至 245MW（35%ECR)，APS 退出。

3. APS 机组停运退出煤粉燃烧器

APS 停运机组过程中，最后两套煤粉燃烧器由 APS 控制退出。

4. 退出倒数第二套煤粉燃烧器（LAST 2nd COAL BNR S-DWN)

APS 降负荷（LOAD DOWN）阶段步进逻辑第 3 步发出指令“机组目标负荷设定 20%ECR”，机组开始按既定目标降负荷。指令“退出倒数第二套煤粉燃烧器”在步进逻辑的第 10 步，发自 APS 专门设计的条件逻辑，条件满足即随机发出指令。退出倒数第二套煤粉燃烧器的条件有来自 BMS 系统上传的给煤机运行状态，在运给煤机为 2 台，以及机组实发负荷不高于 22%ECR，确认 APS 节点步序仍在执行中（BP51 STEP START)，条件逻辑则给出信号：LAST 2nd COAL BNR S-DWN。经 APS“切最后 2 套煤粉燃烧器逻辑”判定，如果此时 A、B 煤粉燃烧器在运行状态，APS 就向 BMS 系统发出指令“A-C. BNR SH-DOWN COM. BY APS”，BMS 触发 A 制粉系统顺序控制逻辑按步序退出 A 煤粉燃烧器。如果 B、C 煤粉燃烧器在运行状态，APS 就向 BMS 系统发出指令

“B-C. BNR SH-DOWN COM. BY APS”，BMS 触发 B 制粉系统顺序控制逻辑按步序退出 B 煤粉燃烧器。同理，APS 会通过逻辑自动寻找符合要求的倒数第二套煤粉燃烧器控制其退出。

5. 退出最后一套煤粉燃烧器（LAST 1 COAL BNR S-DWN）

APS 最低负荷（MINIMUM LOAD）阶段步进逻辑的第 2 步，APS 已向 DEH 发出了设定机组目标负荷 5%ECR 的指令，在步进逻辑的第 3 步，确认机组实发负荷已不高于 40MW，且只有一层煤粉燃烧器在运行，则发出指令“LAST 1 COAL BNR S-DWN”，通过 APS“切最后 2 套煤粉燃烧器逻辑”判定磨煤机的编号，向 BMS 发出切除最后一套在运煤粉燃烧器的指令。

（三）B 煤粉燃烧器启动

B 煤粉燃烧器顺序控制步序逻辑接到“B 煤粉燃烧器启动（B-COAL BURNER START-UP COMMAND)”指令后，马上开始 B 煤粉燃烧器启动计时（A-COAL BURNER IN START-UP PERIOD)，同时执行步序程序。锅炉制粉系统启动步序，如图 12-3 所示。

1. 第 1 步（计时 60s）

同时满足以下 4 个条件：

（1）磨辊液压油泵油箱液位正常（B-HYDRO OIL PUMP OIL TANK LEVEL NORMAL)。

（2）磨煤机密封风压差正常（B-MILL SEAL AIR DIFF. NORMAL>2kPa)。

（3）石子煤斗入口阀已打开（B-MILL PYRITE HOPPER INLET VALVE OPEN)。

（4）石子煤斗料位不高（not，B-MILL PYRITE HOPPER LEVEL HIGH)。

发出 2 条命令：

（1）开磨煤机出口挡板（B-MILL OUTLET DAMPER“OPEN”)。

（2）开磨煤机入口冷风闸板（B-COLD AIR GATE“OPEN”)。

2. 第 2 步（计时 180s）

同时满足以下 2 个条件：

（1）磨煤机出口挡板已打开（B- MILL OUTLET DAMPER OPENED)。

（2）磨煤机入口冷风闸板已打开（B- MILL COLD AIR GATE OPENED)。

发出 3 条命令：

（1）磨煤机润滑油泵合闸（B-MILL LUB OIL PUMP“ON”)。

（2）开磨煤机密封风门（B-MILL SEAL AIR VALVE“OPEN”)。

（3）开给煤机密封风门（B-COAL FEEDER SEAL AIR VALVE“OPEN”)。

3. 第 3 步（计时 120s）

同时满足以下 3 个条件：

（1）磨煤机润滑油泵已合闸（B-MILL LUB OIL PUMP STARTED)。

（2）磨煤机密封风门已打开（B-MILL SEAL AIR VALVE OPENED）。

（3）给煤机密封风门已打开（B-COAL FEEDER SEAL AIR VALVE OPENED）。

发出命令：B磨煤机合闸（B-MILL “ON”）。

4. 第4步（计时300s）

满足条件：B磨煤机已合闸（B-MILL STARTED）。

同时发出3条命令：

（1）冷风调节挡板开至流量70%阀位（B-MILL COLD A/D “X% POS” FOR PRIMARY AIR FLOW 70%）发至MCS。

（2）旋转分离器合闸（B-MILL ROTARY SEPARATOR “ON”）。

（3）磨辊液压油泵合闸（B-MILL HYDRAUUC POWER OIL PUMP “ON” ）。

5. 第5步（计时30s）

同时满足以下4个条件：

（1）B磨煤机已合闸（B-MILL STARTED）。

（2）旋转分离器已合闸（B-MILL ROTARY SEPARATOR ON）。

（3）磨辊液压油泵已合闸（B-MILL HYDRAUUC OIL PUMP ON）。

（4）B磨煤机一次风量大于70%（B-PRIMARY AIR FLOW>70%），信号来自MCS。

发出命令：磨辊油压调节投自动（B-MILL JURNAL OIL PRESS CONT “AUTO”），去MCS。

6. 第6步（计时50s）

满足条件：磨辊油压调节已投自动（B-MILL JURNAL OIL PRESS CONT AUTO），来自MCS。

发出命令：开启热风闸板（B-MILL HOT AIR GATE “OPEN”）。

7. 第7步（计时2700s）

满足条件：热风闸板已打开（B-HOT AIR GATE OPENED）。

发出命令：

（1）磨煤机风量调节投自动（B-MILL PRIMARY AIR FLOW CONT “AUTO”），去MCS。

（2）磨煤机出口温度设定82℃（B-MILL OUTLET AIR TEMP SET TO 82℃），去MCS。

8. 第8步（计时30s）

符合以下2个条件：

（1）磨煤机风量调节已投自动（B-MILL PRIMARY AIR FLOW CONT AUTO MODE），来自MCS。

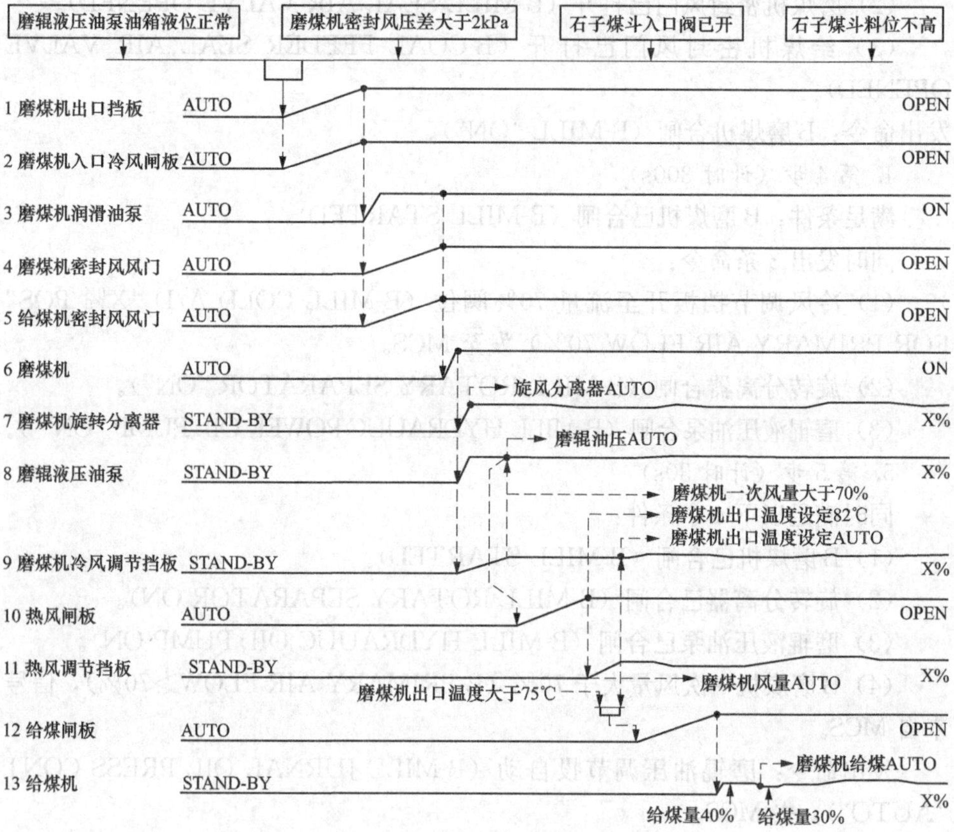

磨辊液压油泵油箱液位正常
磨煤机密封风压差大于2kPa
石子煤斗入口阀已开
石子煤斗料位不高
1 磨煤机出口挡板 AUTO OPEN
2 磨煤机入口冷风闸板 AUTO OPEN
3 磨煤机润滑油泵 AUTO ON
4 磨煤机密封风风门 AUTO OPEN
5 给煤机密封风风门 AUTO OPEN
6 磨煤机 AUTO ON
旋风分离器AUTO
7 磨煤机旋转分离器 STAND-BY X%
磨辊油压AUTO
8 磨辊液压油泵 STAND-BY X%
磨煤机一次风量大于70%
磨煤机出口温度设定82℃
磨煤机出口温度设定AUTO
9 磨煤机冷风调节挡板 STAND-BY X%
10 热风闸板 AUTO OPEN
11 热风调节挡板 STAND-BY X%
磨煤机出口温度大于75℃
磨煤机风量AUTO
12 给煤闸板 AUTO OPEN
磨煤机给煤AUTO
13 给煤机 STAND-BY X%
给煤量40%
给煤量30%

图 12-3 锅炉制粉系统启动步序

（2）磨煤机出口温度大于 75℃（B-MILL OUTLET TEMP＞75℃），来自 MCS。

同时发出 2 条命令：

（1）开启给煤闸板（B-COAL GATE “OPEN”）。

（2）磨煤机出口温度调节投自动（B-MILL OUTLET AIR TEMP CONT “AUTO”），去 MCS。

9. 第 9 步（计时 60s）

同时满足以下 8 个条件：

（1）热风闸板已打开（B-MILL HOT AIR GATE OPENED）。

（2）给煤闸板已打开（B-COAL GATE OPENED）。

（3）磨煤机出口挡板已打开（B-MILL OUTLET DAMPER OPENED）。

（4）磨煤机已合闸（B-MILL ON）。

（5）磨煤机出口温度大于 75℃（B-MILL OUTLET TEMP＞75℃），来

自 MCS。

(6) 磨煤机一次风量大于 70%（MILL PRIMARY AIR FLOW>70%），来自 MCS。

(7) 磨煤机出口温度调节已投自动（B-OUTLET AIR TEMP CONTROL AUTO MODE），来自 MCS。

(8) 磨煤机风量调节已投自动（B-MILL PRIMARY AIR FLOW CONT AUTO MODE）& 磨煤机出口温度大于 75℃，来自 MCS。

发出命令：给煤机合闸（B-COAL FEEDER "ON"）。

10. 第 10 步（计时 5min）

满足条件：给煤机已合闸（B-COAL FEEDER ON）。

发出命令：B 给煤调节投"伺服"（B-COAL FLOW CONT "AUTO STAND-BY" COMMAND）。

11. 第 11 步（计时 45min）

满足条件：B 给煤调节已在伺服方式（B-COAL FLOW CONTROL AUTO STAND-BY MODE）& 给煤机合闸已超过 2s。

发出命令去 MCS：设定给煤量 40%（B-COAL FLOW "40%" COMMAND）。

12. 第 12 步（计时 5min）

同时满足以下 2 个条件：

(1) 给煤机已合闸（B-COAL FEEDER STARTED），B 磨煤机也已合闸（B-MILL ON），两者同时合闸时间超过 30s。

(2) B 给煤机电流大于 30A（B-MILL CURRENT>30A）& B 磨煤机电流小于 120A（B-MILL CURRENT<120A），来自 MCS。

发出命令去 MCS：B 磨煤机给煤量设定 30%（B-COAL FLOW 30% COMMAND），去 MCS。

13. 第 13 步（计时 5min）

满足条件：B 磨煤机给煤量已在 30%（B-COAL FLOW ABOUT 30%），来自 MCS。

发出命令：B 磨煤机给煤调节投"自动"（B-COAL FLOW CONTROL "AUTO/BM" COMMAND），去 MCS。

（四）B 煤粉燃烧器启动完成

同时满足以下 6 个条件。

(1) 符合以下 2 个条件之一。同时满足以下 2 个条件且超过 180s。

1）B 给煤机已启动（B-COAL FEEDER STARTED）。

2）B 磨煤机已启动（B-MILL STARTED）。

同时满足以下 3 个条件。

1）B 给煤机已启动（B-COAL FEEDER STARTED）。

2）B 磨煤机已启动（B-MILL STARTED）。

3）B 磨给煤调节已在自动（B-COAL FLOW CONTROL “AUTO/BM”）。

（2）B 磨煤机出口挡板已打开［B-OPENED（MILL OUTLET DAMPER）］。

（3）B 磨煤机润滑油泵已合闸［B-STARTED（MILL LUB OIL PUMP）］。

（4）B 磨辊液压油泵已合闸［B-STARTED（HYDRO POWER OIL PUMP）］。

（5）B 磨煤机入口热风闸板已打开（B-HOT AIR GATE OPENED）。

（6）B 磨煤机入口冷风闸板已打开（B-COLD AIR GATE OPENED）。

（五）B 煤粉燃烧器停运

制粉系统顺序自动控制退出步序，如图 12-4 所示。

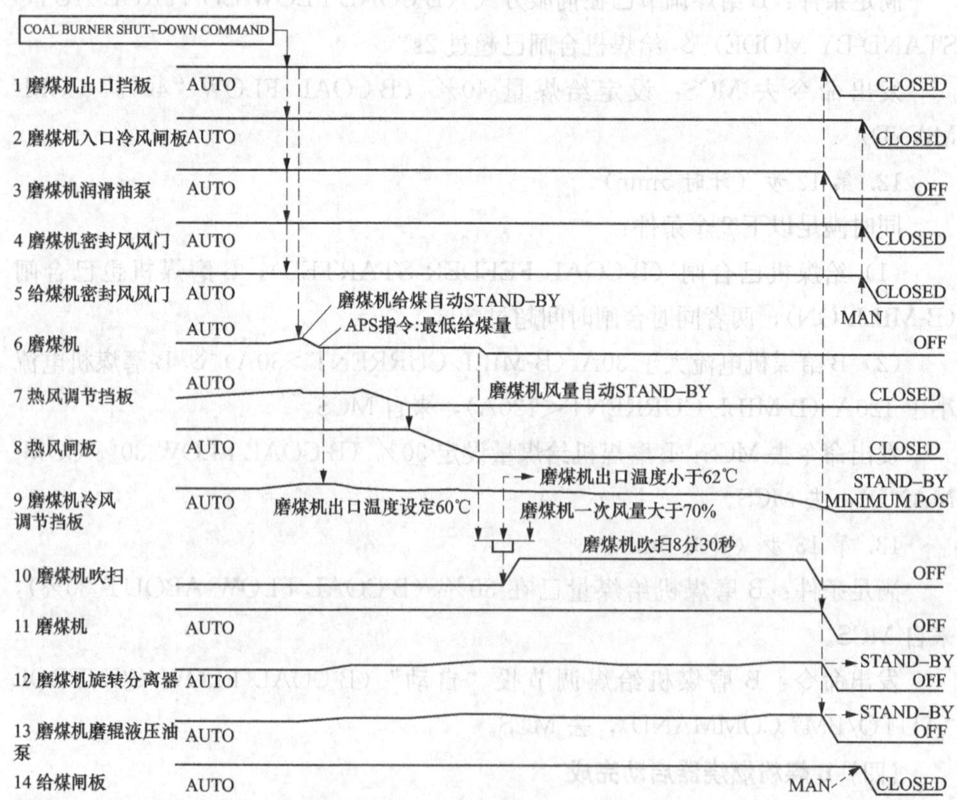

图 12-4 制粉系统顺序自动控制退出步序

1. 第 1 步（计时 30s）

同时满足 2 个条件：

（1）B 煤粉燃烧器接到停运命令（B-COAL BURNER SHUT-DOWN COMMAND）。

（2）B 磨煤机停运未完成（not，B-COAL BURNER SHUT-DOWN COMPLETED）。

发出命令：

（1）B 磨煤机润滑油泵合闸（MILL LUB. OIL PUMP “ON”）。

（2）打开 B 磨煤机出口挡板（MILL OUTLET DAMPER “OPEN”）。

（3）打开 B 给煤机密封风门（吹扫打开）（COAL FEEDER SEAL AIR VALVE “OPEN”）。

（4）打开 B 磨煤机冷风闸板（吹扫打开）（MILL COLD AIR GATE DAMP “OPEN”）。

（5）打开 B 磨煤机密封风（吹扫打开）（MILL SEAL AIR VALVE “OPEN”）。

2. 第 2 步（计时 30s）

同时满足 2 个条件：

（1）磨煤机润滑油泵已合闸［B-STARTED（MILL LUB OIL PUMP）］。

（2）磨煤机出口挡板已打开［B-OPENED（MILL OUTLET DAMPER）］。

发出命令：B 磨煤机给煤自动切至“伺服”（B-COAL FLOW CONT “AUTO STAND-BY” COMMAND），去 MCS。

3. 第 3 步（计时 300s）

符合以下 3 个条件之一：

（1）跳步触发，B 磨煤机开始吹扫（B-MILL PURGE “START”）。

（2）B 给煤机未合闸（not，B-COAL FEEDER STOP）。

（3）磨煤机给煤自动已切至“伺服”（B-COAL FLOW CONTROL AUTO STAND-BY MODE）。

发出命令：置 B 磨煤机在最低煤量（B-COAL FLOW MINIMUM POS. COMMAND），去 MCS。

4. 第 4 步（计时 300s）

符合以下 3 个条件之一：

（1）跳步触发，B 磨煤机开始吹扫（B-MILL PURGE “START”）。

（2）B 给煤机未合闸（not，B-COAL FEEDER STOP）。

（3）B 磨煤机已在最低煤量（B-COAL FLOW MINIMUM POSITION）。

发出命令：设定 B 磨煤机出口温度 60℃（B-MILL OUTLET AIR TEMP SET 60℃），去 MCS。

5. 第 5 步（计时 300s）

符合以下 2 个条件之一：

（1）跳步触发，B 磨煤机开始吹扫（B-MILL PURGE START）。

（2）B 磨煤机热风调节挡板已关闭（B-HOT AIR DAMPER CLOSED）。

发出命令：关闭热风闸板［B-HOT AIR GATE CLOSE COMMAND（SH-DN)］。

6. 第 6 步（计时 300s）

符合以下 2 个条件之一：

（1）跳步触发：B 磨煤机开始吹扫（B-MILL PURGE "START"）& B 磨煤机一次风量大于 70%（B-PRIMARY AIR FLOW>70%）。

（2）同时满足 3 个条件：

1）B 磨煤机一次风量大于 70%（B-PRIMARY AIR FLOW>70%）。

2）B 磨煤机热风闸板已关闭（B-HOT AIR GATE CLOSED）。

3）B 磨煤机出口温度小于 62℃（B-MILL OUTLET AIR TEMP<62C）。

发出命令：

（1）B 磨煤机例行吹扫（B-COAL BURNER IN PURGE CYCLE）。

（2）B 磨煤机吹扫合闸［B-MILL START（FOR PURGE)］。

7. 第 7 步（计时 550s）

同时满足 3 个条件：

（1）B 磨煤机吹扫已开始（B-MILL PURGE START）。

（2）B 磨煤机已启动（B-MILL STARTED）。

（3）B 磨热风闸板已关闭（B-HOT AIR GATE CLOSED）& B 磨煤机出口温度小于 62℃（B-MILL OUTLET AIR TEMP<62C）。

发出命令：给煤机分闸（B-COAL FEEDER "STOP"）。

8. 第 8 步（计时 1200s）

满足条件：B 磨煤机吹扫完成（B-MILL PURGE COMLETED），同时发出以下命令：

（1）B 磨煤机润滑油泵分闸（B-MILL LUB OIL PUMP "OFF"）。

（2）B 磨辊液压油泵分闸（B-HYDRO POWER OIL PUMP "OFF"）。

（3）B 磨煤机旋风分离器分闸（B-MILL ROTARY SEPALATOR "OFF" ）。

（4）B 磨煤机冷风调节挡板在最小开度（B-MILL COLD AIR DAMPER "MINIMUM POS."）。

注：磨煤机吹扫计时 510s（8 分 30 秒），吹扫完成后，磨煤机自动分闸。

（六）B 煤粉燃烧器停运结束

同时满足以下 6 个条件。

（1）B 磨煤机吹扫已完成（B-MILL PURGE COMLETED）。

(2) B给煤机已停运 (B-COAL FEEDER STOPPED)。

(3) B磨煤机热风闸板已关闭 (B-HOT AIR GATE CLOSED)。

(4) B磨煤机润滑油泵已分闸 (B-MILL LUB OIL PUMP OFF)。

(5) B磨辊液压油泵已分闸 (B-HYDRO POWER OIL PUMP OFF)。

(6) B磨煤机冷风调节挡板已在最小开度 (B-MILL COLD AIR DAMPER MINIMUM POS.)。

三、煤粉燃烧器自动程序控制的特点

煤粉燃烧器程序控制的整个启动过程，总计发出了20条指令，其中，BMS系统内部开关量控制指令11条，与MCS关联的外部控制指令9条，发送到MCS系统中触发模拟量自动调节，体现出BMS和MCS两个系统的紧密交联互动。从BMS制粉系统顺序控制的第4步就开始与MCS自动调节回路交互控制，一直到第8步，互动逐步加强，而从第10到第13步BMS与MCS更是连续的互动。顺序控制逐一启动制粉系统的设备，同时也适时投入磨辊油压、风量、出口温度、给煤和旋风分离器转速等模拟量自动调节，实现了开关量控制和模拟量调节各司其职，相互同步配合。并且，在磨煤机启动初始阶段采用超驰控制，给定自动调节定值，设定初始状态，完成磨煤机铺煤、咬煤判定、限定最低出力等。确保了磨煤机风量、出口温度和给煤量调节从伺服方式顺畅连贯过渡到与机组实时负荷相适应的自动控制。相对煤粉燃烧器正常工作时间，这段磨煤机初始阶段控制并不长，但却是制粉系统全程自动启动的必经之路，如果不能平滑过渡，自动控制的整个过程就要脱节。纵观锅炉制粉系统的启动，可进一步体会到“三态式”模拟量自动调节和开关量“本安型”开关这两种逻辑模块对于构建开关量和模拟量自动交互控制的重要性。虽然煤粉燃烧器启动仍然遵循步进程序模式，但BMS中的某些步序是专门为联系MCS系统而设计的，当然MCS系统也有对等的应答，从而实现了锅炉制粉系统开关量和模拟量交互控制的全程自动启动。如果从“B COAL BNR. START-UP ON”指令发出算起到煤粉燃烧器正常运行，再到煤粉燃烧器自动退出，可认为这就是开关量和模拟量复变参数程序控制系统的“一键式启停”，成为APS应用的充要条件。

四、煤粉燃烧器BMS自动控制

煤粉燃烧器的投入是从给煤机输送原煤开始，经过磨煤机研磨制成符合要求的煤粉再喷到炉膛内，特别是机组启动变负荷过程中，制粉系统的启停都需要恰当的投、切时机，否则，纵有APS导引机组启动，其升负荷过程也会“卡顿”。除开制粉系统能全自动顺序启停，也包括每套制粉系统的5个模拟量调节回路自动地投“自动”，需要解决的就是磨煤机如何适时的投、切，以确保煤粉燃烧器如油枪般连贯运行而消除卡顿现象，“磨煤机出力计算”功能是关键的一环。只有具备了磨煤机出力实时自动计算能力，制粉系统或者说煤粉燃烧器才有可能随机组负荷升降而适时启动或停止。BMS 系统本身就应具备锅炉煤粉燃烧器自动控制功能，即便没有 APS，通过与模拟量调节系统协同，BMS 系统也能根据锅炉目标出力利用“磨煤机出力计算”功能自动决定在 2～5 套增、减煤粉燃烧器。因此，BMS 系统全自动化调配煤粉燃烧器投、切的能力也是对 APS 强有力的支持，否则，APS 逻辑怎样设计也解决不了机组启停全程自动化的问题。

（一）磨煤机出力自动控制

1. 机组负荷升、降判断逻辑

磨煤机出力自动调节，首先要判断机组负荷是升还是降。这部分逻辑设计在模拟量调节系统中。利用微分器随时获取机组目标功率（MW DEM）的变化，判定机组升负荷（LD RAISE IN PROG）还是降负荷（LD LOWER IN PROG），既包括 MW DEM 的变化方向，也包括变化幅值，MW DEM 升高超过 1%，发出 LD RAISE IN PROG 信号，降低超过－1%，发出 LD LOWER IN PROG 信号。

2. 磨煤机在运台数（MILL NUMBER）

机组负荷升、降前磨煤机运行台数是机组目标负荷增、减磨煤机台数的基准，选取磨煤机合闸信号代表磨煤机的运行台数，磨煤机合闸是开关量信号，利用 D/A 转换器将数字量转换成模拟量，在加法器中相加可得出用数值表示的磨煤机运行台数。磨煤机出力自动控制逻辑原理，如图 12-5 所示。

3. 磨煤机递增（MILL NUMBER INC COM）

机组运行中变动负荷，就有可能增减磨煤机。若实现自动增减磨煤机，首要条件是 CCS 要工作在“机炉协调”方式（COORDINATE CONT MODE），机组在升负荷过程中（LD RAISE IN PROG）“磨煤机出力计算”逻辑增、减磨煤机主要是根据机组当前的目标功率（MW DEM）和功率目标给定（MW SET）各自的阈值，以及当前磨煤机在运台数来决定。MW DEM 按照给定的斜率输出斜波信号，MW SET 为阶跃信号。BMS 自动递增磨煤机从 2 台到 5 台，自动递减磨煤机从 5 台到 2 台。

磨煤机运行台数自动增、减，见表 12-1。

（1）递增第一台磨煤机。机组目标功率大于 215MW，2 台磨煤机在运行，每台磨煤机平均出力 10.75MW、负荷率 76.9%。功率目标给定大于 260MW，功率目标给定高出目标功率 45MW，增投第 3 台磨煤机。3 台磨煤机运行最低负荷率 61.9%。

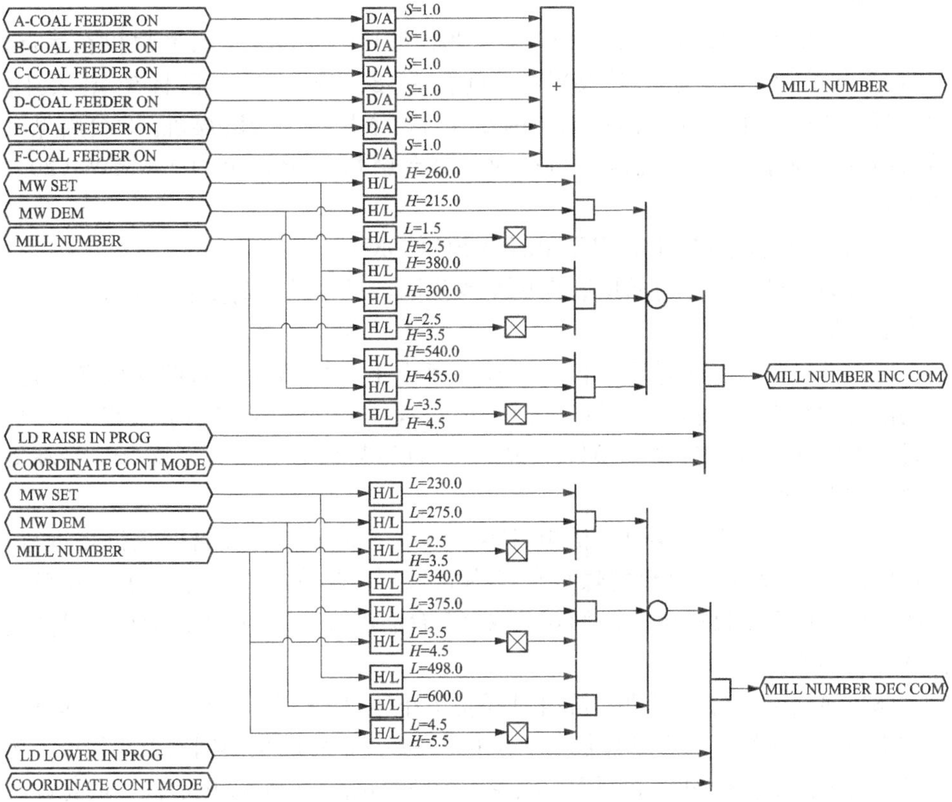

图 12-5 磨煤机出力自动控制逻辑原理

表 12-1 **磨煤机运行台数自动增、减**

磨煤机出力	MW DEM (MW)	MW SET (MW)	出力变化 (MW)	台数变化		单台磨煤机负荷率 (变化前,%)	单台磨煤机负荷率 (变化后,%)	每台磨煤机额定出力 (MW)
升负荷	215	260	45	2	3	76.8	61.9	140
	300	380	80	3	4	71.4	67.9	140
	455	540	85	4	5	81.3	77.1	140
降负荷	600	498	102	5	4	85.7	88.9	140
	375	340	35	4	3	67.0	81.0	140
	275	230	45	3	2	65.5	82.1	140

（2）递增第二台磨煤机。机组目标功率大于 300MW，3 台磨煤机在运行，每台磨煤机平均出力 100MW、负荷率 71.4%，功率目标给定大于 380MW，功率目标给定高出目标功率 80MW，增投第 4 台磨煤机。4 台磨煤机运行最低负荷

率67.9%。

（3）递增第三台磨煤机。机组目标功率大于455MW，4台磨煤机在运行，每台磨煤机平均出力113.75MW、负荷率81.3%，功率目标给定大于。540MW，功率目标给定高出目标功率85MW，增投第5台磨煤机。5台磨煤机运行最低负荷率65%，机组满负荷时，每台磨煤机承担出力140MW（20% ECR）。

4. 磨煤机递减（MILL NUMBER DEC COM）

递减磨煤机的条件与递增磨煤机基本相同，只不过负荷变化方向相反、增减参数阈值不同。

（1）递减第一台磨煤机　机组目标功率小于600MW，5台磨煤机在运行，平均出力120MW，每台磨煤机负荷率85.7%，功率目标给定小于498MW，功率目标给定低于目标功率102MW，减少1台磨煤机。4台磨煤机运行，最高负荷率88.9%/磨。

（2）递减第二台磨煤机。机组目标功率小于375MW，4台磨煤机在运行，平均出力93.75MW，每台磨煤机负荷率65.5%，功率目标给定小于340MW，功率目标给定低于目标功率35MW，减少1台磨煤机。3台磨煤机运行，最高负荷率81%/磨。

（3）递减第三台磨煤机。机组目标功率小于275MW，3台磨煤机在运行，平均出力91.7MW，每台磨煤机负荷率65.5%，功率目标给定小于230MW，功率目标给定低于目标功率45MW，减少1台磨煤机。2台磨煤机运行，最高负荷率82.1%/磨。

5. 磨煤机出力控制选择

磨煤机出力控制（MILL NUMBER CONRTOL AUTO）有两种触发方式。一是在APS方式下，BMS接受APS导引（MBC IN APS MODE），机组启动过程中APS顺序控制B、C、D三套煤粉燃烧器投入，之后，发出指令“MILL NUMBER CONT AUTO FROM APS”到BMS的“磨煤机出力自动控制”逻辑，置“MILL NUMBER CONRTOL”在AUTO。BMS接续自动控制煤粉燃烧器增、减磨煤机运行数量。磨煤机数量增（MILL NUMBER INC. COM）和磨煤机数量减（MILL NUMBER DEC. COM）的指令来自模拟量控制系统（MCS）。其二，当BMS系统独立运行时，也就是不在APS控制下，运用磨煤机出力自动控制功能，需要人工手动触发磨煤机出力控制“自动”按键（MILL NUMBER CONT AUTO PB），投磨煤机出力控制为“自动”。MILL NUMBER CONRTOL AUTO信号一旦生效，会同步上传到APS参与相关逻辑运算。

MILL NUMBER CONRTOL AUTO信号配合MILL NUMBER INC. COM指令，当无煤粉燃烧器在启动过程中（NO COAL BNR IN ST-UP P），磨煤机出力自动控制逻辑就向A～F中伺服的制粉系统发出煤粉燃烧器自动启动指令

(COAL BNR AUTO ST-UP COM)。

MILL NUMBER CONRTOL AUTO 信号配合 MILL NUMBER DEC. COM 指令，在给煤机合闸台数超过3台的情况下，自动向A～F中在运的制粉系统发出煤粉燃烧器自动退出指令（COAL BNR AUTO SH-DOWN COM)。

当然，出现以下任一状态，MILL NUMBER CONRTOL AUTO 立即退出。

(1) 触发磨煤机出力控制手动按键（MILL NUMBER CONT MAN PB)。

(2) 给煤机合闸台数未超过2台（not，COAL FEEDER > 2 ON)。

(3) 磨煤机控制切至手动（MILL CONTROL MAN)。

(4) 锅炉主燃料已跳闸（MFT TRIP)。

(5) 机组辅机故障快速减负荷至75%（75% RUN BACK)。

(6) 机组辅机故障快速减负荷至50%（50% RUN BACK)。

(7) 锅炉快速减出力（FCB)。

6. 单只煤粉燃烧器的启动

以上逻辑指令对A～F磨煤机都有相同作用，以B磨煤机为例说明单只煤粉燃烧器的启动过程。投入B煤粉燃烧器必须满足运行条件：第一，B煤粉燃烧器已做好启动准备（B-COAL BURNER READY)，两个条件，一个是B制粉系统被允许启动（B-C. BNR ST-UP AVAILABLE)，另一个是B煤粉燃烧器符合点火要求（B-MILL C. BNR FIREING PERM)。第二，与B煤粉燃烧器相邻燃烧器的运行状态能确保B煤粉燃烧器的正常投入，应同时满足以下条件：

(1) C、D、E、F煤粉燃烧器无启动命令（C、D、E、F-MILL C. BNR NOT ST-UP COM)。

(2) B给煤机尚未合闸（not，B-COAL FEEDER ON)。

(3) 出现以下任一状态：

1) A给煤机已合闸（A-COAL FEEDER ON)。

2) C给煤机已合闸（C-COAL FEEDER ON)。

3) C给煤机尚未合闸（not，C-COAL FEEDER ON)，C煤粉燃烧器也没有做好启动的准备（not，C-COAL BURNER READY)，而D给煤机已合闸（D-COAL FEEDER ON)。

第三，接到了煤粉燃烧器启动的命令（COAL BNR AUTO ST-UP COM)。

以上三个方面的条件同时出现超过2s，启动B煤粉燃烧器的指令（B-MILL C. BNR ST-UP COM）立即发至B煤粉燃烧器单元顺控的主控器。

（二）煤粉燃烧器单元顺控启动

1. 控制指令

APS启动机组过程中，直接控制B、C、D制粉系统的投入，因此，这三套制粉单元顺控主控器要接收来自三方面的指令，即APS的[B-MILL C. BNR ST-UP COM（APS)]，BMS自动的（B-MILL C. BNR ST-UP COM）和BMS

手动指令（B-COAL BNR ST-UP PB）。以下文中所述，无特别说明均以 B 制粉系统为例。

如果是 B 煤粉燃烧器的第一次启动，还要同时满足以下条件：

（1）B 制粉单元控制的设备全部在自动（B ALL DRIVE AUTO MODE）。

（2）B 磨煤机吹扫已完成（B-MILL PURGE COMPLETED）。

（3）B 煤粉燃烧器点火许可（B-MILL C. BNR FIRING PERM）。

条件满足则向 B 制粉单元顺控步序逻辑发出指令：B-COAL BURNER START-UP COMMAND，B 制粉单元顺控步序逻辑将通过 13 步进程发出 20 条指令，启动 B 制粉系统。

2. 制粉系统启动许可

在介绍 APS 逻辑构成的特点时已指出，APS 设计规范要求开关量单体设备也同模拟量调节回路一样具有手动和自动两种工作方式，锅炉煤粉燃烧器单元顺控自动许可条件体现了 APS 的这一设计要求。

B 煤粉燃烧器自动许可（B-C. BNR ST-UP AVAILABLE）应同时满足以下 10 个条件。

（1）BMS 系统未在初始化（not，BMS INITIALIZING）。

（2）B 煤粉燃烧器在自动（B-COAL BNR AUTO MODE）。

（3）B 磨煤机在自动（B-MILL AUTO MODE）。

（4）B 磨煤机润滑油泵在自动（B-MILL LWB. OIL PUMP AUTO MODE）。

（5）B 磨碾压力油泵在自动（B-MILL HYDRO POWER OIL PUMP AUTO MODE）。

（6）B 磨煤机出口挡板在自动（B-MILL OUTLET DAMPER AUTO MODE）。

（7）B 磨煤机热风闸板在自动（B-MILL HOT AIR GATE DAMPER AUTD MODE）。

（8）B 磨煤机旋转分离器在自动（B-MILL ROTARY SEP ARATOR AUTO MODE）。

（9）B 给煤机在自动（B-COAL FEEDER AUTO MODE）。

3. APS 导引主燃烧器点火条件

APS 控制煤粉燃烧器投入运行，默认启动第一套煤粉燃烧器即为 B 磨煤机，机组启动过程中 B 煤粉燃烧器投入也意味着锅炉燃烧器进入“煤/油混烧”阶段，也是锅炉燃烧器控制最为复杂的工况。所以，B 煤粉燃烧器的点火条件涉及锅炉风、烟、炉膛和相关设备状态的方方面面，需要同时满足以下要求。

（1）主燃烧器点火许可（MANIN BNR FIRING FERM）。

（2）满足以下任一条件。

1）锅炉负荷高于10%ECR（BOILER LOAD>10.0%）。

2）3个条件同时获得满足

a. 锅炉汽包压力高于1.5MPa。

b. 锅炉A侧空气预热器入口烟温高于150℃。

c. 锅炉B侧空气预热器入口烟温高于150℃。

（3）任一台一次风机已运行（ANY PAF ON）。

（4）A与B一次风机运转正常（A&B OUT. DRAFT NOR）。

（5）B煤粉燃烧器点火能量足够（B-C. L-OFF EN. ENOUGH）。

4. 煤粉燃烧器点火许可

在没有煤粉燃烧器启动的工况下（NO COAL BNR IN SE-UP P），锅炉炉膛火焰检测器冷却风压正常（FLAME DETECTOR COOLING AIR PRESS. NORMAL），同时满足以下条件，锅炉煤粉燃烧器就具备了点火条件（MAIN BNR FIRING PERM）。

（1）锅炉主燃料跳闸已复位（MFT RESET）且锅炉风量在额定风量的30%～50%（30%<AIR FLOW<50%）或有任一层油枪已运行（ANY ELEV. IN SERVICE）。

（2）锅炉煤粉燃烧器摆角在水平位置（BNR TILT HOLIZONTAL），或者有任一层油枪已运行（ANY ELEV. IN SERVICE）。

5. B煤粉燃烧器点火能量足够

以下任一条件获得满足，即准备投入的煤粉燃烧器相邻的上或下层的燃烧器（煤或油）已在正常燃烧，即达到了煤粉燃烧器点火能量足够（B-COAL ELEV. LIGHT OFF ENERGY ENOUGH）的要求。

（1）AB油层已运行（AB OIL ELEV. IN SERVICE）。

（2）A煤粉燃烧器已运行（A-C. BNR ST-UP COMPLETED），并且给煤量高于35%额定煤量（A-COAL FLOW>35%）。

（3）C煤粉燃烧器已运行（C-C. BNR ST-UP COMPLETED），并且给煤量高于35%额定煤量（C-COAL FLOW>35%）。

（三）煤粉燃烧器单元顺控退出

煤粉燃烧器单元执行4种不同方式的退出指令，分别来自APS控制、BMS自动控制、BMS手动触发和磨煤机吹扫结束。

1. APS控制

煤粉燃烧器单元接受APS控制的条件是煤粉燃烧器单元工作在自动方式（B-MILL C. BNR AUTO MODE），BMS系统已切换至APS控制方式（MBC IN APS MODE），当APS发来煤粉燃烧器退出指令（B-C. BNR SH-DOWN COMBY APS），条件全部满足则发出“B-COAL BURNER SHUT-DOWN”指令，开始执行煤粉燃烧器单元的自动退出、停止。APS控制锅炉停运过程中，最后两套制粉系统的退出与停止由APS直接控制，指令“B-C. BNR SH-DOWN COMBY APS”来自APS“切最后2套煤粉燃烧器逻辑”，退出最后一套煤粉燃烧器（LAST 1 COAL BNR S-DWN）指令来自APS最低负荷（MINIMUM LOAD）阶段的第2步。

2. BMS自动控制

煤粉燃烧器单元工作在自动方式（B-MILL C. BNR AUTO MODE），当接到BMS发来的煤粉燃烧器单元自动退出指令，即发出指令“B-COAL BURNER SHUT-DOWN”，B煤粉燃烧器开始退出程序。执行煤粉燃烧器单元自动退出指令应同时满足以下条件。

（1）接到“煤粉燃烧器自动退出命令（COAL BNR AUTO SH-DOWN COM)”。

（2）B给煤机已合闸（B-COAL FEEDER ON）。

（3）在接到煤粉燃烧器自动退出命令时，A给煤机未在合闸状态（not，A-COAL FEEDER ON）。

当磨煤机出力自动控制时（MILL NUMBER CONRTOL AUTO），若给煤机合闸台数超过3台，煤粉燃烧器自动退出指令（COAL BNR AUTO SH-DOWN COM）将发往A～F在运制粉系统。

3. BMS手动触发

在B煤粉燃烧器手动工作方式下（B-MILL C. BNR MAN MODE），触发“B-COAL BNR SH-DOWN PB”按键，发出指令“B-C BNR AUTO SH-DOWN COM”。这里特别强调的是，BMS手动仅仅是用人工手动方式触发“B-C BNR AUTO SH-DOWN COM”，接收指令的锅炉制粉系统单元顺序控制仍然工作在自动方式，而不是制粉系统的设备要全部手动操作。

4. 磨煤机吹扫

磨煤机吹扫有两种情况，一种是制粉系统正常退出，制粉系统退出磨煤机要例行吹扫［B-COAL BURNER IN PURGE CYCLE（SH-DN）］，另一种是在运磨煤机因故跳闸引发磨煤机吹扫请求（B-MILL PURGE REQUIRE），如果制粉系统此时具备了吹扫条件，也允许进行吹扫（B-MILL START PERMIT FOR PURGE），人工触发吹扫按键（B-MILL PURGE PB）触发磨煤机吹扫开始指令（B-MILL PURGE START）。

（1）磨煤机吹扫请求（B-MILL PURGE REQUIRE）。在没有停磨煤机吹扫指令［B-MILL STOP COMMAND（PURGE）］情况下，给煤机（B-COAL FEEDER STARTED）和磨煤机（B-MILL STARTED）都在正常运行，B磨煤

机突然跳闸（B-MILL TRIP），立即发出“B-MILL PURGE REQUIRE”指令。

（2）B磨煤机吹扫许可（B-MILL PURGE PERMIT）。已发出B磨煤机“吹扫请求”（B-MILL PURGE REQUIRE），并且吹扫条件也允许B磨煤机启动（B-MILL START PERMIT FOR PURGE），当前B磨煤机并未接到“开始吹扫（B-MILL PURGE START）”指令，即许可B磨煤机进行吹扫（B-MILL PURGE PERMIT）。

（3）B磨煤机吹扫启动许可。“B-MILL START PERMIT FOR PURGE”同时满足以下8个条件。

1）磨煤机出口温度不大于87℃（not，B-MILL OUTLET TEMP>87℃）。

2）B煤层点火能量足够（B-COAL ELEV LIGHT-OFF ENERGY ENOUGH）。

3）磨煤机石子煤斗入口阀已打开（B-MILL PYRITE HOPPER INLET VALVE OPENED）。

4）磨煤机润滑油箱油位正常（not，B-MILL LUB. OIL TANK LEVEL<LOW）。

5）磨煤机密封风与磨煤机的压差大于2.0kPa（B-MILL SEAL AIR/MILL DIFF. PRESS. >2.0kPa）。

6）一次风压大于2.2kPa（B-PRIMARY AIR PRESS>2.2kPa）。

7）B磨煤机未曾跳闸（not，B-MILL TRIPPED）。

8）B磨煤机未接到跳闸命令（not，B-MILL PROTECTION TRIP COMMAND）。

（4）B磨煤机吹扫后退出。同时满足以下6个条件。

1）B磨煤机吹扫开始（B-MILL PURGE START）。

2）B给煤机已停运（B-COAL FEEDER STOP）。

3）B磨煤机已启动（B-MILL STARTED）。

4）B磨煤机出口门挡板已开启［B-OPENED（MILL OUTLET DAMPER）］。

5）B磨煤机热风闸板已关闭（B-HOT AIR GATE CLOSED）。

6）B磨煤机冷风调节门打开至磨煤机吹扫开度（B-COLD AIR DAMPER PURGE POSI）。

吹扫开始，计时510s（8分30秒）后，B磨煤机分闸［B-MILL STOP COMMAND（PURGE）］。

（5）磨煤机吹扫完成。如果既没有B磨煤机开始吹扫（B-MILL PURGE STAT），也没有B磨煤机吹扫请求（B-MILL PURGE REQUIRE）信号，则被认为B磨煤机吹扫已完成（B-MILL PURGE COMPLETED）。

五、APS 导引的磨煤机自动调节

每台磨煤机设计有磨煤机给煤、风量、出口温度、磨辊油压和旋风分离器转速调节 5 套模拟量自动调节，能自动地投“自动”，从设备启动到正常调节全过程不需要人为干预，符合 APS 控制要求。

（一）磨煤机给煤主控器

磨煤机给煤调节是锅炉燃烧调节的燃料控制回路。磨煤机给煤控制采用串级调节，图 12-6 是磨煤机给煤主控回路原理。磨煤机给煤调节由给煤机自动调节、手动同步跟踪、调节器高/低限值和超驰控制等回路组成。

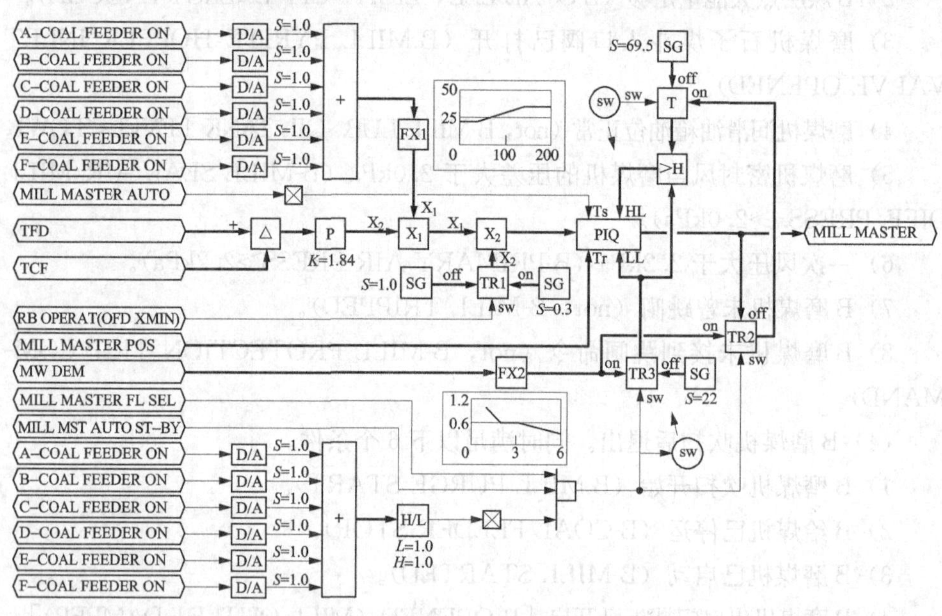

图 12-6　磨煤机给煤主控回路原理

1. 自动调节回路

机组正常工作的自动控制条件下，调节器 PIQ 的 SV 值 TFD 来自锅炉主控器的输出 BM DEM，PV 值 TCF 来自入炉煤热值校正回路，TFD 与 TCF 相减得到的偏差经过比例（P）放大 1.84 倍，经过乘法器（$\times_1$、$\times_2$）校核后输入主调节器（PIQ）。主调节器的输出（MILL MASTER）作为 A～F 磨煤机给煤调节的给定值 SV。“$\times_1$”是 A～F 给煤机投入自动台数的权重系数，给煤机投入自动的台数从 1 增到 5，权重系数从 1 开始，依次为 0.6、0.6、0.5、0.4、0.3，这样就能保持不同数量的磨煤机投入自动运行时调节回路输出特性基本相同，从而在机组全负荷范围内维持磨煤机给煤控制的调节品质。

2. 同步跟踪

如果A～F磨煤机“任一给煤机已投自动（MILL MASTER FL SEL)”，调节器PIQ跟踪磨煤机给煤主控器M/A站的输出（MILL MASTER POS)，若已合闸的给煤机全不在“自动（not，MILL MASTER FL SEL)”，调节器（PIQ）跟踪A～F磨煤机给煤量中的最大值。

3. 安全控制

磨煤机给煤调节主控器在机组额定负荷下，同时控制5套制粉系统，在自动控制方式下，给煤主调节器即便出现小的偏差也会在副调节回路把错误放大。所以，针对给煤自动调节回路不同的工作方式，设计了两种安全控制措施。

（1）只有1台给煤调节回路投入自动，给煤主调节器输出（MILL MASTER）被FX2函数超驰控制，机组目标功率（MW DEM）从0～200MW，给煤主调节器（PIQ）的输出变化被限定在22～35t/h。

（2）2台给煤自动调节投入自动后，磨煤机给煤主调节器就进入自动工作方式，输出下限LL＝22，输出上限HL＝69.5。

4. 伺服与自动工作方式

磨煤机给煤调节主控器自动伺服（MILL MST AUTO ST-BY）的条件是入炉煤总煤量信号正常（TCF SIGNAL NORMAL)，并且，已在磨煤机主控器M/A站上触发了磨煤机主控器投自动的按键（MILL MASTER AUTO PB)。

磨煤机给煤调节主控器投入“自动”则要同时满足以下5个条件。

（1）磨煤机给煤调节主控器已在自动伺服（MILL MST AUTO ST-BY)。

（2）FCB未动作（not，FCB OPERATED)。

（3）锅炉送风调节已投入自动（AIR FLOW AUTO)。

（4）磨煤机给煤调节已在自动（COAL FEEDER IN AUTO)。

（5）锅炉未发生主燃料跳闸（not，MFT)。

磨煤机给煤自动主调STAND-BY与AUTO原理，如图12-7所示。

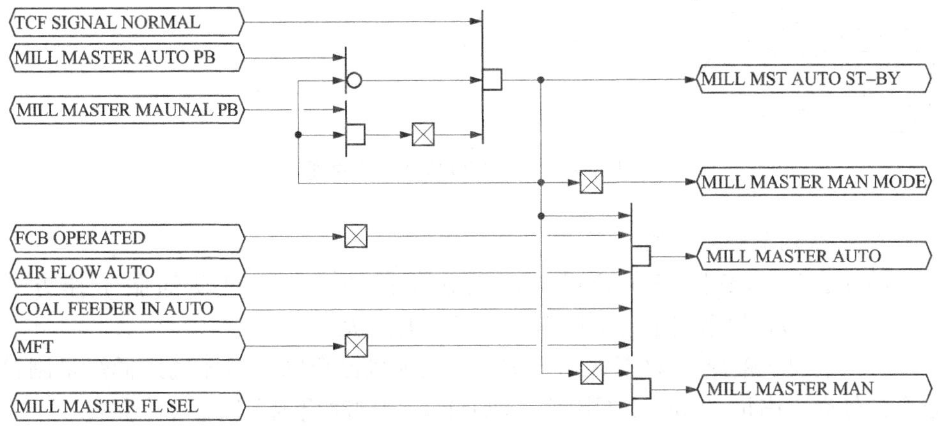

图12-7 磨煤机给煤自动主调STAND-BY与AUTO原理

（二）磨煤机给煤自动调节

磨煤机在启、停的始、末过程中，会出现多种短暂的独特工况，如磨煤机启动伊始，磨盘上要进行适当铺煤、给煤进入磨煤机研磨开始的“咬煤”、磨煤机启动后和停止前的最低煤量控制。在一个调节回路中，单纯PID调节无法控制特性不一致的对象。因此，磨煤机给煤自动调节回路较多的应用了超驰控制。

1. 给煤自动调节回路

机组正常运行区间的给煤自动调节回路是一个典型的单回路PI调节器，输出带有上、下限值，上限为100，下限为28.8。给煤调节器的偏差（Δ）给定值（B-CF CONT SET）来自磨煤机给煤主控器M/A站输出（MILL MASTER POS）与给煤机调节偏置（B-CF BIAS）之和，给煤量（B-PVZ COAL FLOW LAG）为偏差（Δ）的过程测量信号。给煤调节器采用正作用控制，给定值B-CF CONT SET增加，调节器输出（B-CF DEM）增加。给煤PID自动调节原理，如图12-8所示。

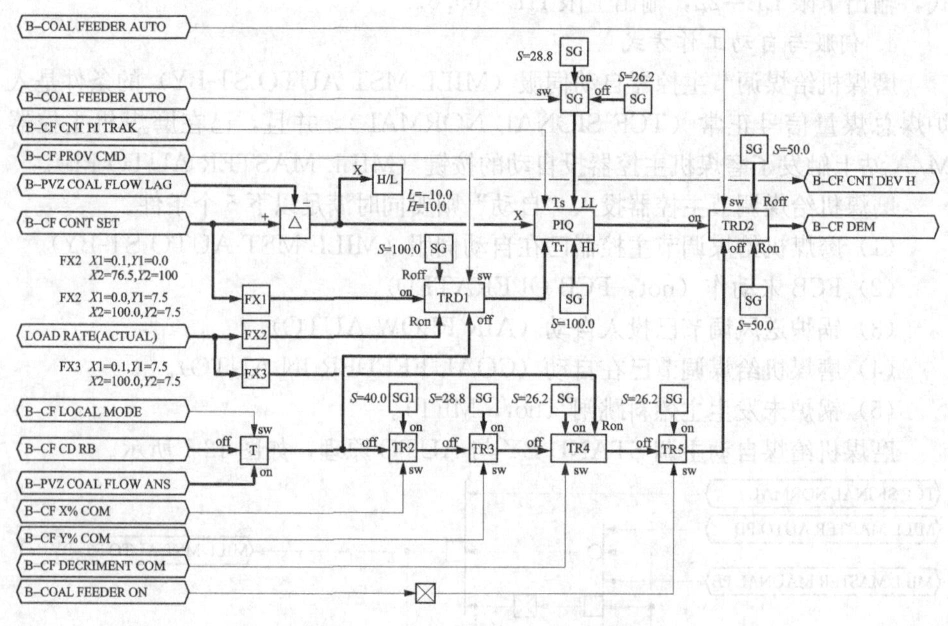

图12-8 给煤PID自动调节原理

2. 给煤调节超驰控制

给煤自动调节回路在磨煤机启动初始阶段，处在自动伺服工作方式（STAND-BY），但采用了超驰控制，有三种工作状态。

（1）磨煤机铺煤（B-CF X% COM）。给煤机已合闸，磨煤机最低煤量制粉指令条件尚不满足（not，B-CF Y% COM），但同时出现了以下3个条件。

1）给煤机自动调节已工作在STAND-BY方式（A-CF AUTO ST-BY）。

2）给煤机已合闸（A-COAL FEEDER ON）。

3）磨煤机给煤量设定在40%（A-COAL FLOW 40% DEM）。

BMS磨煤机单元顺控，B磨煤机启动步序逻辑第11步（B-START STEP-11 ON）发出命令：B磨煤机给煤机给定煤量40%［B-COAL FLOW 40% COMMAND（ST-UP）］。

（2）磨煤机最低制粉煤量（B-CF Y% COM），设定“B-CF DEM”为28.2。磨煤机最低制粉煤量给定命令的许可条件如下。

1）给煤机调节回路已在自动伺服状态（B-CF AUTO ST-BY）。

2）给煤机已启动（B-COAL FEEDER ON）。

3）磨煤机已制粉（B-COAL ON MILL）。

4）给煤机给煤量设定在30%（B-COAL FLOW 30% DEM）。

磨煤机已制粉（B-COAL ON MILL）对设备运行状态的要求是磨煤机和给煤机都已启动，磨煤机运行电流正常（A-PVZ CURRENT S. NOR），判定磨煤机电流超过“咬煤”阈值（B-COAL ON CURRENT）。

磨煤机启动（B-PULV. STARTED）在先，此时的磨煤机电流（B-PVZ CURRENT）是空载电流，分别送至切换器（T）的“off”端和减法器（Δ）的“+”端，因给煤机尚未启动，切换器开关（sw）接通“off”端把磨煤机的电流引至减法器的（-）端，减法器两端输入相等，所以输出为零。当给煤机启动（B-COAL FEEDER ON）后，切换器断开off端，接通on端，输出保持磨煤机启动空载电流，给煤机按40%煤量铺煤后，磨煤机输入减法器“+”端的电流增加，当B-COAL ON CURRENT超过空载电流2.9A，即判定磨煤机咬煤成功，开始制粉。磨煤机“咬煤”判定逻辑，如图12-9所示。

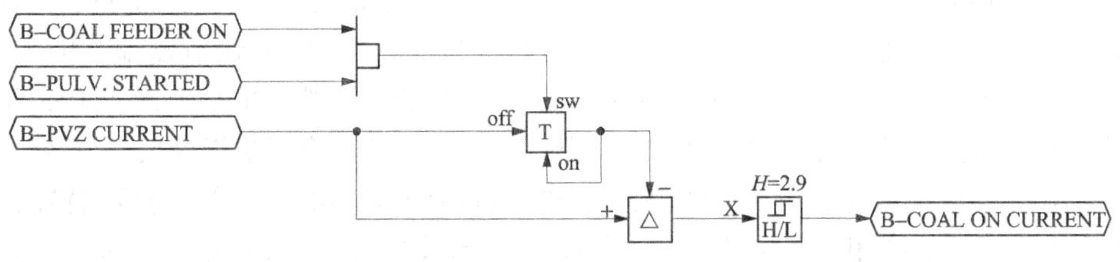

图12-9　磨煤机“咬煤”判定逻辑

给煤量设定在30%的指令来自BMS磨煤机单元顺控，B磨煤机启动逻辑步序第12步（B-START STEP-12 ON），给煤机给煤量设定30%命令［A-COAL FLOW 30%COMMAND（ST-UP）］。

3. 磨煤机最小煤量

在磨煤机退出运行过程中，为给煤机设定最小给煤量（B-CF DEM=26.2）。命令由BMS磨煤机单元顺控停止B磨煤机逻辑步序第3步发出：B磨煤机退出最小煤量给定［B-COAL FLOW MIN SET COMMAND（SH-DN）］。形成磨煤机退出设定最小给煤量命令，同时需要满足以下4个条件。

（1）给煤机在STAND-BY（B-CF AUTO ST-BY）。

（2）给煤机已合闸（B-COAL FEEDER ON）。

（3）磨煤机已制粉（B-COAL ON MILL）。

（4）给煤机最小煤量给定（B-COAL FLOW MIN SET COM）。

三种信号切换：

（1）给煤机尚未合闸（not，B-COAL FEEDER ON），给煤调节回路输出（B-CF DEM）定值为26.2，作为给煤机启动后的最低给煤量。

（2）给煤机工作在就地方式（B-CF LOCAL MODE）时，B-CF DEM等于给煤机的体积流量（B-PVZ FLOW ANS）。

（3）给煤机在远方控制方式（not，B-CF LOCAL MODE），B-CF DEM等于给煤调节输出反馈（B-CF CD RB）。

4. 给煤调节跟踪纠偏

当给煤机自动控制逻辑条件（B-COAL FEEDER AUTO）接通微分切换器TRD2的on输入端时，给煤调节回路转为闭环（如图12-8所示）控制，如果调节器入口Δ值满足规定要求，给煤调节器就开始闭环负反馈自动调节。但实际运行情况是磨煤机的启、停和正常运行条件相差较大，锅炉正常运行工况下，单台给煤机的出力不低于额定出力的65%，磨煤机给煤自动投入的初期，给煤调节器入口的偏差往往幅值较大，磨煤机给煤自动调节基本上都不能即时正常工作。为实现给煤调节回路自动地投“自动”，结合磨煤机运行特点，为给煤调节器设计了一种“跟踪纠偏”控制方式。利用高/低报警监视器实时监测给煤调节器输入偏差（Δ），只要超过±10%，调节器入口偏差高（B-CF CNT DEV H）信号将触发调节器跟踪开关Ts（B-CF CNT PI TRAK）断开调节器偏差输入，接入调节器跟踪信号Tr，同时也触发微分切换器TRD1逻辑开关（B-CF PROV CMD）对输入信号进行切换，输出Tr从off端给煤机转速控制指令反馈（B-CF CD RB）当前值按函数FX2的设定速率平滑过渡到on端函数FX1对应的输出，FX1的输入为给煤机调节给定（B-CF CONT SET），给煤调节此时转为开环控制，调节磨煤机给煤量趋近煤量给定值，当给煤调节器入口偏差小于±10%，给煤PI调节器重回闭环自动控制。

5. 给煤自动伺服与调节

磨煤机给煤自动伺服与调节原理，如图12-10所示。

给煤调节在自动伺服（B-CF AUTO ST-BY），同时满足以下7个条件。

（1）给煤机输出控制正常（B-CF DRV. NOR）。

（2）给煤机非就地控制（not，B-CF LOCAL MODE）。

（3）给煤机非容积控制（not，B-CF VOLUMETRIC MODE）。

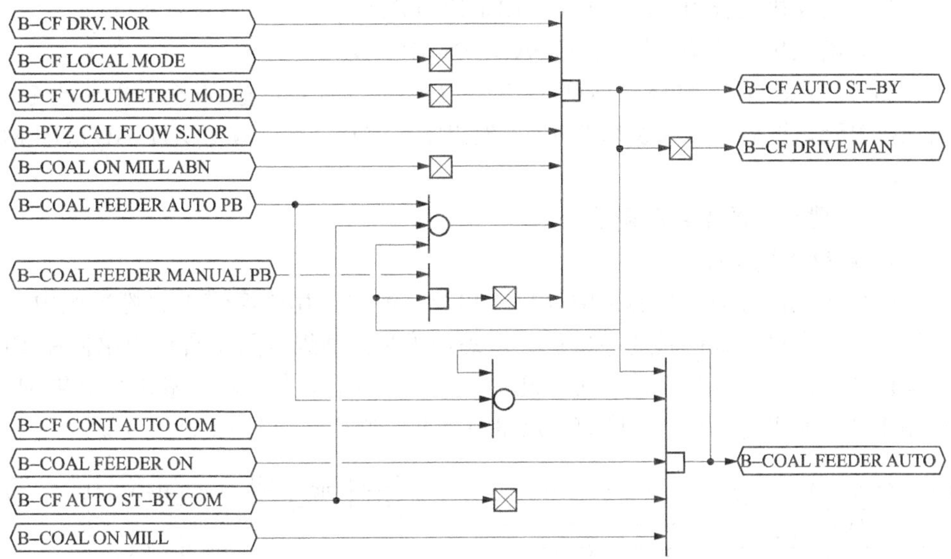

图 12-10　磨煤机给煤自动伺服与调节原理

（4）给煤机煤量信号正常（B-PVZ CAL FLOW S. NOR）。

（5）磨煤机合闸未见异常（B-COAL ON MILL ABN）。

（6）给煤机自动按键（B-COAL FEEDER DRV AUTO PB）已触发，或 BMS 指令 B 给煤机“STAND-BY（B-CF AUTO ST-BY COM）”。

（7）给煤机手动按键（B-COAL FEEDER DRV MAN PB）未触发。

BMS 指令 B 给煤机自动调节回路“STAND-BY（B-CF AUTO ST-BY COM）”逻辑，来自 BMS 系统“B-C. FLOW CONT AUTO/CONTS F. COM”命令，这条命令分别由两个逻辑条件触发，其中一条源自 BMS 磨煤机单元自动顺序启动步序逻辑第 10 步，COAL FLOW CNT AUTO STANDBY COM（ST-UP）；另一条是 BMS 磨煤机单元自动顺序停止步序逻辑第 2 步，COAL FLOW CNT AUTO STAND－BY COM（SH-DN）。

给煤机调节在自动调节（B-COAL FEEDER AUTO），同时满足以下 5 个条件。

（1）给煤调节已在伺服（B-CF AUTO ST-BY）。

（2）BMS 指令给煤调节投自动（B-CF CONT AUTO COM）。

（3）给煤机已合闸（B-COAL FEEDER ON）。

（4）BMS 指令给煤调节非自动伺服（not，B-CF AUTO ST-BY COM）。

（5）磨煤机已制粉（B-COAL ON MILL）。

BMS 指令“B-CF CONT AUTO COM”要同时满足以下 4 个条件。

（1）给煤调节已在伺服（B-CF AUTO ST-BY）。

（2）给煤机已合闸（B-COAL FEEDER ON）。

（3）磨煤机已开始制粉（B-COAL ON MILL）。

（4）B磨煤机和给煤机启动超过90s，初始制粉煤量已达30%，BMS系统B磨煤机单元顺控启动步序逻辑第13步发出指令（B-C. FLOW CONT AUTO/BM COM）。

（三）磨煤机风量自动调节

1. 自动调节回路

磨煤机风量自动控制的是磨煤机入口热一次风，用于磨煤机制粉过程中干燥煤粉及把合格的煤粉通过煤粉管吹入锅炉炉膛。磨煤机风量自动为单回路PI自动调节，由自动调节、手动同步跟踪、调节器输出动态限幅、超驰控制和M/A站手动控制等逻辑组成。磨煤机风量自动调节原理，如图12-11所示。

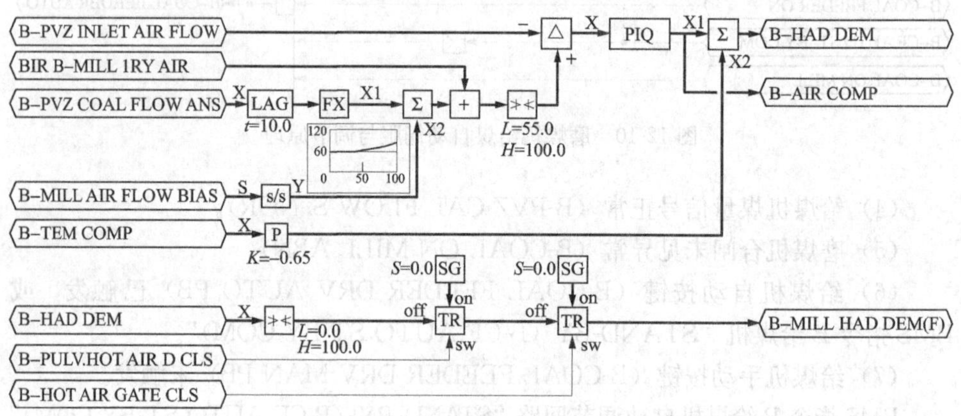

图 12-11　磨煤机风量自动调节原理

自动调节工作方式下，构成磨煤机风量给定值（SV）的参数相对较多，有磨煤机给煤量（B-PVZ COAL FLOW ANS）、风量调节偏置（B-MILL AIR FLOW BIAS）和锅炉一次风超前加速（BIR B-MILL 1RY AIR）信号等。磨煤机给煤量函数FX01输出与风量调节偏置之和再加上锅炉一次风超前加速信号，通过高低限幅（≯≮）后形成SV值。SV值减去PV值磨煤机入口风量（B-PVZ INLET AIR FLOW）得到调节器（PIQ）入口偏差（Δ）。

磨煤机入口热风调节挡板控制指令（B-HAD DEM）由风量调节器的输出（B-AIR COMP）与磨煤机出口温度调节器解耦信号（B-TEM COMP）代数相加得出。这是一个非常重要的控制逻辑，实现的功能即“磨煤机风量与出口温度解耦”。磨煤机风量自动调节磨煤机入口的热风，磨煤机出口温度自动调节磨煤机入口的冷风，冷、热风混合后进入磨煤机。当调节风量时，热风增加或减少磨煤机出口的温度会随之升高或降低，调节磨煤机出口温度时，冷风增加或

减少又会正向影响风量的变化，两个回路因自动调节相互影响，被称为“耦合”，产生一种不利于双方的扰动。所以，一直以来人们在设法寻找磨煤机风量和磨煤机出口温度两个自动调节的解耦方法。这个逻辑中运用的方法是把磨煤机风量调节器输出和磨煤机出口温度调节器输出交叉送到对方相加后形成执行器的控制信号，温度调节器输出乘上“$-s$”送至风量调节回路，实现负解耦，风量调节器输出乘上“$+t$”送给温度调节回路，实现正解耦（解耦系数 s、t 需要现场试验确定），即温度调节器输出增加，增加冷风量的同时减少热风量，风量调节器输出增加，增加热风量的同时增加冷风量。

磨煤机风量调节回路手动工作时，磨煤机风量调节器同步跟踪磨煤机入口热风调节挡板控制指令反馈（B-MILL HAD CD RB），但因为 B-HAD DEM 引入了磨煤机出口温度解耦信号，所以在调节器跟踪输入端 Tr 输入的是磨煤机入口热风调节挡板控制指令反馈与磨煤机出口温度解耦信号的偏差信号。磨煤机风量调节器带有输出高（HL）低（LL）限幅，用以抑制调节回路发散性失控，确保调节回路运行安全。

2. 伺服与自动工作方式

给煤机风量自动伺服与调节，如图 12-12 所示。磨煤机风量自动同时满足以下 6 个条件，调节回路即转入自动伺服（B-PVZ A. FL AT ST-BY）。

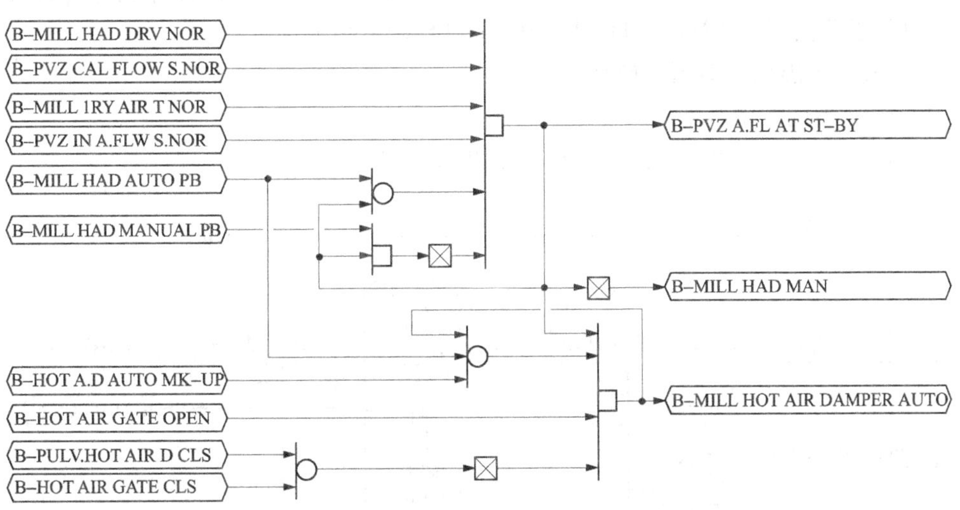

图 12-12　给煤机风量自动伺服与调节

（1）磨煤机入口热风调节挡板控制正常（B-MILL HAD DRV NOR）。

（2）磨煤机给煤量信号正常（B-PVZ CAL FLOW S. NOR）。

（3）磨煤机一次风温度信号正常（B-MILL 1RY AIR T NOR）。

（4）磨煤机入口热风风量信号正常（B-PVZ IN A. FLW S. NOR）。

（5）磨煤机风量调节自动按键（B-MILL HAD AUTO PB）已触发。

（6）磨煤机风量调节手动按键（B-MILL HAD MANUAL PB）未触发。

若要投入自动工作方式（B-MILL HOT AIR DEMPER AUTO）则需要同时满足以下 4 个条件。

（1）磨煤机风量自动调节已在自动伺服（B-PVZ A. FL AT ST-BY）。

（2）磨煤机风量调节自动按键（B-MILL HAD AUTO PB）已触发，或者已收到风量自动调节投自动（B-HOT A. D AUTO MA-UP）指令。指令自 BMS 系统 B 磨煤机自动顺序启动步序逻辑第 7 步发出，磨煤机风量调节投自动［B-PRIMARY AIR FLOW CNT AUTO COM（ST-UP）］。

（3）磨煤机入口热风闸板已开启（B-HOT AIR GATE OPEN）。

（4）未出现磨煤机入口热风调节挡板超驰关闭指令（B-PULV. HOT AIR D CLS），同时也没有出现磨煤机入口热风闸板（B-HOT AIR GATE CLS）关闭指令。B-PULV. HOT AIR D CLS 指令来自 BMS 系统 B 磨煤机自动顺序停止步序逻辑第 4 步，B 磨煤机出口温度给定在 60℃［B-MILL OUTLET AIR TEMP SET 60℃（SH-DN）］。B-HOT AIR GATE CLS 指令来自 BMS 系统逻辑，由两路信号触发，都来自 DI 输入，一个是 MCC 信号，B 磨煤机给煤机尚未启动（not，B-MILL COAL FEEDER STARTED），另一个是就地行程开关，磨煤机热风闸板已关闭（B-MILL HOT AIR GATE CLOSED）。

（四）磨煤机出口温度自动调节

1. 自动调节回路

磨煤机出口温度自动调节原理，如图 12-13 所示。

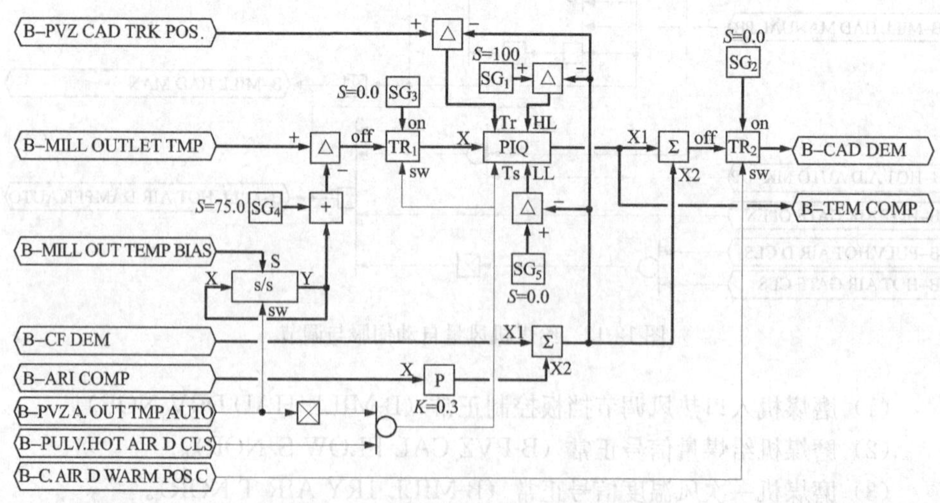

图 12-13 磨煤机出口温度自动调节原理

（1）磨煤机出口温度自动是比较典型的定值PI调节，这一点与磨煤机给煤及风量调节相比是最大的差别，给煤和风量调节都采用随动定值。磨煤机出口温度定值在75℃，调节器偏差由PV值（B-MILL OUTLET TMP）减去SV值（75℃＋B-MILL OUT TEMP BIAS）得出，当磨煤机出口温度升高时，调节器输出（B-CAD DEM）增加、冷风量加大、磨煤机出口温度降低，反之亦然。磨煤机出口温度调节器输出（B-TEM COMP）反馈至风量调节回路与风量调节器输出代数相加，实现磨煤机出口温度/风量解耦。

（2）磨煤机出口温度调节器设有输出上限（HL）和输出下限（LL），上、下限幅采用动态参数，磨煤机给煤输出指令（B-CF DEM）与磨煤机风量解耦信号（B-AIR COMP）的代数和构成随动变量，被$S=100$所减得出调节器输出上限，被$S=0$所减得到调节器输出下限。

（3）磨煤机出口温度调节器手动同步跟踪逻辑与磨煤机风量调节基本相同，因为两个回路是交叉解耦，磨煤机出口温度调节器跟踪值同样要引入磨煤机风量调节的解耦信号。给煤需求（B-CF DEM）也加入冷风调节挡板指令（B-CAD DEM）中，作为磨煤机出口温度调节的超前信号。

2. 伺服与自动工作方式

磨煤机出口温度自动伺服与调节，如图12-14所示。磨煤机出口温度调节“伺服”，需要同时满足以下6个条件。

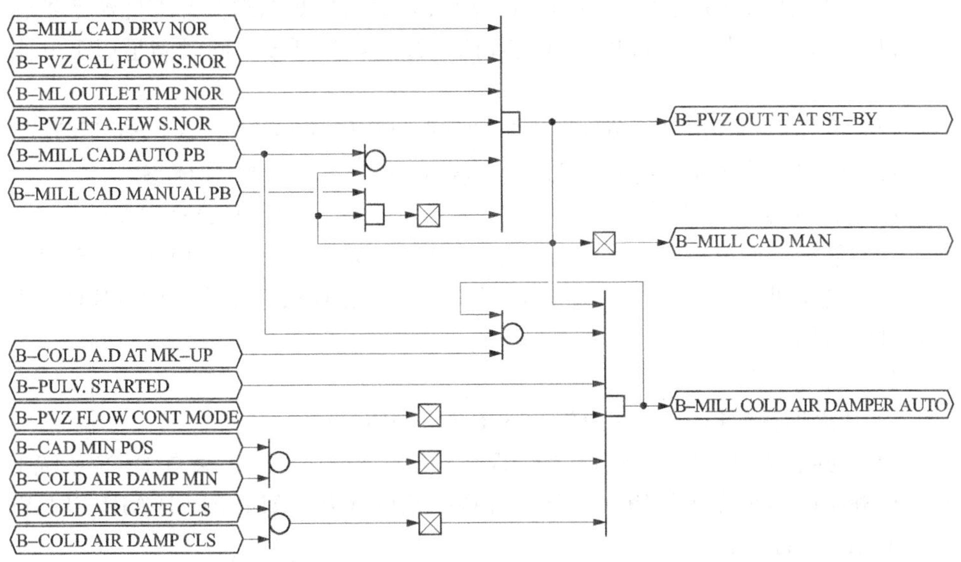

图12-14　磨煤机出口温度自动伺服与调节

（1）磨煤机入口冷风调节挡板控制正常（B-MILL CAD DRV NOR）。

（2）磨煤机给煤量信号正常（B-PVZ CAL S. NOR）。

（3）磨煤机出口温度信号正常（B-ML OUTLDET TMP NOR）。

（4）磨煤机入口风量信号正常（B-PVZ IN A. FLW S. NOR）。

（5）磨煤机出口温度调节自动按键（B-MILL CAD AUTO PB）已触发。

（6）磨煤机出口温度调节手动按键（B-MILL CAD MANUAL PB）未触发。

磨煤机出口温度调节“自动”，需要同时满足以下5个条件。

（1）磨煤机出口温度调节自动按键（B-MILL CAD AUTO PB）已触发，或者指令磨煤机出口温度调节投“自动（B-COLD A. D AT MK-UP）”，信号源自BMS系统磨煤机自动顺序启动步序逻辑第8步指令：磨煤机出口温度调节投自动［B-MILL OUT AIR TEMP AUTO COMMAND（ST-UP）］。

（2）磨煤机已启动（B-PULV. STARTE）。

（3）磨煤机非吹扫风量控制方式（not，B-PVZ FLOW CONT MODE）。

（4）磨煤机入口冷风调节门既没有在5%最小开度（not，B-CAD MIN POS），也未在最小开度20%（not，B-COLD AIR DAMP MIN）。

（5）磨煤机入口冷风闸板没有关闭（B-COLD AIR GATE CLS），冷风调节挡板也没有关闭（B-COLD AIR DAMP CLS）。

3. 冷风挡板吹扫开度

磨煤机冷风调节挡板还有一个重要的功能就是完成磨煤机吹扫。当磨煤机热风调节挡板已关闭（B-PULV. HOT AIR D CLS）时，磨煤机出口温度调节器跟踪开关Ts接通跟踪值输入端口Tr，冷风调节挡板吹扫阀位开度经调节器输出控制冷风调节挡板。磨煤机冷风调节挡板开至吹扫开度，同时满足以下6个条件。

（1）磨煤机出口温度调节回路在自动伺服（B-PVZ OUT T AT ST-BY）。

（2）磨煤机冷风调节门非5%最小开度（not，B-CAD MIN POS）。

（3）磨煤机冷风挡板未在最小开度20%（not，B-COLD AIR DAMP MIN）。

（4）磨冷风调节挡板和冷风闸板都未关闭（not，B-CAD CLOSE POS C）。

（5）磨煤机已启动（B-PULV. STARTED）或B火嘴在吹扫中（B-COAL BNR IN PURG.）。

（6）出现以下5个条件之一。

1）B火嘴在吹扫中（B-COAL BNR IN PURG.）。

2）B磨煤机冷风量70%（B-PULV. COLD 70% A. F），来自BMS系统B磨煤机顺序启动步序逻辑第4步指令［B-COLD AIR DAMPER/P-AIR FLOW 70% COM（ST-UP）］。

3）B磨煤机出口设定温度60℃，来自BMS系统B磨煤机顺序停止步序逻辑第4步［B-MILL OUTLET AIR TEMP SET 60C（SH-DN）］。

4）B磨煤机热风调节挡板已关闭（A-PULV. HOT AIR D CLS）。

5）B磨煤机风量调节未在自动（not，B-PVZ AIR FLOW AUTO）。

磨煤机冷风调节挡板在吹扫开度，如图 12-15 所示。

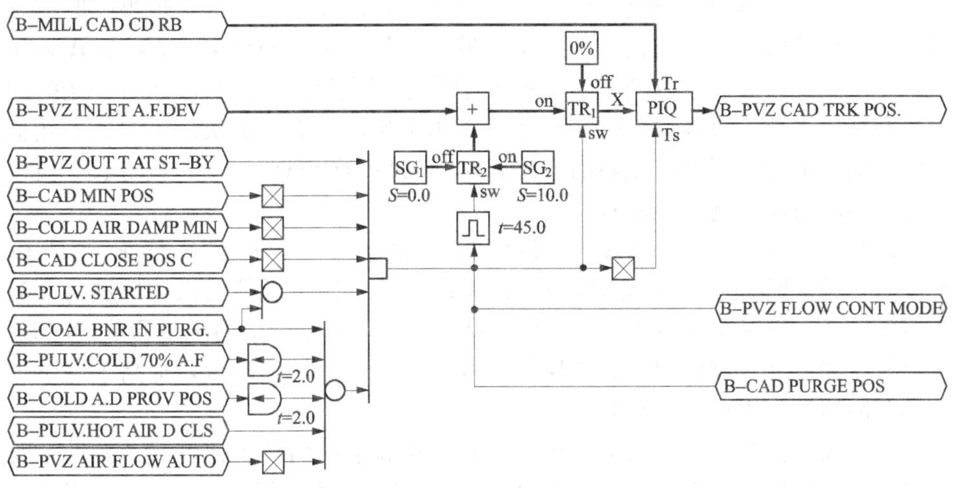

图 12-15 磨煤机冷风调节挡板在吹扫开度

（五）磨煤机旋风分离器调节

磨煤机旋风分离器转速调节的执行机构为变频器（Variable-frequency Drive，VFD），磨煤机电动机电流（A-MILL CURRENT）作为过程测量值 PV，给定值由给煤机煤量（A-COAL FEEDER COAL FLOW）经函数转换生成，该自动调节回路为开环随动调节，未设计 PI 调节器。

（六）磨辊压力油调节

磨辊压力油调节采用两位式控制，磨辊压力油调节给定值取自磨煤机给煤量函数，磨辊油压将跟随给煤量的增减而升降。磨辊油压给定值减去磨辊油泵出口压力形成调节偏差，偏差小于±0.3MPa，磨辊油压维持不变。而偏差超过±0.3MPa 时，磨辊油压将被控自动降低或升高。

六、入炉煤热量校正

能量转换必定要遵循能量守恒定律，机组负荷一定，锅炉燃料的能量等于机组发电功率及锅炉、汽轮机和发电机各项能量损耗总和。纯煤燃烧时，则对应入炉煤的能量。煤的能量不但与煤量有关，还取决于入炉煤发热量的高低。入炉煤的发热量为设计值，煤量也与设计值相等。如果在锅炉燃烧过程中，煤的发热量低于设计值，就应增加煤量来补充入炉煤能量的不足，反之亦然。若调整不及时，锅炉压力、温度和蒸汽流量都会产生波动，热工自动控制称之为“内扰”。为保证机组运行工况稳定，必须采用有效手段抑制入炉煤发热量变化引起的内扰，入炉煤的发热量是煤的内在品质，无法改变，所以也只能利用调节给煤量来保证入炉煤的能量。

长期以来，锅炉入炉煤能量的实时测量一直是技术难题，入炉煤实时测量包括两方面的内容，一个是入炉煤量，另一个是入炉煤的热值。直吹式煤粉炉入炉煤量到目前已经可以利用给煤机电子皮带秤进行测量，尽管还有一定时间滞后和精度误差，但入炉煤的实时计量基本上也算得到了解决。入炉煤的热值则因为通常都是采用煤质化验的方法，时间滞后至少都在4～8h或更长，对锅炉燃烧实时自动控制并无帮助。

APS控制的锅炉制粉系统，设计有自动实时入炉煤热值校正（calorie correct）逻辑回路，是一套闭环负反馈系统，针对同一煤种的入炉煤进行实时热量校正，有助于锅炉燃烧从经验型的定性调节转向数值型的定量调节，同时，解决了纯油燃烧、煤油混烧、纯煤燃烧等不同热值的转换计量，提高了锅炉燃烧调节品质和全程自动控制水平。

入炉煤热值校正（calorie correct）有自动和手动两种工作方式。自动校正选择积分调节器（PIQ）对入炉煤热值与设计热值产生的偏差进行运算。以机组目标功率（MW DEM）为入炉煤的能量基准，经函数发生器（FX1）换算成轻油流量，作为调节器（PIQ）的输入给定值SV。轻油发热量与油品标号有确定关系，如设计采用的轻油热值为43 960kJ/kg(10 502kcal)，那么燃油量与机组发电负荷也就有了固定的对应量值。

为方便计算，机组目标功率（MW DEM）和锅炉燃料量（TFF）都转换为轻油流量，煤/油折算，见表12-2。锅炉燃料量（TFF）＝入炉煤量＋轻油流量＋微油流量，作为热量校正调节器（PIQ）的过程测量值PV。入炉煤量（TCF）是用A～F给煤机的原煤量（COAL FLOW LAG）与磨煤机吹扫煤量（PURG COAL）相加的总和（X1）乘以煤热值与轻油热值的比值（X2），换算成等值的轻油油量（TCF）来表示，轻油流量（FUEL OIL FLOW）和微油流量都来自仪表测量值。热量校正调节器（PIQ）的输入偏差＝FX1－TFF，通过函数FX2把轻油流量偏差转换成热值偏差，当偏差信号小于或等于±1时，滤波函数无输出，偏差信号从－30～1，函数对应输出－29～－1；偏差信号从1～30，函数对应输出1～29；进入调节器完成入炉煤热值校正运算。

表12-2　　煤/油折算

煤耗（g/kW）	入炉标煤（t/h）	负荷（万kW）	入炉标煤折成轻油（t/h）
270	189	70	126
270	142	52.5	95
284	99.4	35	66
315	59.9	19	40
315	35.3	11.2	24
315	22.1	7	15

入炉煤热值计算原理，如图 12-16 所示。

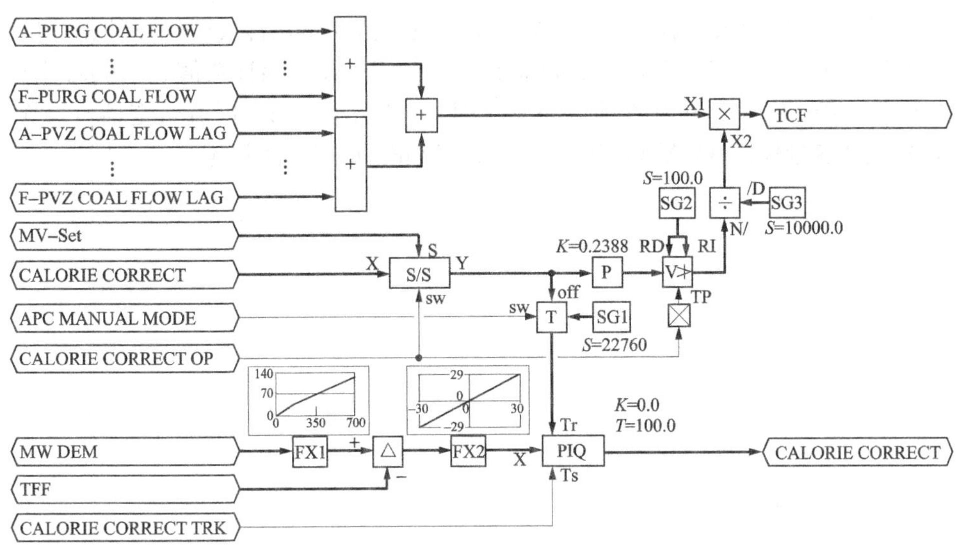

图 12-16 入炉煤热值计算原理

调节器输出“calorie correct”，通过 S/S 切换器，在比例器（P）中乘上 0.238 8，把千焦（kJ）转换为大卡（kcal），再经过一个速率为 100 的斜波发生器，其后除以 10 000（认定为轻油热值），得出煤转油的转换系数（X2），乘以给煤机总的给煤量（X1），得出的就是用轻油流量代表的入炉煤量（TCF），作为磨煤机给煤主控器（MILL MASTER）的 PV 值，磨煤机给煤主控器的 SV 值 TFD，来自锅炉主控器输出。在机组目标功率 MW DEM 没有变化的情况下，因入炉煤品质变化热量增加引起主蒸汽压力（MAIN STM PRS）升高，经锅炉主控器［BOILER MASTER（PID)］调节降低 TFD，令给煤机减少煤量（PVZ COAL FLOW LAG)，调节主蒸汽压力将逐步恢复到给定值（MSP SET2)。先前的给煤热值乘以当前煤量，TFF（TCF）减小，热值调节器（PIQ）输出增加，产生当前新的给煤热值，经过热值校正后的 TFF 对应新热值下的给煤量，平衡变化后的 TFD 经给煤主控器（MILL MASTER）校正给煤机的控制煤量。同时满足以下 6 个条件，热值校正调节器（PIQ）即可工作在自动调节方式。

（1）机炉协调方式（COORDINATE CONT MODE)。

（2）热值偏差高（CALORIE DEV HI)。

（3）油枪角阀全部关闭（ALL BNR VALVE CLOSE)。

（4）任一给煤机已合闸（ANY COAL FEEDER)。

（5）变负荷过程结束 2400s 后（LOAD CHANGE IN PROG)。

（6）热值校正调节自动按键（COAL CALORIE CORRECT AUTO）已触发。

调节器有两种跟踪值选择，一个是 DCS 系统启动初始化过程中模拟量调节回路工作方式全部在手动，热值调节器跟踪值等于设计煤种热值 22 760kJ/kg，作为入炉煤热值计算的基准值。另一个是 M/A 站（S/S）恒流给定器（MW-Set）允许热量校正（CALORIE CORRECT OP）时可人工设定。

结　语

APS高度自动化的基础由参与APS的顺序控制和模拟量调节所构建，本书列举的APS，任选功能控制中的一个系统都是“一键启停”的自动化水平，如SCS、BMS。须知，此顺序控制非彼顺序控制，虽然也按步进方式启停设备，但控制的对象包含了模拟量调节，准确地说，应该是程序控制，是能完成“复变参数”的程序控制，这就是APS所要求的基础。系统控制“一键启停”成功的原因有两方面，一方面应用了智能化的开关量控制模块，顺序控制自动步进过程中不再需要人工参与。另一方面，模拟量自动调节实现了自动地投“自动”，手动投自动的“纠偏”全程由电脑人工智能完成。汽轮机转子应力计算、CCS功能扩展、BIR锅炉超前加速、函数参量控制、并联式PID、磨煤机出力自动控制、锅炉风烟系统全程启动、锅炉给水系统自动并列/解列等先进控制策略的应用是电厂高度自动化的中坚。只有具备了坚实的自动化基础，APS才能水到渠成。

APS倡导一种高效、安全的理念，追求的目标是人工智能控制，现实应用中的APS部分DCS逻辑模块和控制策略已具备了智能化的特质。APS是火力发电厂燃煤机组锅炉、汽轮机、运行、电气专家们对设备技术特性的理解和运行操作经验的总结，经过提炼和优化转化为热工控制系统中的函数、算法和逻辑，热工控制专家们运用DCS的内在功能，应用DCS组态语言表达出来并运用在生产过程中，取得了令人满意的经济和安全效果。APS坚持一种原则，完成机组启停中最复杂、最具风险的控制，不是简单的重复人工操作，而是站在电子计算机的角度充分发挥DCS的能力控制机组启停，利用DCS完成人的工作。DCS的组态逻辑复杂了，人工的操作更加简单、更加安全。若要机组以APS为契机实现智能化的控制，需要更多专业的工程师们参与其中通力合作，才能更广泛的把APS应用在火力发电厂燃煤机组启停控制中。展望未来，APS一定会更多的加入人工智能的元素，成为智慧电厂的基石。